Verkaufen ohne Tricks und Kniffe

Holger Steitz

Verkaufen ohne Tricks und Kniffe

1. Auflage

Haufe Gruppe
Freiburg · München · Stuttgart

Bibliografische Information der Deutschen Nationalbibliothek

Die Deutsche Nationalbibliothek verzeichnet diese Publikation in der Deutschen Nationalbibliografie; detaillierte bibliografische Daten sind im Internet über http://dnb.dnb.de abrufbar.

Print: ISBN 978-3-648-08970-5 Bestell-Nr. 10421-0001
epub: ISBN 978-3-648-08971-2 Bestell-Nr. 10421-0100
ePDF: ISBN 978-3-648-08972-9 Bestell-Nr. 10421-0150

Holger Steitz
Verkaufen ohne Tricks und Kniffe
1. Auflage 2016

© 2016 Haufe-Lexware GmbH & Co. KG, Freiburg
www.haufe.de
info@haufe.de
Produktmanagement/Lektorat: Gabriele Vogt

Satz: Content Labs GmbH, Bad Krozingen
Umschlag: RED GmbH, Krailling
Druck: BELTZ Bad Langensalza GmbH, Bad Lagensalza

Inhaltsverzeichnis

Einleitung

Warum nun noch ein Buch über Vertrieb und Verkauf?
Diese Frage mag man sich als Erstes stellen, wenn man dieses Buch in die Hand nimmt, da der Markt ja bereits eine große Zahl von Publikationen zu diesem Thema hergibt. Das ist unbestritten so, aber ich behaupte, dass mein Buch »Verkaufen ohne Tricks und Kniffe – mit System zum B2B-Vertriebserfolg« anders ist als alles, was Sie ansonsten auf dem Buchmarkt finden werden. Die meisten Bücher handeln von Verkaufen, Verkaufstechniken und -philosophien im Allgemeinen und unterscheiden zudem nicht deutlich zwischen Business-to-Business-Vertrieb oder Business-to-Consumer-Verkauf.

Dieses Buch hingegen wendet sich unter anderem ausdrücklich an Unternehmen und Verkäufer, die erklärungsbedürftige Produkte und Dienstleistungen entwickeln, herstellen und vertreiben. Es zeigt auf, dass man Verkauf als das sehen sollte, was es ist: eine Interaktion zwischen Menschen, bei der es auf logische, hintereinander zu gehende Schritte, den gesunden Menschenverstand und eine ordentliche Portion Fleiß und Einsatzwille ankommt.

Wie diese Schritte – der Prozess – aussehen und wie die zwischen den Menschen stattfindende Kommunikation ablaufen sollte, zeige ich in diesem Buch. Ich bin fest davon überzeugt, dass Fleiß Talent schlägt und für einen erfolgreichen Verkauf Durchhaltevermögen und Kontinuität notwendige und entscheidende Faktoren sind. Ich trete leidenschaftlich dafür ein, dass Verkauf und Vertrieb wieder entmystifiziert werden. Verkaufen ist keine komplizierte Wissenschaft und man muss auch nicht besonders hart, besonders weich oder besonders empathisch sein, um ein erfolgreicher Verkäufer zu werden. Mit der richtigen Systematik und einer großen Portion gesundem Menschenverstand kann Verkaufen und Vertrieb sehr einfach, mit viel Spaß und erfolgreich betrieben werden.

Ich habe bewusst eine lockere Erzählweise gewählt und viele Schilderungen von tatsächlichen Erlebnissen als Verkäufer, Berater und Coach, vorwiegend in mittelständischen Unternehmen, eingebaut, damit das Buch zu einer leicht zu lesenden und gleichzeitig lehrreichen Lektüre wird. Jeder, der mit dem Verkauf von Investitionsgütern, erklärungsbedürftigen Produkten und Dienstleistungen zu tun hat, egal, ob als Verkäufer an der Front oder als Geschäftsführer, Vorstand oder Vertriebsleiter, sollte sich in den geschilderten Situationen wiederfinden. Der vorgestellte Prozess und die beschriebenen Methoden sind aus der Praxis entstanden und für die Anwendung im Unternehmen und der täglichen Vertriebsarbeit ausgelegt.

Im Verkauf und Vertrieb tummeln sich nach wie vor zu viele Menschen, die ohne Plan und ohne sinnvolle Prozesse unterwegs sind oder die schon seit Jahren mit Methoden arbeiten, die in der heutigen Zeit völlig überholt und zum Misserfolg verdammt sind. Gründe dafür sind zum einen die mangelnde Ausbildung und zum anderen die unzureichende oder fehlende Steuerung und Führung der Mitarbeiter. Aber auch die übertriebene Steuerung hin zu falschen, überhöhten oder zu niedrig angesetzten Zielen geht in die völlig falsche Richtung. Gesucht wird nach wie vor die »Eier legende Wollmilchsau«, die alles kann und die scheinbar mühelos die Auftragsbücher der Unternehmen füllt. Die gibt es natürlich. Die Frage ist nur, ob diese in der heutigen Zeit wirklich noch eine alternativlose Waffe im Vertrieb darstellt oder ob es nicht sinnvoll ist, den Vertriebsprozess neu zu überdenken?

Mehr denn je gilt heutzutage, dass moderner Verkauf und Vertrieb mit den richtigen Methoden und Prozessen sowie dem Einsatz der geeigneten Hilfsmittel viel effektiver und effizienter durchgeführt werden kann als noch vor Jahren. Die gute Nachricht ist, dass diese Methoden und Prozesse gar nicht schwierig und kompliziert sind und dass sie von nahezu jedem auf die jeweilige Situation angepasst und umgesetzt werden können.

- Wir brauchen keine überbewerteten Blender, deren Erfolg nur eine Momentaufnahme oder das Produkt von Glück und Zufällen ist, sondern smarte Verkäufer, die den Verkauf als Prozess verstehen und die das entsprechende Know-how haben, um die richtigen Schritte in der richtigen Reihenfolge zu gehen.
- Wir brauchen keine »Labertaschen«, die das Gegenüber mit unnötigem Fachwissen und einem Schwall von Worthülsen zutexten, sondern gute Zuhörer, die in der Lage sind, die richtigen Fragen zu stellen, um für den Kunden die bestmögliche Lösung anzubieten.

- Wir brauchen keine Wichtigtuer, die mit hektischer Betriebsamkeit von Meeting zu Meeting oder von Termin zu Termin hetzen, sondern fleißige und ehrliche Verkäufer, die die richtigen Dinge tun und diese Dinge auch konsequent durchziehen.
- Und wir brauchen auch keine Manipulatoren und Überredungskünstler, die dem potenziellen Kunden ein X für ein U vormachen.

Die Botschaft lautet:
Erfolgreich verkaufen kann jeder und es ist viel einfacher, als man denkt.

Wie der Verkauf und Vertrieb heute organisiert werden sollte, welche Anforderungen an die unterschiedlichen Verkäuferpersönlichkeiten gestellt werden und mit welchen Prozessen und Methoden man im Verkauf erfolgreich ist, wird in diesem Buch ausführlich und unterhaltsam beschrieben.

Wirksamer, erfolgreicher Verkauf und Vertrieb sind einfach – aber nicht leicht; dazu gibt es zu viele innere und äußere Störfaktoren, die es zu überwinden gilt. Auch hierfür gibt es wirksame und leicht verständliche Tipps und Anregungen. Ich stelle bewusst mit klaren und deutlichen Worten dar, wie ein erfolgreicher Verkaufsprozess ablaufen muss und welche Eigenschaften – fachlich wie charakterlich – ein moderner, erfolgreicher Verkäufer mitbringen oder entwickeln muss.

Noch ein Hinweis: Wie inzwischen fast überall üblich, habe auch ich mich dazu entschlossen, aus Gründen der besseren Lesbarkeit weitestgehend auf die weibliche Anrede zu verzichten. Wenn ich vorwiegend von Verkäufern und Vertriebsmitarbeitern schreibe, dann möchte ich damit weibliche Führungskräfte, Verkäuferinnen und Vertriebsmitarbeiterinnen in keiner Weise herabsetzen oder diskriminieren. Ganz im Gegenteil. Ich lerne bei meiner Arbeit immer wieder sehr fähige und kompetente Damen kennen, die entweder als Verkäuferinnen, Projektleiterinnen oder auch auf Führungspositionen einen hervorragenden Job machen. Manches fällt Damen in diesem Metier sogar deutlich leichter als Männern und daher vertrete ich die Meinung, dass es noch viel mehr weibliche Verkäuferinnen und Führungskräfte geben sollte, als das heute der Fall ist. Also, liebe Damen, fühlen Sie sich bitte genauso angesprochen, wenn ich von Verkäufern und

Vertriebsmitarbeitern rede, und nehmen Sie es mir nicht übel, dass ich mich für die männliche Ansprache entschieden habe.

Auf jeden Fall wünsche ich allen Lesern viel Spaß bei der Lektüre und vor allem viel Erfolg bei und mit der Umsetzung der beschriebenen Prozesse und Methoden.

Ihr

Holger Steitz

1 In Germany we call them Fuzzies

Dieses Zitat aus einem Blog des »Harvard Business Manager« von einem indischen Mitarbeiter eines großen deutschen Technologiekonzerns sagt einiges aus über das Image der Vertriebsmitarbeiter in Deutschland.

Aus dem Vertriebsleben   !

Fast die gleiche Bezeichnung verwendete der Juniorchef eines Familienunternehmens, in dem ich als sogenannter Sales-Manager tätig war. Es war Messezeit in Hannover. Die »Interhospital« fand statt und mein damaliger Arbeitgeber, der Hersteller von physiotherapeutischen Geräten und Hilfsmitteln für Reha und Pflege, stellte dort eine Pflegewanne eines amerikanischen Unternehmens aus, die wir in Lizenz für den deutschen Markt verkaufen sollten. Am dritten Messetag kam eine Delegation aus den USA, um uns als offizieller Vertretung in Deutschland ihre Aufwartung zu machen und um, wie ich später erfuhr, die Verträge zu unterzeichnen. Dies war schließlich auch der Anlass, um abends gemeinsam essen zu gehen. Die Begeisterung hielt sich in Grenzen, da man nach einem langen Messetag nicht mehr wirklich Lust verspürte, auch abends noch offizielle Termine wahrzunehmen. Als einer der wenigen Vertriebsmitarbeiter des 70-Mann-Unternehmens, der der englischen Sprache mächtig war, fiel mir die ehrenvolle Aufgabe zu, an diesem Essen teilzunehmen und als Übersetzer für meinen Chef und Entertainer für die beiden Herren aus den USA zur Verfügung zu stehen.

Der oben zitierte Satz fiel gleich zu Beginn unseres Essens. Der Juniorchef stellte mich beiden Herren namentlich vor und wollte in diesem Zusammenhang meine Aufgabe und Position beschreiben. Nach seinem Hinweis, dass ich als Sales-Manager tätig sei, zollten die beiden Amerikaner mit ihren Blicken so etwas wie respektvolle Anerkennung. Die Amis waren ja selbst Verkäufer und so entwickelte sich ein lockerer Austausch zwischen den erfahrenen Frontkämpfern aus Übersee und mir, dem Jungvertriebler, der sich gerade seine ersten Sporen verdiente. Dies war unserem Junior wohl nicht ganz recht, da er, auch um seinem Schwiegervater zu imponieren, der Chef im Ring sein wollte. So mischte er sich schleunigst wieder in die Diskussion ein, stellte fest, dass Verkäufer in Deutschland aus verschiedenen Gründen kein gutes Image haben, und verwendete eben dieses Zitat: »He is our Sales-Fuzzy.«

- Wer sind diese Vertriebs-»Fuzzies«, die im deutschsprachigen Raum tatsächlich einen so negativen Leumund genießen?

- Warum erntet man nach wie vor seltsame Blicke, wenn man im Urlaub auf die Frage:»Was machst Du beruflich?«, kurz und knapp mit»Verkäufer« antwortet?
- Welche unterschiedlichen Typen von Verkäufern gibt es?
- Wie schaffen es die vielen Blender, Schwätzer und Faultiere, teilweise über Jahrzehnte im Verkauf tätig zu sein – mal mehr, mal weniger erfolgreich – und dort nicht weiter aufzufallen?

Diese Fragen beantworte ich in diesem Kapitel und gebe vor allem auch auf die sich daraus geradezu aufdrängende Frage, welche charakterlichen und methodischen Fähigkeiten der erfolgreiche Verkäufer von heute haben sollte, eine – wie ich finde – schlüssige Antwort.

1.1 »Abgezapft und original verkorkt ...«

Wer hat ihn nicht gesehen, den legendären Sketch des unvergessenen Loriot, in dem die arme Frau Hoppenstedt im vorweihnachtlichen Chaos von drei Vertretern – einem Weinverkäufer, einem Staubsauger- sowie einem Versicherungsvertreter – heimgesucht wird? Die am 7. Dezember 1978 erstausgestrahlte Sendung, der man nachträglich den Titel»Weihnachten bei Hoppenstedts« gab, spielt derartig genial mit den Vorurteilen, die man zur damaligen Zeit gegenüber Verkäufern oder Vertretern hatte, dass es fast schon weh tut. Selbstverständlich sind die Figuren, wie bei Loriot üblich, extrem überzeichnet. Nichtsdestotrotz taugt der circa dreieinhalb Minuten lange Sketch aus den späten siebziger Jahren nach wie vor als hervorragendes Anschauungsmaterial, um dem Verhalten von Verkäufern – gestern wie heute – auf den Grund zu gehen. Was passiert?

- Da ist zunächst der Weinvertreter Herr Blümel, gespielt von Loriot selbst. Nachdem man ihm an der Nachbarwohnung die Tür vor der Nase zugeschlagen hat, fängt er die arme Frau Hoppenstedt, verkörpert von der unvergessenen Evelyn Hamann, im Treppenhaus ab und schlüpft ohne Aufforderung durch die gerade geöffnete Tür in die Wohnung. Noch bevor Frau Hoppenstedt ihren Mantel ausgezogen hat, ploppen im Wohnzimmer bereits die Weinkorken. Es folgt ein Verkaufsgespräch in Form einer ungebetenen Weinverkostung, in der die»Oberföhringer Vogelspinne«, der»75er Krüverner Krötenpfuhl« und das»74er Umpfheimer

Jungferngärtchen« präsentiert und sowohl von Frau Hoppenstedt als auch von Herrn Blümel selbst mehr als in Maßen genossen werden.

- Zu den bereits nach wenigen Minuten Weinseligen gesellt sich der Staubsaugervertreter Herr Jürgens, der einarmig versucht, den Saugblaser »Heinzelmann« anzupreisen. Legendär ist sein Werbespruch: »Es saugt und bläst der Heinzelmann, wo Mutti sonst nur saugen kann.« Herr Jürgens scheitert aber schon nach kurzer Zeit an den technischen Herausforderungen des »Heinzelmann« und gesellt sich zu Herrn Blümel auf die Couch, wo er in das Trinkgelage einsteigt.
- Als Frau Hoppenstedt gerade mit den inzwischen vorbereiteten Schnittchen aus der Küche zurückkommt, gesellt sich Herr Schober von der Allgemeinen Hannoverschen Lebens- und Krankenversicherungs-GmbH zu den Herrschaften. Mit dem Hinweis auf den Tarif von Frau Hoppenstedt beginnt auch er ungefragt mit dem offensichtlich einstudierten Verkaufsgespräch, ehe man ihn ebenfalls in die lustige Trinkrunde aufnimmt und er schon nach kurzer Zeit ebenfalls vernehmbar nicht mehr Herr seiner Sinne ist.

Ich liebe diesen Sketch und die schauspielerische Leistung der Protagonisten. Einfach nur herrlich, wie Loriot jedes nur erdenkliche Klischee bemüht und kein gutes Haar an der Verkäuferzunft lässt. Innerhalb von sechseinhalb Minuten zeigt er uns auf, welche Fehler und Unarten Verkäufer zur damaligen Zeit an den Tag gelegt haben und die wir auch heute noch, natürlich nicht ganz so extrem, vorfinden.

- Da wird manipuliert und getrickst;
- es wird ungefragt präsentiert, ohne auch nur im Entferntesten auf den tatsächlichen Bedarf des Kunden einzugehen;
- der Kunde wird belehrt und entmündigt;
- man trifft auf technisch überforderte Verkäufer, die ihr Produkt gar nicht richtig kennen und beherrschen;
- es werden Angebote gemacht, von denen der Verkäufer noch gar nicht weiß, ob der Kunde die Leistung überhaupt braucht und
- schließlich und zu guter Letzt wird jegliche professionelle Distanz zu dem potenziellen Kunden gänzlich über Bord geworfen.

Natürlich ist alles in diesem Sketch extrem überzogen und dank Loriots köstlichem Humor zur Lächerlichkeit verdammt. Er zeigt aber auf, was man zur damaligen Zeit von Vertretern im Allgemeinen hielt: nicht viel – zumindest nichts Gutes. Als Vertreter oder Verkäufer stand man schon damals auf einer der untersten Stufe der sozialen Leiter und gerade der berühmte Staubsaugervertreter galt als der Prototyp des auch heute noch oft zitierten »Klinkenputzers«. Glücklicherweise hat sich daran in den letzten Jahrzehnten einiges verändert. Inzwischen ist bei der Bevölkerung doch angekommen, dass es auch in der Verkäuferzunft durchaus ehrliche Menschen gibt, die versuchen, das Beste für den Kunden zu geben.

Aber nichtsdestotrotz erlebt man es selten, dass einem auf die Frage nach dem Beruf des Gegenübers voller Stolz mit »Verkäufer« geantwortet wird. Schaut man auf die Websites der Unternehmen oder noch besser auf die Visitenkarten der Verkäufer oder Vertriebsmitarbeiter, dann findet man dort nach wie vor sehr selten, dass unter dem Namen einfach nur Verkäufer oder Vertriebsmitarbeiter steht. Es finden sich eher kunstvolle Titel, wie beispielsweise Kundenberater, Gebietsbeauftragter, Technischer Berater oder auch die anglizistischen Varianten wie Key-Account-Manager, Sales-Manager oder Customer Support Manager. Das schlichte und einfache Verkäufer, Vertrieb oder Salesman ist nach wie vor die Ausnahme, obwohl das zugegebenermaßen schon etwas mehr geworden ist als noch vor zehn oder fünfzehn Jahren.

Glücklicherweise hat sich das Image der Verkäufer und Vertriebsmitarbeiter, nicht zuletzt aufgrund der Arbeit von Verkaufstrainern und -beratern, in den letzten Jahren verbessert (auch wenn es immer noch nicht richtig gut ist). Inzwischen ist in vielen Bereichen, besonders im B2B-Umfeld, angekommen, dass Verkäufer durchaus einen wichtigen Beitrag für den Erfolg des Unternehmens leisten. Man hat erkannt, dass sich heutzutage kein Produkt der Welt mehr von selbst verkauft. Man hat verstanden, dass es wichtig ist, den Verkauf als Teil des Leistungsprozesses in einem Unternehmen zu akzeptieren, und dass es trotz oder vielleicht sogar gerade wegen Google, Amazon und Co. nicht ohne Menschen – Verkäuferinnen und Verkäufer – funktioniert. Und noch etwas ist passiert: Man hat durchaus so etwas wie Hochachtung vor erfolgreichen Verkäufern, auch wenn man diesen häufig mit Vorsicht und teilweise sogar Misstrauen gegenübertritt. Warum ist das so?

Fragt man heute einen erfolgreichen Verkäufer, warum er erfolgreich ist, dann bekommt man nicht unbedingt eine Antwort, mit der man etwas anfangen kann. Auch viele wissenschaftlichen Studien beschäftigten sich bereits mit der Frage: Was macht einen guten Verkäufer aus bzw. wie schafft es der eine Verkäufer erfolgreich zu sein und der andere nicht?

Nahezu alle Studien kommen dabei zu dem Schluss, dass Erfolg im Verkauf durchaus etwas mit Fleiß zu tun hat. Das ist zunächst nicht überraschend, wird aber von vielen Verkäufern unterschätzt oder gilt als überbewertet. Als ein weiterer wichtiger Faktor wird die Kommunikationsfähigkeit genannt. Auch das liegt auf der Hand, da man mit Kommunikation zu einem großen Teil den Ausdruck eines Menschen mittels seiner Stimme, also der Sprache, versteht. Äußerst hartnäckig hält sich zudem nach wie vor der Glaubenssatz, dass man als erfolgreicher Verkäufer mit dem entsprechenden Talent ausgestattet sein muss. Dem möchte ich zwar nicht gänzlich widersprechen, voll zustimmen kann ich dieser Aussage aber auf keinen Fall.

Nach meiner Erfahrung in Unternehmen und der Arbeit mit Verkäufern zeigt sich, dass Fleiß sowie Methoden- und Prozess-Know-how deutlich wichtiger für den Erfolg eines Verkäufers sind als ausgeprägtes Talent. Ganz sicher ist aber, dass persönliche Eigenschaften wie Charme, gutes Auftreten und ein sympathisches Äußeres den Erfolg eines Vertriebsmitarbeiters begünstigen und bei der Auswahl berücksichtigt werden müssen.

Aber schauen wir uns an dieser Stelle doch einfach einmal abseits von Klischees und Vorurteilen an, welche Verkäufertypen unterwegs sind und vor allem, was man aus deren Fehlern und Defiziten lernen kann. Ich beziehe mich dabei ausschließlich auf die mir bekannten Charaktere, die ich in meinen Beratungs-, Trainings- und Sales-Outsourcing- Projekten kennengelernt habe. Demzufolge erhebe ich auch keinen Anspruch auf Vollständigkeit, was für die Betrachtung der Thematik dieses Buches auch nicht relevant ist.

Ich glaube, jeder hat schon einmal mit dem einen oder anderen Typus Verkäufer zu tun gehabt. Nicht nur mit den Blendern, Schwätzern und Faultieren, sondern auch mit den vielen anderen Typen und Mischformen, die ich hier nur am Rande streifen möchte.

1.1.1 Der Blender

Interessanterweise gibt es von diesem Typen sehr viele Exemplare und sogar recht viele in Führungspositionen. Dass das so ist, ist auch gar nicht weiter verwunderlich. Der Blender schafft es aufgrund seiner jovialen Art, nahezu überall gut dazustehen, und beherrscht es hervorragend, aus allen internen oder externen Konflikten als strahlender Sieger hervorzugehen, obwohl er meistens gar nicht mitgekämpft hat. Ganz im Gegenteil: Wenn es irgendwo brennt, wenn es irgendwo gilt, einen Schuldigen zu finden, duckt sich der Blender meisterlich ab, verschwindet völlig vom Radar und taucht irgendwann wieder auf, um als der große Retter dazustehen. Er beherrscht es perfekt, sich mit den Federn von anderen zu schmücken, die meistens so bescheiden sind, dass sie locker darüber hinwegsehen.

Nun wird vermutlich der eine oder andere einwerfen, dass es eigentlich niemand schaffen kann, nach oben zu kommen oder zumindest als einer der Top-Performer dazustehen, wenn man nicht gewisse Erfolge nachweisen kann. Doch, das kann man. Es gibt einfach Menschen, die das Talent haben, ihr eigenes Licht immer etwas heller strahlen zu lassen als das von möglichen Konkurrenten. Sie treten überall als Strahlemänner auf und tragen ein derart großes Selbstbewusstsein vor sich her, dass überhaupt kein Zweifel daran besteht: Hier kommt ein erfolgreicher Mensch!

Natürlich gibt es gerade unter den Blendern auch den einen oder anderen, der zumindest auf Erfolge aus der Vergangenheit verweisen kann. Schaut man da aber genauer hin, so zeigt sich häufig, dass die ehemals erzielten Erfolge gar nicht ursächlich auf das Konto des Blenders gehen, sondern dass die Grundlagen für den Erfolg von einem Vorgänger gelegt wurden. Manchmal ist es auch einfach Glückssache. Der Blender war zufällig zur rechten Zeit am rechten Ort, beziehungsweise zur rechten Zeit in der richtigen Position, um einen Erfolg für sich zu verbuchen, den jeder andere in der gleichen Position auch eingeheimst hätte. Das kommt vor, besonders in der in Großunternehmen und Konzernen vorherrschenden Kultur der ständigen Positions- und Stellenrochade.

Gerade auf eine neue Stelle versetzt worden, ein neues Gebiet übernommen oder in ein Projekt hineingeraten, erteilt ein Großkunde einen Auftrag oder wird ein schon lange vorbereiteter Vertrag aus nicht zu beeinflussenden Gründen plötzlich unterschriftsreif und, schwups, ist es passiert. Der neue Stelleninhaber tritt als strahlender Sieger auf, obwohl er gar nichts für den Erfolg getan hat. Wenn er dann eben zu der Spezies der Blender gehört, schafft er es mühelos, diesen Erfolg für sich zu verbuchen und die damit verbundenen Lorbeeren einzukassieren.

Nun mag man sich fragen, ob es denn nicht irgendwann einmal einen Vorgesetzten oder einen »guten Kollegen« gibt, der den Schwindel aufdeckt? Doch, meistens gibt es die. Aber in der Regel schafft es der Blender, sich rechtzeitig »vom Acker zu machen«, um in einem neuen Unternehmen oder in einer anderen Abteilung oder Niederlassung, eine Etage höher in der Hierarchie, seine Karriere fortzusetzen. Hier kann der Blender zunächst mal wieder seine Rolle als erfolgreicher Manager oder Vertriebler spielen und sein ganzes Können auf der Klaviatur des scheinbaren Tausendsassas zum Besten geben. Die Kollegen und Vorgesetzten aus der vorherigen Position werden sich diebisch freuen, dass sie diesen unangenehmen Zeitgenossen zunächst einmal los sind, und daher die tatsächliche Leistungsfähigkeit verschweigen. Vielleicht gönnt man dem Wettbewerb den vermeintlichen Top-Performer und ist froh darüber, dass man diesen Menschen zukünftig als schwachen Gegner in anstehenden Pitches oder Vertragsverhandlungen auf der Gegenseite hat.

Ich persönlich erlebe diese vermeintlichen Superstars in Beratungsprojekten und Trainings als sehr unangenehme Zeitgenossen. Es sind genau die, die in den Meetings oder Trainings sitzen und einem mit aufgesetzten höhnischen Grinsen zeigen, dass sie von alledem, was man als Berater oder Trainer gerade zu vermitteln versucht, überhaupt nichts halten. Insgeheim versuchen sie meistens schon, etwas Sinnvolles aus dem Training mitzunehmen, um die eigene Leistungsfähigkeit möglicherweise doch zu verbessern. Nach außen treten sie aber extrem arrogant und überheblich auf. Ich versuche eigentlich, auf die provokativen Spitzen, die von diesen Herrschaften kommen, nicht einzugehen. Wenn ich aber auf ganz extreme Kandidaten treffe, mache ich mir doch gerne einen Spaß daraus, den betreffenden Menschen auch einmal richtig auflaufen zu lassen. Meistens reicht schon die zur rechten Zeit platzierte Frage: »*Herr XY, was sagen Sie denn als einer der Verkäufer mit den besten Ergebnissen zu diesem Thema?*«, und schon offenbart sich, dass hinter der scheinbar selbstsicheren Fassade nur bröckelnder Putz ist. Dann ist auch ganz schnell Ruhe, zumindest solange ich dabei bin.

Natürlich habe ich mir diesen Menschen dann aber zum Feind gemacht und er wird alles daran setzen, um mich an geeigneter Stelle, bei seinen Vorgesetzten und den Kollegen, die seinen peinlichen Auftritt miterlebt haben, niederzumachen. Deshalb vermeide ich meistens die direkte Konfrontation. Nicht, weil ich Angst vor schlechtem Feedback habe, sondern weil ich vermeiden möchte, dass die Leute, die tatsächlich mit dem Anspruch kommen, etwas zu lernen oder etwas zu erreichen, im Nachhinein ein schlechtes Gefühl bekommen, wenn sie an mich und das Training oder die Beratung denken. Soweit ich es vermeiden kann, lehne ich es deshalb ab, mit Blendern in Strategie- oder Umsetzungsprojekten zusammenzuarbeiten. Mit diesen Leuten kann man einfach nichts voranbringen.

Wenn aber das Wohl und Gelingen eines Projektes nicht wirklich durch einen Blender gefährdet wird, ist meine Strategie, dass ich versuche, diese Leute mitzunehmen. Wenn ich jedoch merke, dass dies nicht gelingt, stelle ich diese Personen kalt oder lasse sie austauschen. Das Gleiche empfehle ich übrigens auch jedem Vorgesetzten, der mich fragt, wie er mit einem Blender umgehen soll: signalisieren, dass man ihn durchschaut hat, ihm anbieten, den eingeschlagenen Weg mitzugehen, oder ihn feuern.

1.1.2   Der Schwätzer

Diese Spezies empfinde ich persönlich als sehr anstrengend. Das liegt in meinem speziellen Fall daran, dass ich Vielredner grundsätzlich nicht gut ertragen kann. Auch im Vertrieb und Verkauf sind diese Damen und Herren häufig sehr unangenehm und zudem in der Regel nicht sonderlich erfolgreich. Woran das liegt, ist eigentlich schnell beschrieben.

Schwätzer hören sich selbst nun einmal unheimlich gerne reden und vergessen dabei, dass es im Kontakt mit dem Kunden weniger aufs Reden als vielmehr auf das Fragen ankommt. Ich sitze oftmals mit Verkäufern bei Kundenterminen, bei denen ich geradezu wahnsinnig werden könnte. Da schaffen es Verkäufer in der Tat, geschlagene 90 Minuten fast ohne Punkt und Komma von den Vorzügen des eigenen Produktes oder der eigenen Leistung zu monologisieren, ohne auch nur im Entferntesten ansatzweise nach einem Bedarf gefragt zu haben. Fragezeichen kennen diese Menschen offensichtlich gar nicht.

Diese Leute meinen es aber überhaupt nicht böse und sind sich in der anschließenden Feedback-Runde auch keinerlei Schuld bewusst. Sie gehen einfach davon aus, dass man dem potenziellen Kunden alles, aber auch wirklich alles, über das Produkt erzählen muss. Und um möglichst kompetent zu wirken, schmücken sie ihre Vorträge mit Fachbegriffen, Abkürzungen und Anglizismen, dass es einem schwindelig werden kann.

Ich weiß nicht, ob es einen direkten Zusammenhang gibt, aber mir ist aufgefallen, dass es gerade bei den Schwätzern extrem viele rhetorische Krüppel gibt, die nicht in der Lage sind, auch nur einen halben Satz ohne »Ähhs« und »Emms« oder sonstigen Fülllauten zu formulieren. Meistens fehlt jegliches Maß an Empathie und so merken diese Verkäufer auch nicht, wenn ihnen ihr Gegenüber noch so eindeutige Zeichen des Missfallens sendet. Da kann ein Einkäufer fünfmal in fünf Minuten auf die Uhr schauen, der Schwätzer ignoriert es. Da kann ein Geschäftsführer während der Präsentation des Verkäufers mehrmals längere Zeit sein Smartphone aus der Hosentasche fummeln und E-Mails checken – der Verkäufer merkt es nicht. Und noch etwas Interessantes stelle ich immer wieder fest: In den Monologen der Schwätzer wimmelt es nur so von Floskeln. Jeder zweite Satz beinhaltet ein »Ich sag mal so …«, ein »am Ende des Tages«, vielleicht auch ein »im Grunde genommen« oder eine sonstige abgedroschene Formulierung, die einfach nur nervt.

Ich möchte wirklich niemandem zu nahe treten, aber wenn ich mir meine Erfahrungen aus Präsentationsbegleitungen, Coachings und Trainings in Erinnerung rufe, dann komme ich zu dem Schluss, dass es sich bei den Schwätzern und den Floskelkönigen sehr häufig um Führungskräfte, Geschäftsführer oder Vorstände von Unternehmen handelt. Warum das so ist, kann ich nur mutmaßen, aber es erscheint so, dass diese Menschen einfach nicht trennen können, ob es sich nun um einen Mitarbeiter, den Steuerberater oder einen wichtigen Kunden handelt. Sie gehen immer davon aus, dass das Gegenüber möglichst viele Informationen braucht und diese auch uneingeschränkt hören will. Im Prinzip könnte man natürlich sagen, was soll's. So lange diese Menschen erfolgreich sind, kann man sie doch reden lassen, so lange, wie sie wollen. Das sind sie aber meistens nicht.

! **Aus dem Vertriebsleben**

Ich hatte ein interessantes Gespräch bei einem Kunden in Norddeutschland, den ich zusammen mit einem neuen Vertriebsmitarbeiter besuchte. Bisher wurde der Kunde von dem Chef des IT-Software- und Dienstleistungsunternehmens besucht. Die Betreuung sollte zukünftig von dem jungen Verkäufer übernommen werden und da ich das Coaching übernommen hatte, begleitete ich den jungen Mann bei seinem ersten Besuch.

Das Gespräch beim Kunden verlief gut. Wir mussten ihm mitteilen, dass eine bestehende Portallösung zukünftig nicht mehr betrieben werden konnte, weil einer der Plattformbetreiber, auf denen das Portal lief, den Support aufgekündigt hatte. Von dem Geschäftsführer waren wir instruiert worden, was wir dem Kunden anbieten sollten. Ich hatte mich vorher mit dem Youngster abgesprochen, dass er das Gespräch weitgehend selbstständig führen sollte, und ließ ihm freie Hand.

Er machte seine Sache richtig gut. Zunächst erläuterte er dem Kunden die Situation und anstatt die Vorschläge des Geschäftsführers zu präsentieren, stellte er zielführende Fragen hinsichtlich der tatsächlichen Anforderungen. Er zeigte zwischendurch immer wieder die Vor- und Nachteile der einen oder der anderen Lösungsmöglichkeiten auf, hakte aber im richtigen Moment mit geschickten Fragen nach, sodass wir nach etwa einer Stunde mit einem klaren Bild des Kundenbedarfs von dannen zogen.

Bei der Verabschiedung nahm mich einer der beiden am Gespräch beteiligten Männer, der Leiter des betroffenen Fachbereichs, beiseite und sagte mir im leisen Flüsterton; »Ich bin ganz froh, dass Herr xy heute nicht dabei war. Das war zum ersten Mal, dass uns jemand aus Ihrem Haus gefragt hat, was wir wirklich wollen.« Ich kannte den Geschäftsführer xy aus anderen Kundenterminen und wusste sofort, was der Leiter meinte. Herr xy ist der typische Schwätzer, der den potenziellen Kunden mit seinem Fachwissen und seiner Besserwisserei überfährt. Er weiß immer schon im Voraus, was das Beste für den Kunden ist, und schert sich nur am Rande um den tatsächlichen Bedarf. Natürlich hatte ich Herrn xy schon des Öfteren auf seine unglückliche Vorgehensweise im Kundengespräch – die im Übrigen auch schon einige Misserfolge beschert hat – hingewiesen und habe ihm auch das Feedback des norddeutschen Kunden übermittelt. Allerdings ist Herr xy in dieser Beziehung absolut beratungsresistent, was durchaus als Gemeinsamkeit der Schwätzer angesehen werden kann.

Fazit: Der Schwätzer ist leider weit verbreitet, besitzt wenig Empathie, ist kaum belehrbar, weil uneinsichtig und kann eigentlich nur dann erfolgreich sein, wenn er von einem Team unterstützt wird, das für ihn die Kohlen aus dem Feuer holt.

1.1.3 Das Faultier

Nun, der Name sagt schon einiges aus, sodass ich gar nicht sehr tief in die Beschreibung einsteigen muss. In einem Unternehmen, in dem ich als Vertriebsleiter und späterer Geschäftsführer gearbeitet habe, hatten wir einen Betriebsleiter, der immer wieder den netten Ausspruch brachte: »Im Winter in der Sauna, im Frühjahr auf dem Golfplatz, im Sommer im Schwimmbad und im Herbst im Urlaub, so ist das Verkäuferleben.« Ganz sicher war bei ihm eine Menge Neid im Spiel, denn dass mit dieser Aussage ganz gewaltig auf die Klischee-Taste gedrückt wurde, ist wohl jedem klar.

Nichtsdestotrotz hält sich auch heute noch bei vielen Menschen die Meinung, dass man im Vertrieb und Verkauf nur gut reden können muss und sich ansonsten einen schönen Lenz machen kann. Dem ist zwar eindeutig schon lange nicht mehr so (falls das überhaupt jemals so war), aber Faultiere gibt es in den Unternehmen auch heute noch zuhauf. Aus meiner Sicht sind das meistens rhetorisch starke Persönlichkeiten, die in der Lage sind, sich gut auszudrücken, die ein gutes Auftreten haben und die es schaffen, andere für sich arbeiten zu lassen. Sie sind meistens völlig unstrukturiert, lassen sich von ihrem Instinkt leiten und ihr Arbeitsstil ist mehr als chaotisch. Faultiere sind meistens die Kategorie von Verkäufern, denen man nachsagt, sie hätten das verkäuferische Talent in die Wiege gelegt bekommen, und in der Regel ist da tatsächlich auch etwas dran. Daher sind diese Verkäufer häufig sogar recht erfolgreich – zumindest vorübergehend oder zeitweise.

Mir blutet manchmal das Herz, wenn ich in Unternehmen bin und solche Verkaufstalente kennenlerne, weil ich immer denke, welche bombastischen

Erfolge dieser Mensch einfahren könnte, wenn er in der Lage wäre, strukturiert und geplant zu arbeiten, und ein gesundes Maß an Disziplin und Fleiß an den Tag legen würde. Inzwischen glaube ich aber beinahe, dass sich gewisse Dinge ausschließen. Ein talentierter Rhetoriker kann einfach nicht nach Tagesplan und mit festen zielführenden Gewohnheiten arbeiten. Ebenso wie es wahrscheinlich unmöglich ist, ein Faultier dazu zu bringen, regelmäßige Berichte und geplante Wiedervorlagen zu machen. Ich glaube, dieser Typ Mensch ist tatsächlich im Vertrieb gelandet, um mit möglichst wenig Einsatz möglichst viel Geld zu verdienen. Talentierte Verkäufer können das auch.

Schwierig wird es aber mit denen, die sich für talentiert halten, die es jedoch nicht sind. Da kommt es dann meistens zum Crash im Sinne von geschäftlicher oder privater Insolvenz. Denn, wenn man meint, man hätte verkäuferisches Talent und könnte damit seinen Lebensunterhalt bestreiten, dem aber nicht so ist, dann bleiben die Erfolge zwangsläufig aus. Die daraus resultierenden Folgen setzen in der Regel eine Abwärtsspirale in Gang, die meistens nicht mehr aufzuhalten ist, sofern nicht die Erkenntnis reift, dass man andere vertriebliche Wege gehen oder den Beruf wechseln sollte.

! **Der Verkäufer – ein Schlitzohr?**

Und noch ein weiteres Vorurteil rankt sich um den Verkauf bzw. den Verkäufer und viele Menschen betrachten den Beruf des Verkäufers bis heute mit sehr viel Skepsis. Hartnäckig hält sich die Meinung, dass Verkaufen etwas Unanständiges ist und dass alle, die im Verkauf tätig sind, Trickser, Manipulatoren oder, schlimmer noch, Betrüger und Verbrecher sind. Überall hört man die Geschichten von windigen Verkäufern, die einer fünfundachtzigjährigen Oma eine Lebensversicherung verkaufen, von dem Autoverkäufer, der verschweigt, dass es sich um einen Unfallwagen handelt, oder von dem Immobilienmakler, der die feuchte Bruchbude nach Potemkin-Art »aufhübscht«, um einen besseren Preis zu erzielen.

Neben diesen eindeutig verbrecherischen Methoden gibt es dazu genügend schlitzohrige Verkäufer, die dank ihres Könnens in der Lage sind, dem Kunden, der eigentlich nur einen Angelhaken kaufen will, eine komplette Angelausrüstung anzudrehen. Vor diesem Verkäufertypen haben die meisten Menschen einen gehörigen Respekt oder sogar echte Angst. Man fühlt sich ihnen nicht gewachsen, man fürchtet zu Recht, dass man manipuliert wird, und hat daher ein schlechtes Gefühl.

Ganz sicher gibt es, wie in jedem anderen Beruf, auch im Vertrieb schwarze Schafe, aber ebenso wie dort sind sie nicht der Regelfall. Aus meinen Erfahrungen, die ich mit ganz vielen Verkäufern aus den unterschiedlichsten Bereichen machen konnte, kann ich Ihnen eines sicher sagen: Das sind die Ausnahmen, die absoluten Ausnahmen. Die meisten Verkäufer und Vertriebsmitarbeiter sind absolut ehrlich, sehr verlässlich und sind stets daran interessiert, für ihre Kunden die bestmögliche Lösung anzubieten.

1.2 Der ideale Verkäufer oder Vertriebsmitarbeiter in der heutigen Zeit

Wie sieht nun der ideale Verkäufer oder Vertriebsmitarbeiter in der heutigen Zeit aus? Natürlich will ich mich um die Antwort auf diese Frage nicht herumdrücken und komme gerne zum Ende des Kapitels wieder darauf zurück. Aus meiner Sicht aber muss die Frage ganz anders lauten:

Wie muss ein Vertriebsprozess gestaltet sein, der ein Unternehmen nachhaltig erfolgreich macht?

Aus meiner Sicht kann heutzutage ein Unternehmen nur dann erfolgreichen Vertrieb machen, wenn es klar nachvollziehbare, logische und zielführende Prozesse gibt, die unabhängig von den handelnden Personen funktionieren. Das heißt, der Prozess muss klar sein und die jeweiligen Prozessschritte müssen alle in die gleiche Richtung – nämlich in die der kurz-, mittel- und langfristig zu erreichenden Ziele – führen. Welche Personen in den unterschiedlichen Prozessphasen handeln, ist dann beinahe gleichgültig.

Der ideale Vertriebsprozess für erklärungsbedürftige Produkte und Dienstleistungen ist nach meiner Erfahrung aus mehr als 150 Projekten in unterschiedliche Phasen unterteilt, in denen teilweise auch völlig unterschiedliche Fähigkeiten gefordert sind. Da ich in den folgenden Kapiteln ausführlich auf den erfolgreichen Vertriebsprozess eingehe, möchte ich an dieser Stelle nur kurz die groben Phasen beschreiben.

! **Idealer Vertriebsprozess**

Es beginnt immer mit der **Presales-Phase**.

- Diese beinhaltet die zur Umsetzung der Unternehmens- und Vertriebsstrategie erforderlichen Vorbereitungsmaßnahmen, die häufig in Verbindung mit dem Marketing umgesetzt werden müssen. Die Basis aller Maßnahmen bilden immer die zu erreichenden Ziele, sodass diese spätestens hier zu vereinbaren sind. Die erste Vorbereitungsmaßnahme ist die klare Definition der Produkt- und Leistungsmerkmale sowie die daraus abgeleiteten Nutzenargumente und, falls vorhanden, die Alleinstellungsmerkmale.
- Der zweite, nicht minder wichtige Vorbereitungsschritt ist die klare und eindeutige Definition der Zielgruppen und der jeweiligen Ansprechpartner in den Unternehmen und Organisationen.
- Und der letzte Schritt der Vorbereitung ist die Betrachtung und Analyse der Umfeldfaktoren, wie zum einen die Wettbewerbssituation und zum anderen die aktuellen und zu erwartenden Trends und Entwicklungen aus wirtschaftlicher, technischer, rechtlicher, sozialer und sonstiger Sicht, die wir bei unserer Arbeit entweder nutzen oder die uns vielleicht auch bremsen oder sogar scheitern lassen können. Auf Basis der sorgfältigen Vorbereitung werden alle erforderlichen Tools und Arbeitshilfen, wie beispielsweise Telefonskripts, E-Mail- und Brief-Templates, Produkt- und Leistungsbeschreibungen, Whitepapers, Flyer etc. entwickelt und die entsprechenden Trainings- und Coachingmaßnahmen umgesetzt.

Erst von da an beginnt das aktive Verkaufen in der Presales-Phase. Nach meiner Überzeugung beinhaltet die Presales-Phase alle Maßnahmen, die dazu dienen, einen aktuellen oder in Kürze zu erwartenden Bedarf bei einem potenziellen Kunden zu finden und darauf aufbauend die für den Kunden optimale Lösung anzubieten. Wie das genau geht, dazu, wie gesagt, später mehr.

Ab der Erstellung des Angebotes ist die Presales-Phase abgeschlossen und es beginnt die **Angebots- oder Fachvertriebsphase**. Auch hier sollten wieder alle möglichen Prozessschritte, wie das Angebotsmanagement sowie die Preisverhandlungs- und Abschlussphase, sinnvoll aufeinander abgestimmt sein und standardisiert umgesetzt werden. Die Angebots- oder Fachvertriebsphase endet mit dem **Vertragsabschluss oder der Ablehnung**. Bei Ablehnung geht der Verkaufsprozess an der nächstmöglichen Stelle weiter, bei Vertragsabschluss startet die Projektphase und der Kunde geht in die Bestandskundenbearbeitung über.

Aus dieser Beschreibung wird eigentlich schon eines ganz klar deutlich: Der lange Weg vom ersten Kontakt bis zum Vertragsabschluss erfordert ganz unterschiedliche und zum Teil sogar wesenskonträre Fähigkeiten, sodass an dieser Stelle deutlich werden sollte, **dass es den idealen Verkäufer, der alle erforderlichen Fähigkeiten und Kenntnisse in einer Person vereint, gar nicht geben kann.**

Trotzdem möchte ich, wie versprochen, an dieser Stelle doch noch den aus meiner Sicht idealen Verkäufer beschreiben, beziehungsweise seine Eigenschaften darstellen. Wie bereits deutlich gemacht, bin ich durchaus ein Fan davon, den Vertriebsprozess in einzelne Phasen zu unterteilen, und für sehr viele Branchen, Produkte und Lösungen macht es Sinn, in den jeweiligen Phasen mit unterschiedlichen Personen und Charakteren zu agieren. Dort, wo aber die Ressourcenlage das nicht hergibt oder wo es aufgrund von bestehenden oder zu schaffenden Situationen nicht möglich oder sinnvoll ist, den Prozess auch personell zu splitten, kann man auch einen Verkäufer so trainieren und seinen Ablauf so gestalten, dass er im Sinne der Zielerreichung erfolgreich arbeitet.

Schlüsselqualifikationen eines erfolgreichen Verkäufers

Ich sehe einige Schlüsselqualifikationen, die meistens nicht oder nicht in ausreichendem Maße vorhanden sind. Die gute Nachricht dabei ist aber, dass man gerade diese Schlüsselqualifikationen hervorragend trainieren und coachen kann, sodass man quasi fast jeden Vertriebler in die Spur bringen kann.

Für manchen vielleicht überraschend, sind für mich die Attribute Fleiß und Disziplin mit an vorderster Stelle zu nennen. Eigentlich ganz logisch, aber trotzdem fehlt es vielen Verkäufern oftmals an zumindest einer der beiden Stellen. Ich selbst gebe offen zu, dass ich beim Thema Disziplin noch Luft nach oben habe. Zu oft lasse ich mich gerne auch mal treiben und pfeife auf meinen Tagesplan, was ich aber spätestens am Abend bereue. Tagesplan? Ja, genau. Ich bin zutiefst davon überzeugt – und die Erfolge oder Misserfolge beweisen, dass ich Recht habe –, dass ein guter Vertriebsmitarbeiter seinen Tagesablauf planen sollte. Und nicht nur den Tagesablauf, sondern die komplette Arbeitswoche. Sinnvollerweise sollte diese Planung am Freitag der Vorwoche vollzogen werden und alle relevanten Termine, Themen und anstehenden Aufgaben berücksichtigen.

Aus dieser Thematik heraus ergibt sich ein weiterer entscheidender Erfolgs-schlüssel. Ein erfolgreicher Vertriebler sollte seine Willenskraft nicht in die Erledigung von To-Dos, sondern in Gewohnheiten investieren. Was meine ich damit? Die Abarbeitung von To-Do-Listen ist in der heutigen Zeit, in der viele Dinge und Aufgaben in rascher Abfolge erledigt werden müssen, fast unumgänglich. Demzufolge muss man auch die entsprechende Zeit dafür einplanen, die abzuhakenden Punkte zu erledigen. Viel wichtiger für die Er-reichung von Zielen und die persönliche Entwicklung hin zu einem Erfolgs-menschen ist aber stattdessen die Etablierung von Gewohnheiten.

Welche Gewohnheiten das sind, entscheidet letztendlich der Kontext, also das momentane berufliche Umfeld und die jeweiligen Ziele. Die erfolgswirk-samen Gewohnheiten für Verkäufer oder Vertriebsmitarbeiter sind ganz eindeutig das tägliche Telefonieren, die täglichen Online-Aktivitäten und, nicht für jeden, aber doch die meisten Verkäufer, das tägliche Angebotsma-nagement. Diese Tätigkeiten sollten einen festen Platz in jedem einzelnen Tagesablauf eines Verkäufers einnehmen und noch vor der Abarbeitung von To-Do-Listen, überflüssigen internen Meetings und manchmal auch vor dem Außendiensttermin durchgeführt werden. Für mich selbst ist die Gewohnheit des täglichen Schreibens oder Schreibdenkens in den letzten Jahren zu einem wichtigen Ritual geworden, das mich und mein Unterneh-men ganz entscheidend in Richtung meiner Ziele vorangebracht hat und weiter voranbringt. Und übrigens: Wenn ich täglich und immer schreibe, dann meine ich das auch ganz genauso!

Zu den genannten Fähigkeiten Fleiß, Disziplin und der Etablierung von er-folgswirksamen Gewohnheiten gehört ein gebührendes Maß an Struktu-riertheit. Diese Strukturiertheit ist eine wichtige Basis, um sich systema-tisch und ständig entlang des definierten Vertriebsprozesses zu bewegen. Was nützt es, wenn der Prozess klar definiert ist und sich trotzdem die handelnden Personen nicht an den Prozess halten? Um dies sicherzustel-len, ist Strukturiertheit unerlässlich.

Bevor ich zu den weiteren Schlüsselqualifikationen für den Kontakt mit dem Kunden komme, muss ich vorher noch auf die ebenfalls wichtige Qualifikation Durchsetzungsfähigkeit kommen. Ja, auch Durchsetzungs-fähigkeit ist eine wichtige Schlüsselqualifikation für Verkäufer und sollte geschult werden. Ich meine hier an dieser Stelle aber nicht die Durchsetzungsfähigkeit in Verhandlungen mit Kunden oder Lieferanten, sondern die Durchsetzungsfähigkeit gegenüber den eigenen Vorgesetzten und Kollegen. Die sind es nämlich, die den erfolgreichen Verkäufer davon abhalten, seinen Tagesplan einzuhalten und seine erfolgskritischen Gewohnheiten durchzuziehen. Was hier gefordert ist, ist die klare Abgrenzung gegenüber Vorgesetzten, die mit unnötigen Meetings oder scheinbar wichtigen Erledigungen von überflüssigen Aufgaben versuchen, den Verkäufer von den erfolgswirksamen Tätigkeiten abzuhalten. Und hier gilt es auch, sich gegen die lieben Kollegen abzugrenzen, die gerne mal mit einem kurzen Plausch auf dem Flur oder einem »*Kannst Du das mal eben für mich machen?*« zu Zeitdieben werden.

Zu den wichtigen Erfolgsfaktoren im Kundenkontakt zählt natürlich das erforderliche Fachwissen beziehungsweise die Fähigkeit, die technischen und organisatorischen Features der eigenen Produkte und Leistungen in kundengerechter Sprache wiederzugeben. Hier bin ich aber nicht so radikal, wie manche meiner Berater- und Trainerkollegen, die den Spruch geprägt haben: »Fachidiot schlägt Kunde tot.« Ich bin aber durchaus der Überzeugung, dass es in bestimmten Phasen des Vertriebs eher schädlich ist, wenn man zu viel Fachwissen hat und meint, dieses dem Kunden auch ausführlich zu zeigen. Hier ist weniger meistens mehr. Natürlich muss man dem Kunden zeigen, dass man etwas von seinem Geschäft, seinen Produkten, seinen Leistungen und seinen Prozessen versteht. Dies tut man aber am besten, indem man die richtigen Fragen stellt.

Womit wir bei der wichtigsten Schlüsselqualifikation im Kundenkontakt angekommen sind: Die Fähigkeit, dem potenziellen Käufer die richtigen Fragen zu stellen, um daraus die für den Kunden beste Lösung zu entwickeln, ist nach meiner Überzeugung die entscheidende Schlüsselqualifikation eines erfolgreichen Verkäufers der heutigen Zeit. (Daher werden wir uns an einer anderen Stelle dieses Buches noch eingehend mit diesem Thema auseinandersetzen.)

Eng verbunden mit der Fähigkeit, die richtigen Fragen zu stellen, ist die Fähigkeit Diagnostik-Fitness. Was meine ich damit? Jeder Vertriebsmitarbeiter sollte im direkten Gespräch mit einem Kunden zwei bis drei einfache, aber wirkungsvolle Werkzeuge parat haben, um dem Kunden, der (noch) nicht weiß, was er braucht oder haben will, aufzuzeigen, welches die beste Lösung oder das beste Produkt für seine aktuelle Aufgabe darstellt. Dafür braucht man kein PowerPoint und auch keine sonstigen technisch aufwändigen Lösungen. Hier reicht ein Blatt Papier, ein Whiteboard oder ein Flipchart. Die Diagnostik-Fitness ist eine der wirkungsvollsten Waffen im Vertrieb, jedoch die wenigsten Verkäufer beherrschen sie. Umso erfolgreicher sind die Verkäufer, die über die entsprechenden Tools verfügen und diese im Kundenkontakt anwenden können. Wir kommen darauf zurück.

Mit der Nennung der sogenannten Softfacts komme ich auch schon zu den letzten Schlüsselqualifikationen eines erfolgreichen Verkäufers. Diese Punkte werden fast immer zuerst genannt, wenn ich danach frage, sind aber die Qualifikationen, die am wenigsten erfolgskritisch sind. Es handelt sich um das gute Auftreten, die Kommunikationsfähigkeit, das elegante und gepflegte Äußere und die sympathische Stimme – alles Qualifikationen, die zwar hilfreich sind und auf die auch ich achte, wenn ich in Mitarbeiterauswahlprozesse involviert bin, die aber letztendlich keine Muss-Qualifikationen sind, um als Verkäufer erfolgreich zu werden. Tatsächlich sind diese Punkte »nice to have«, aber nicht »kriegsentscheidend«.

Der Vollständigkeit halber möchte ich noch auf die charakterlichen Eigenschaften eines erfolgreichen Verkäufers eingehen. Dabei handelt es sich um die Grundtugenden Ehrlichkeit, Zuverlässigkeit, Pünktlichkeit und Unbestechlichkeit. Es mag sich jetzt für den einen oder anderen Leser vielleicht etwas altmodisch oder spießig anhören, aber ich bin tatsächlich der Meinung, dass das Fehlen einer oder mehrerer dieser vier Grundtugenden den Erfolg eines Verkäufers, vielleicht sogar eines Menschen, zwar kurzfristig nicht aufhalten kann, aber dauerhaft erfolgreich sein kann nur, wer wirklich nach diesen vier Grundtugenden lebt und arbeitet.

So, genug jetzt von der Fokussierung auf die Verkäuferpersönlichkeit. Gehen wir weiter in das Thema »Erfolgreich verkaufen« hinein und schauen uns die wirksamen Prozesse und Methoden für erfolgreiche Vertriebsarbeit im Sektor Investitionsgüter und Dienstleistungen näher an.

2 »Wir entwickeln« – Verkauf und Vertrieb heute

Aus dem Vertriebsleben

Dieses Mal geht der Weg nach Süddeutschland, Ziel ist ein mittelständisches Unternehmen in Baden-Württemberg, das laut Website Mess- und Steuerkomponenten für Unternehmen im Bereich Kläranlagenbau und Pumptechnik entwickelt und herstellt. Der Inhaber und Geschäftsführer, den ich über XING kennengelernt habe, weil er dort in seinem Profil Unterstützung für die Neukundengewinnung und den Vertrieb gesucht hat, empfängt mich sehr freundlich in den ordentlich hergerichteten Büroräumen. »Am besten zeige ich Ihnen erstmal die Firma«, schlägt er vor und führt mich in eine saubere und ordentliche Fertigungshalle, die dank großzügiger Fensterfront durch viel Tageslicht erhellt wird. Darin stehen mehrere Werkbänke, an denen fast nur Damen sitzen, die Baugruppen und Geräte montieren.

Mit leuchtenden Augen und sichtlich begeistert erzählt der Geschäftsführer von seinen Produkten und obwohl ich aufgrund der vielen Fachbegriffe, die er verwendet, nicht alles verstehe, bekomme ich einen guten Überblick über die Merkmale der Produkte und kann auch Fragen zu Vorteilen und Einsatzzwecken stellen. Mein Gesprächspartner beantwortet mir meine Fragen bereitwillig, aber ich merke schon, dass ich ihn durch meine Zwischenfragen etwas aus dem Konzept bringe.

Nachdem wir gut und gerne 20 Minuten in der Fertigung zugebracht haben, in denen ich verschiedene Baugruppen, die für mich bis auf die unterschiedliche Größe alle gleich aussehen, mit den entsprechenden Erläuterungen nach und nach in die Hand gedrückt bekomme, führt der Weg weiter. Durch den Wareneingang, das Lager, die Qualitätskontrolle und den Versand werde ich relativ zügig durchgeleitet bis hin zu einem Raum, der nur durch Eingabe eines Zahlencodes betreten werden kann. Darin sitzt lediglich ein Mitarbeiter, der dem Klischee eines Tüftlers zu 100 Prozent entspricht. Hier ist der Geschäftsführer wieder spürbar in seinem Element, mir fliegen die Fachbegriffe nur so um die Ohren und ich verstehe eigentlich nur Bahnhof. Nach dem viertelstündigen Vortrag hat der Inhaber aber doch einen etwas kritischen Blick. Vermutlich hat ihn mein etwas ratloses Gesicht und die nicht überschwänglich gezeigte Hochachtung vor dem Gehörten irritiert. Möglicherweise beschäftigt ihn gerade die Frage, wie denn ein Mensch, der offenkundig nicht wirkliches

Interesse für die technischen Details der Produkte entwickeln kann, ihm beim Vertrieb seiner Schmuckstücke helfen soll.

Zurück im Besprechungsraum beginne ich bei einem Kaffee, die mich brennend interessierenden Fragen hinsichtlich der Marktaktivitäten zu stellen: wie er denn den Vertrieb organisiert habe, wer welche Verantwortung übernimmt und welche Maßnahmen und Aktivitäten zum Verkauf seiner Produkte durchgeführt werden. Mein Gesprächspartner berichtet mir von Vorträgen, die er regelmäßig (einmal pro Jahr) in seinem Innungsverband hält, einer zweimal wiederholten Werbung in der IHK-Zeitung und von einem Artikel, den er vor zwei oder drei Jahren in einer Fachzeitschrift veröffentlicht hat, und ich spüre, wie er mehr und mehr ungehalten wird. Als ich ihm dann die Frage stelle, ob er denn schon einmal aktiv auf potenzielle neue Kunden zugegangen sei, wird er aufgebracht: ob ich denn nicht verstanden habe, was das Unternehmen macht, und ob ich die letzte Stunde mit den Gedanken nicht bei der Sache gewesen sei. Er hatte aufgrund meiner Website doch gehofft, dass ich etwas vom Vertrieb von technischen Produkten verstehe.

Trotz der überraschenden Heftigkeit der Reaktion wiederhole ich meine Frage hinsichtlich der bisherigen Vertriebsaktivitäten, da ich natürlich wissen muss, wo ich anzusetzen habe. »Wir entwickeln«, schallt es mir nur noch wutentbrannt entgegen und dann ist der Groschen sogar bei mir gefallen. Für den in seiner technischen Welt lebenden Inhaber und Geschäftsführer des Unternehmens ist die Entwicklung des Produkts gleichzeitig die für ihn einzig logisch nachvollziehbare Vertriebsmaßnahme. Er geht davon aus, dass man durch die Neu- und Weiterentwicklung der aus seiner Sicht genialen Produkte automatisch neue Kunden und Kundenkreise erreicht und dass man nur dafür sorgen muss, dass die bestehenden Kunden genügend Mund-zu-Mund-Propaganda betreiben.

Nun, Sie werden es erahnen, zwischen dem mit Sicherheit genialen Firmenlenker aus dem Schwäbischen und mir kam es nicht zu einer Zusammenarbeit und ich habe auch nie wieder etwas von dem Unternehmen gehört.

Dies ist sicherlich ein Extrembeispiel und eine derartige Situation ist mir in dieser Ausprägung in meiner bisherigen Laufbahn auch zum Glück nicht noch einmal passiert. Was ich aber häufig erleben konnte, war, dass gerade technisch orientierte Unternehmen oder auch stark spezialisierte Dienstleister davon ausgehen, dass ein aktiver Verkauf für ihre Leistungen nicht möglich und auch nicht nötig sei. Allein schon das Wort »Verkaufen« ist in diesem Umfeld häufig absolut negativ besetzt. Deshalb findet man hier sehr oft den

»technischen Vertrieb«, die »Abteilung Angebotskalkulation« oder auch die »Kundenberatung«, aber fast nie den einfachen Verkauf oder Verkäufer.

Ich habe häufig mit mittelständischen Unternehmen mit einer sehr technischen Ausrichtung zu tun, die vermutlich gerade dadurch erfolgreich sind oder zumindest waren. Meistens betrifft das die Branchen Maschinen- und Anlagenbau, Elektrotechnik bzw. Mess-, Steuer- und Regeltechnik, Automobilzulieferindustrie, Chemie- und Kunststofftechnik, oder auch bei Engineering-Dienstleistern, IT-Dienstleistern oder Beratern. Hier ist der gesamte Vertriebsprozess oft rein auf die Entwicklung von technischen und fachlichen Individuallösungen für die Kunden ausgerichtet, was grundsätzlich nicht falsch ist. Die Firmen und Verkäufer profitieren hauptsächlich von den Bestandskunden und den sich ergebenden Empfehlungen.

Einen tatsächlich aktiven Vertrieb betreiben diese »Verkäufer« meistens nicht. Ihre Hauptaufgabe besteht tatsächlich darin, die eingehenden Kundenanfragen zu bearbeiten. Auf Basis der Kundenangaben und den mitgelieferten Zeichnungen, Pflichtenheften oder Leistungsbeschreibungen wird, je nach Komplexität, gleich kalkuliert oder vorher noch eine Zeichnung, ein Schaltplan oder eine ausführliche Leistungsbeschreibung erstellt. Diese Unterlagen dienen dann als Vorlage für die Kalkulation und das daraus erstellte Angebot. Die Angebote werden meistens kommentarlos zu den Anfragenden gesendet und man wartet ab, was passiert. Systematisches Nachfassen – Fehlanzeige.

Hier werden Tätigkeitsfelder vermischt bzw. man drückt Menschen einen Stempel auf, den sie gar nicht verdient haben. Genau genommen sind diese meistens Ingenieure, Techniker oder fachspezifisch ausgebildete Mitarbeiter, vielmehr Projektleiter, Konstrukteure oder Kalkulatoren – aber auf keinen Fall Verkäufer. Deshalb findet man auf den Visitenkarten dieser Menschen auch nicht diese Berufsbezeichnung. Oft erlebe ich Situationen, in denen ein Geschäftsführer mir »seine« Vertriebsabteilung vorstellt und die Leute an deren Arbeitsplatz über den grünen Klee lobt. Hier werden dann die langjährige Erfahrung, das enorme Know-how und die hohe Qualität der gelieferten Arbeit gepriesen. Zurück im Chefbüro dreht sich der Wind plötzlich gewaltig. Auf einmal schimpft der Geschäftsführer über seine Vertriebsleute wie ein Rohrspatz – aber warum?

Da ich für meine Person meistens bereits weiß, wo der Hase im Pfeffer liegt, versuche ich, mit unangenehmen Fragen das Kernproblem offenzulegen. Fragen, die sich darum drehen, wie viele Kundenkontakte der Vertrieb denn pro Tag, in der Woche oder im Monat macht. Ich frage, wie viele Noch-Nicht-Kunden die Vertriebsmitarbeiter denn aktiv kontaktieren und ob die Potenziale in den bestehenden Zielgruppen ausgeschöpft werden. Ich versuche zu ergründen, ob man sich schon überlegt hat, welche zusätzlichen Zielmärkte man mit den bestehenden Produkten bedienen könnte und so weiter und so fort. Kurz und gut, ich nerve gehörig und lege den Finger gnadenlos in die Wunde.

Hier verstärkt sich dann meistens noch das Gezeter der Geschäftsführer: »Unsere Vertriebler reagieren nur«; »Keine Eigeninitiative und keine eigenen Ideen.«; »Warten alle nur ab, dass das Telefon klingelt« – solche und ähnliche Aussagen höre ich dann und finde es mehr als ungerecht. Was ich nämlich genau weiß, ist, dass ein Unternehmen, dessen Vertrieb mehr oder weniger ausschließlich aus Technikern und Ingenieuren besteht, nahezu überhaupt keine aktiven und schon gar keine geplanten Vertriebsaktivitäten zur Neukundengewinnung betreibt. Das Gemeine daran ist, dass der Geschäftsführer eigentlich genau weiß, dass die Leute überhaupt keine Zeit hätten, um dies zu tun. Und noch schlimmer: Diese Leute wären die völlig Falschen, um das, was getan werden muss, überhaupt zu machen. Das wäre, als ob man den ersten Geiger eines Symphonieorchesters mit dem Verteilen von Flyern für das nächste Konzert beauftragen würde.

Diese Leute sind für die notwendige Arbeit in der Presales-Phase schlicht und ergreifend überqualifiziert und letztendlich auch viel zu teuer. Also tut man – bzw. der Geschäftsführer oder Vertriebsleiter, der mich hilfesuchend in das Unternehmen holt – diesen Vertriebsmitarbeitern tiefes Unrecht und sollte sich stattdessen schämen, dass man nicht die Strukturen und Prozesse geschaffen hat, um diese Leute besser – sprich effektiver nach ihren Fähigkeiten – in einen zielführenden Vertriebsprozess zu integrieren.

2.1 Vertrieb mit Handelsvertretern

Schauen wir uns ein weiteres Phänomen in Vertriebsabteilungen in mittelständischen Unternehmen an. Viele Betriebe, gerade aus dem produzierenden Bereich, setzen für den Vertrieb freie Handelsvertreter ein. Nun mag man zu den Handelsvertretern, die gemäß §§84 ff. HGB ihre Tätigkeit ausüben, stehen, wie man will. Das eigentliche Problem liegt aber auch hier ganz einfach in der Tatsache, dass die Handelsvertreter nicht entsprechend ihrer Fähigkeiten und Möglichkeiten eingesetzt werden.

Wo sind Handelsvertreter angebracht? Ganz einfach und klar. Dort, wo es eine hohe Zahl von Bestandskunden gibt, die regelmäßig mit neuen Produkten, mit Verbrauchsmaterial oder mit geistigem Zuspruch versorgt werden müssen, haben Handelsvertreter absolut ihre Berechtigung; auch in Branchen und für Produkte, bei denen es darauf ankommt, einen möglichst engen Kontakt zu den unterschiedlichsten Abteilungen im Kundenunternehmen zu halten und dort, wo man einfach regelmäßig Flagge, sprich ein Gesicht, zeigen muss. Diese Bereiche werden, nicht zuletzt aufgrund des Internets und der sich daraus ergebenden Veränderungen für den Vertrieb, zwar immer kleiner, aber es gibt sie noch.

Wo aber sind Handelsvertreter nicht sinnvoll eingesetzt? Auch das ist relativ klar, schaut man sich die üblichen Entlohnungssysteme von Handelsvertretern an. Deren Einnahmen bestehen nämlich meistens aus Provisionen und zwar für festgeschriebene Gebiete, für einen bestimmten Kundenkreis oder für bestimmte Produkte und Leistungen. Demzufolge brauchen Handelsvertreter eine große Zahl von Bestandskunden, die regelmäßigen Umsatz produzieren, auf dessen Basis ihre Provision wächst.

Besonders zu Beginn meiner Selbstständigkeit hatte ich häufig Anfragen von Unternehmen, die mich als Handelsvertreter engagieren wollten. Ganz davon abgesehen, dass ich nie als HV gearbeitet habe, passten die Honorarvorstellungen nicht zueinander. Diese schlauen Inhaber oder Geschäftsführer hatten die Vorstellung, dass sie Handelsvertreter für die Neukundengewinnung einsetzen könnten. Es gibt tatsächlich die Vorstellung, dass der Handelsvertreter drei, sechs, zwölf oder vielleicht sogar noch mehr Monate bei potenziellen Kunden die Produkte und Leistungen anpreist, ohne dafür auch nur einen müden Heller zu sehen. Abgesehen davon, dass diese Art der Zusammenarbeit sehr ungerecht im Sinne der Chancen-Risiko-Verteilung ist, kann sich das auf Dauer kein Handelsvertreter der Welt leisten.

Demzufolge ist ein Netz von bestehenden Handelsvertretern für die Neukundengewinnung – also die Einführung von neuen Produkten oder die Erschließung neuer Kunden oder Branchen – gänzlich ungeeignet. Denn natürlich wird er, allein aufgrund von wirtschaftlichen Zwängen, sich mehr um die Bestandskunden kümmern, die ihm das Einkommen sichern, als Zeit und Aufwand in mögliche neue Kunden zu investieren, bei denen der Payback völlig ungewiss ist.

Mein Fazit zu Handelsvertretern[1]: Für gewisse – wenn auch überschaubare Bereiche – können sie Sinn machen, um neue Kunden zu gewinnen. Um vorwärtszukommen und größere Ziele zu erreichen, eignen sie sich nicht.

2.2 Vertriebsstrukturen des Mittelstandes

Eine im Mittelstand häufig anzutreffende Vertriebsstruktur sieht in etwa so aus: Im Innendienst gibt es ein, zwei oder auch mehrere Mitarbeiter, die offiziell die Bezeichnung Vertrieb oder Verkauf tragen. Bei diesen Menschen laufen die eingehenden Kundenanfragen auf und werden meistens in ein Angebot verwandelt. Da es sich häufig um kaufmännisch ausgebildete Mitarbeiter handelt, werden dort die Standardangebote erstellt und an die Kunden gesendet. Oft sind diese Mitarbeiter ebenfalls für die Abwicklung – sprich die Eingabe in das Warenwirtschafts- oder ERP-System – zuständig und nicht selten werden hier zudem die Lieferscheine und die Rechnungen erstellt. Das Tagesgeschäft ist in der Regel sehr turbulent, da diese Abteilung die Schnittstelle zwischen den Kunden und dem Unternehmen darstellt. Hier kommen die eingehenden Telefonanrufe von Kunden an

---

1 Ich selbst habe mit Handelsvertretern ein Problem, weil sie sich eben nicht oder nur schwer führen und steuern lassen, was sie laut Gesetz ja auch nicht müssen. Auch die teilweise vorhandene Bauchladenmentalität von Handelsvertretern gefällt mir nicht. Ich habe Handelsvertreter als »OneWoMan«-Show kennengelernt, die bis zu 15 verschiedene Vertretungen hatten. Dass man dabei niemals allen in gleicher Weise gerecht werden kann, versteht sich von selbst.

und die Mitarbeiter haben ständig etwas abzuklären, müssen aufgebrachte Kunden besänftigen und sich mit den internen Verantwortungsträgern abstimmen.

Parallel zu diesem sogenannten Vertriebsinnendienst gibt es dann meistens noch einen technischen Innendienst-Vertrieb. Dort kommen alle Anrufe und Anfragen von Kunden an, bei denen technisches oder fachliches Detailwissen erforderlich ist. Hier sitzen in der Regel Ingenieure, Techniker oder entsprechend fachlich ausgebildete Spezialisten. Diese müssen in der Lage sein, technische Auskünfte zu geben, Zeichnungen und Pläne zu lesen und zu erstellen, Kundenideen in Lösungen zu verwandeln und die anzubietenden Leistungen auch gleich zu kalkulieren. Aufgrund des meistens enormen Arbeitsaufkommens und der charakterlichen Prägung dieser Mitarbeiter ist in der Regel nur ein Reagieren möglich. Hier versteht man sich als Fachmann und möchte auch genauso wahrgenommen und behandelt werden.

Komplettiert wird die Vertriebsmannschaft bei einer derartigen Konstellation oft noch durch eine Außendienstmannschaft. Das können durchaus auch Handelsvertreter sein, gerade im produzierenden Gewerbe sind hier aber häufig angestellte Außendienstmitarbeiter zu finden. Manchmal sind es auch Mitarbeiter, die teils Innen- und teils Außendienstfunktionen übernehmen; viele Außendienstler arbeiten auch vom Home-Office aus.

Sowohl beim Innendienst als auch bei den Außendienstmitarbeitern lohnt es sich bei meinen Projekten immer, genau hinzusehen. Die Frage ist hier tatsächlich: Was machen die Leute in ihrer Funktion den ganzen Tag? Wie schon geschrieben, sind die Innendienstmitarbeiter meistens durch das Tagesgeschäft zum reinen Reagieren verdammt. Frage ich nach, wie viele Kontakte mit Noch-Nicht-Kunden diese Menschen in der Woche oder im Monat machen, dann ernte ich meistens ein tiefgründiges Lächeln. Denn selbst, wenn die Mitarbeiter die Zeit für aktive Kundenakquise hätten, sie würden vermutlich alles andere tun als das.

Beim Außendienst sieht es anders aus. Deren Aufgabe ist der direkte Kundenkontakt beziehungsweise das Verkaufen. Aber auch hier lohnt sich eine genaue Analyse der tatsächlichen Tätigkeiten. Oftmals werden ja Außendienstmitarbeiter explizit für die Neukundengewinnung eingestellt, sind dann aber meistens schon nach kurzer Zeit mit ganz anderen Tätigkeiten ausgelastet. Hier habe ich schon die tollsten Dinge erlebt. Am beliebtesten ist sicherlich die Bestandskundenpflege und diese gehört in der Regel auch zu den definierten Aufgaben des Außendienstes. Problematisch wird das Ganze nur, wenn die Neukundenakquise zu Gunsten der Bestandskundenpflege gänzlich entfällt. Sicherlich kann man hier nicht verallgemeinern, aber für viele Außendienstmitarbeiter ist der Besuch eines Bestandskunden, bei dem es Kaffee und Kekse gibt, oftmals attraktiver als die ungemütliche Neukundenakquise, bei der man auch mal verbal »abgewatscht« werden kann. Und so verstecken sich einige Außendienstler gerne hinter der Bestandskundenpflege, auch wenn es keine wirkliche Begründung für den Besuch gibt, anstatt neue Kunden zu kontaktieren.

Was auch recht häufig anzutreffen ist, ist die Vermischung von Vertrieb und Projektarbeit. Zum Beispiel ist es im Maschinen- und Anlagenbau oder auch der Elektrotechnik nicht unüblich, dass der Verkäufer, der ein Projekt akquiriert hat, dieses Projekt auch weiter betreut; nicht selten bis zur Inbetriebnahme. Im Prinzip ist dagegen nichts einzuwenden, sofern sichergestellt ist, dass für die Zeit, in der der Verkäufer das Projekt betreut, die Verkaufstätigkeit nicht ausgesetzt wird. Leider ist das meistens der Fall. Und so passiert es, dass manche Gebiete oder Kundenkreise monate- oder sogar jahrelang nicht vertrieblich betreut werden, was bei den zum Teil ellenlangen Verkaufszyklen zu enormen Auftragslöchern oder gar zum Untergang des Unternehmens führen kann.

Der Geschäftsführer im Vertrieb
Eine ganz typische Situation in kleinen und mittelständischen Unternehmen ist folgende: Der Gründer, Geschäftsführer oder Inhaber macht neben den Aufgaben, die er ansonsten als Chef zu erledigen hat, den Vertrieb mit. Dies ist häufig im IT-Software und -Dienstleistungsbereich oder bei technischen Dienstleistungen sowie im Beratungsumfeld anzutreffen. Aber auch in mittelständischen Unternehmen, die entwickeln und produzieren, ist diese Vertriebsorganisation nicht unüblich. Die große Gefahr, die bei dieser Form des Vertriebes besteht, ist die, dass dem Vertrieb hier einfach nicht regelmäßig die notwendigen zeitlichen Ressourcen eingeräumt werden. Vertrieb wird dann gemacht, wenn die anderen Aufgaben erledigt sind

und noch etwas Kapazitäten zur Verfügung stehen. Die für den erfolgreichen Vertrieb dringend erforderliche Kontinuität und Fokussierung fehlen hier vollkommen. Insgesamt fehlt es zudem häufig an der erforderlichen klaren Trennung der Aufgaben und Verantwortlichkeiten. Je nachdem, welche vertrieblichen Aufgaben gerade anstehen, werden sie von irgendjemandem gemacht. Der Chef führt das Unternehmen in der Regel nach der Helikopter-Methode – er kreist über allem, macht überall kräftig Wind und verschwindet schnell wieder, wenn es unangenehm wird.

Ich bin immer wieder erstaunt, dass Unternehmen, deren Vertrieb derartig chaotisch läuft, doch teilweise sogar extrem erfolgreich sein können. Wenn ich die Dinge hinterfrage, stellt sich dann oftmals heraus, dass man von einer Handvoll Bestandskunden lebt, die der Gründer von seiner vorherigen Stelle mitgebracht hat, oder Kunden, die noch aus den guten alten Zeiten übriggeblieben sind. Neukunden werden dort meistens über Empfehlungen gewonnen, was grundsätzlich nicht schlecht ist, nur den entscheidenden Nachteil hat, dass diese kaum plan- und schon gar nicht steuerbar sind.

Diese Art von Unternehmen kann durchaus über Jahre hinweg ohne jegliche aktive Vertriebsarbeit auskommen. Man ist von den Bestandskunden gut mit Aufträgen eingedeckt, zum Teil bestehen komfortable Rahmenverträge und die Abrufe erfolgen regelmäßig. Wachstum entsteht durch höhere Bestellungen der Bestandskunden oder indem man neue und zusätzliche Projekte bei diesen zum Teil langjährigen Kunden platziert. Gerade in der Automobilzulieferindustrie leben viele Unternehmen in dieser Situation und solange sich an dem Status-Quo nichts ändert, gibt es keinen Grund, an den bestehenden Verhältnissen zu rütteln.

Kritisch wird es hier nur, wenn einer der Bestandskunden plötzlich – aus welchen Gründen auch immer – den Rahmenvertrag nicht verlängert. Billiganbieter aus China, auslaufende Serien, die nicht durch vergleichbare neue Produkte ersetzt werden, neue Technologien, neue Werkstoffe oder einfach nur neue Verantwortlichkeiten bei den Kunden führen zu teilweise dramatischen Umsatzeinbrüchen. Wenn ich zu einem derartigen Unternehmen gerufen werde, bin ich regelrecht erschrocken, dass man mir auf meine Fragen hinsichtlich der bisherigen Vertriebsstruktur, der Verantwortlichkeiten oder der durchgeführten Vertriebsmaßnahmen gar keine Antworten geben kann bzw. ich nur Schulterzucken oder hilflose Blicke ernte.

Auch hier kommt dann manchmal »Wir entwickeln« als einzige Erwiderung. Wenn ich mich wieder gefasst habe, beginne ich aber in der Regel recht schnell damit, ein gewisses Verständnis für die Verantwortlichen aufzubringen. Sie waren teilweise über Jahrzehnte als verlängerte Werkbank für große internationale Player tätig, die ihnen Technik, Prozesse und Preise diktiert haben. Ihre einzige Aufgabe bestand darin, diese übermächtigen Kunden vollumfänglich zufriedenzustellen. Warum sollte man da aktiven Vertrieb betreiben? Nun, über Sinn und Unsinn möchte ich an dieser Stelle nicht streiten. Fakt ist, dass ich hier meist bei null einsteigen muss.

2.3   Vertrieb in Großbetrieben und Konzernen

Betrachten wir an dieser Stelle noch den Vertrieb in Großbetrieben und Konzernen: Auch hier bin ich immer wieder überrascht, welch seltsamen Konstrukte dort bestehen, wobei die Überraschung hier ganz andere Ursachen hat. Der Vertrieb in Großunternehmen ist teilweise unübersichtlicher und unsteter als in kleinen und mittelständischen Unternehmen. Zum Teil wird der Vertrieb zentral geregelt, zum Teil gibt es unterschiedliche Vertriebsorganisationen für unterschiedliche Produktgruppen oder Zielmärkte und zum Teil wird sogar bewusst eine Konkurrenzsituation innerhalb eines Konzerns geschaffen. Meistens gibt es aber jeweils klare Hierarchien, eindeutig geregelte Verantwortlichkeiten, dokumentierte Prozesse und Methoden sowie definierte Ziele, auf deren Basis die Höhe der Entlohnung der Vertriebsmitarbeiter geregelt wird. Trotzdem oder vielleicht gerade deshalb erlebe ich in Großunternehmen immer wieder interessante Situationen.

Wesentliches Charakteristikum ist, dass der Vertrieb in Konzernen und Großunternehmen extrem stark durchstrukturiert ist. Es gibt ein ganz klares Entscheidungsgefüge und meistens ziemlich straffe, an vereinbarten Zielen ausgerichtete Führungs- und Steuerungssysteme. Das, was im Mittelstand häufig nicht geregelt ist, wird hier manchmal überreguliert und man versucht, mit einem ausgeklügelten Berichtswesen alles Mögliche zu erfassen und zu messen.

Führungskräfte im Vertrieb von Großbetrieben erlebe ich oft fast schon paranoid. Ständig gehen sie davon aus, dass einer ihrer Mitarbeiter gerade nicht die notwendige Performance erbringt oder – schlimmer noch – gerade schon für seine nächste Position beim Wettbewerb vorsorgt. Sicherlich übertreibe ich gerade ein bisschen, aber ein Funke Wahrheit ist schon dran an meiner Aussage. In Großbetrieben wird jede Menge Zeit und Energie darauf verschwendet, die im Vertrieb und Verkauf tätigen Mitarbeiter zu kontrollieren, um reale oder vermeintliche Verfehlungen oder Abwanderungstendenzen aufzudecken. Ständig finden Telefonkonferenzen, Präsenzmeetings, Tagungen, Schulungen oder Projektbesprechungen statt. Diese haben zwar häufig ihre Berechtigung, weil es natürlich gerade in großen Organisationen Abstimmungsbedarf gibt, hier wird aber nach meiner Überzeugung meistens maßlos übertrieben.

Oft werden in Vertriebspositionen, besonders im Presales, junge Menschen installiert, die direkt von der Hochschule kommen und sich ihre ersten Sporen verdienen müssen. Ausgerüstet mit Produkt- und Verkaufsschulungen werden sie an die Seite von erfahrenen Vertrieblern gesteckt und nach kurzer Einarbeitung auf die Kunden losgelassen. Man lässt sie einfach mal machen, entweder mit einem eigenen Gebiet, einem eigenen Produktbereich, einer Kundengruppe oder auch gerne mit irgendwelchen mehr oder weniger sinnvollen Sonderprojekten. In Zielvereinbarungsgesprächen werden qualitative und quantitative Ziele definiert, die Leine wird je nach Bedarf mal länger, mal kürzer gelassen und dann geht es los. Haben sich diese Juniorverkäufer gerade freigestrampelt und beginnen zu erahnen, wie Vertrieb in ihrem Umfeld funktioniert, dann erfolgt meistens die nächste Umstrukturierung und alles wird von rechts auf links gedreht.

Neue Produkte, neues Gebiet, neue Kunden, neue Position und vor allem – neuer Chef. Und der hat natürlich revolutionäre neue Ideen, die er mit Rückendeckung des oberen Managements gnadenlos umsetzt. Das bedeutet für die im Vertrieb tätigen Personen, dass man sich im Prinzip alle zwei bis drei Jahre in einem völlig neuen Umfeld bewegt. (Dies gilt übrigens auch für die altgedienten Verkäufer.) Manchmal bei den gleichen Kunden und im gleichen Markt. Manchmal auch ganz woanders. Als Verkäufer kann man in dieser Zeit durchaus etwas lernen, da man ja ständig mit neuen Methoden und Systemen vertraut gemacht wird. Nachhaltige, kontinuierliche Vertriebsarbeit sieht aber definitiv anders aus. Mir blutet sehr häufig das Herz, wenn ich bedenke, welche Ressourcen in Konzernen und Großunternehmen für den Vertrieb zur Verfügung stehen und welchen vergleichsweise geringen Output man damit erzielt. Hier könnte man mit zielgerichteten und wirksamen Prozessen und Methoden sowie mit der entsprechenden Kontinuität zum Teil deutlich mehr erreichen.

Als Berater ist meine Aufgabe bei Großunternehmen meist eine ganz andere als in kleinen und mittelständischen Betrieben. Da gilt es für mich erst einmal, die vorhandene Organisation zu entwirren und aufzuzeigen, an welchen Stellen aktuell Schwachstellen sind. Anstrengend sind hier eher die Kämpfe gegen die Alphatiere und die internen Machtspiele. Wenn es aber gelingt, die Chefs und die »First Follower« mitzunehmen und für neue, erfolgversprechende Prozesse und Methoden zu gewinnen, dann ist es für mich immer wieder schön zu erleben, wie durch die ersten spürbaren Verbesserungen und Erfolge die Aha-Momente zunehmen. Dann steigt die Motivation und manchmal gelingt es, dass, zumindest für einen Zeitraum, alle an einem Strang ziehen.

2.4   Marketing im Vertrieb heute

Ein weiteres Phänomen, das ich immer wieder in Unternehmen erlebe, die erklärungsbedürftige Produkte oder Dienstleistungen entwickeln, produzieren und vertreiben: Da werden alle möglichen und unmöglichen Dinge unternommen, nur um keinen aktiven Vertrieb machen zu müssen. Damit meine ich all das, was unter das Thema Marketing, Werbung und Public-Relation fällt, aber auch alle indirekten Vertriebsmaßnahmen.

Da sind zunächst die klassischen Themen, wie die Präsentation auf Messen und Ausstellungen, die Durchführung von eigenen Kundenveranstaltungen (Hausmessen etc.), die Präsentation des Unternehmens in Form eines Vortrags auf einem Kongress oder einer Veranstaltung der IHK's oder der Verbände. Dazu gehören aus meiner Sicht auch die Platzierung von Anzeigen in einer Fachzeitschrift sowie die Erstellung und Verbreitung von Image-Broschüren, Flyern oder sonstigen Hochglanz-Printprodukten in Form von Mailingaktionen.

Dazu kommen die schier unendlichen Möglichkeiten, die sich in der virtuellen Welt – also online – anbieten, beginnend mit der Website, die heutzutage ja eigentlich jedes B2B-Unternehmen hat, Blogs, Presse-Portale, für das Business ausgelegte Social Media Portale, wie XING oder LinkedIn, teilweise auch Facebook. Immer beliebter wird das Thema Content-Marketing und natürlich sind hier auch permanente Suchmaschinen-Optimierungen und Google-Adwords zu nennen. Diese Aufzählung erhebt nicht den Anspruch auf Vollständigkeit und sicherlich werden Ihnen noch viele andere Maßnahmen einfallen, die letztendlich alle nur ein Ziel haben: Potenzielle Kunden sollen Sie finden und mit Anfragen überhäufen.

Ich möchte hier nicht missverstanden werden, ich halte diese Maßnahmen alle für mehr oder weniger sinnvoll und jedes Unternehmen sollte gezielte Sog-Werkzeuge und -Maßnahmen implementieren, die ganz genau auf die individuelle Unternehmenssituation zugeschnitten und zielführend sind. Verkauf ohne begleitende Marketingmaßnahmen, Sog erzeugende Tools und gezielte Werbung wird nicht die gewünschten Erfolge bringen. Umgekehrt sind aber nach meiner Überzeugung alle die beschriebenen Maßnahmen herausgeworfenes Geld, wenn nicht damit eng verzahnt auch aktive und zielgerichtete Verkaufsprozesse und Methoden zur Anwendung kommen. Aber genau das fehlt heute tatsächlich bei vielen Firmen, die glauben, mit einer Suchmaschinen optimierten Website, gelegentlichen Messeauftritten und einer Unternehmensseite auf XING wäre alles Notwendige getan, um neue Kunden zu gewinnen. Mitnichten.

Aus dem Vertriebsleben !

Erst vor kurzem war ich bei einem Software-Unternehmen, das ein Vermögen in die Entwicklung einer Imagebroschüre gesteckt hatte und diese dann aus Kostengründen über eine Online-Druckerei produzierte. Nicht nur, dass die Druckqualität miserabel war, nein, viel schlimmer war, dass nun keine Mittel mehr vorhanden waren, um aktive Vertriebsmaßnahmen durchzuführen. Für ein Sales-Outsourcing war kein Geld mehr da und so sollte ich mit meinem Team auf reiner Erfolgsbasis arbeiten, was natürlich nicht infrage kam. Wir haben dann einen Weg für die Zusammenarbeit gefunden, zu fairen Bedingungen für beide Seiten. Inzwischen arbeiten wir als Sales-Outsourcing-Dienstleister für das Unternehmen und bearbeiten aktiv den Markt. Erste Erfolge

konnten wir schon gemeinsam feiern – übrigens ohne dass wir eine einzige
Imagebroschüre versendet haben.

Also noch einmal ganz klar formuliert: Erfolgreicher Verkauf ohne begleitende und verzahnte Maßnahmen, die dafür sorgen, dass ich als Unternehmen bekannt werde und dass mich meine potenziellen Kunden im Bedarfs-
falle über das Internet finden, ist nicht möglich. Umgekehrt sind aber auch
alle Werbe-, PR- und Marketingmaßnahmen beinahe sinnlos, wenn dazu
nicht ein wirksam aufgestellter und kontinuierlich arbeitender Verkauf unterwegs ist.

3 Hard-, Soft-, Emotional- oder doch Love-Selling?

Wenn man sich den deutschsprachigen Buchmarkt für Verkaufsbücher ansieht, dann kann man als Normalsterblicher sehr schnell den Überblick verlieren. Ob in Buchhandlungen oder auf Amazon, überall gibt es eine schier unendliche Vielfalt an Büchern, die sich im weitesten oder auch engeren Sinne um das Thema Verkauf drehen. Da wird uns suggeriert, dass es das perfekte Verkaufsgespräch gibt; dass Verhandeln von selbst laufen kann; Verkaufen emotional ist; Vertrieb heute anders geht; Verkaufen wie Liebe oder wie Flirten ist: dass man spielend verkaufen kann; dass man Aufträge angeln und mit Fischen sprechen sollte; dass man mit Psychologie verkaufen kann oder auch, dass das Verkaufen beim Nein beginnt. Wir erfahren, dass wir selbst das Produkt sind; dass Günter verkaufen kann; dass Umsatz extrem ist; dass man auf Kaltakquise auch heiß werden darf; dass man auch Neuro-Linguistisch verkaufen sollte und dass man sogar an Adam und Eva verkaufen kann.

Dies ist nur ein kleiner Überblick über die Auswahl von Büchern rund um die Themen Verkauf, Verkaufsmethoden, Verkaufspsychologie und Akquisition. Bücher, deren Schwerpunkt im Bereich Psychologie, Erfolg, Motivation und Lebenshilfe liegt und die sich zumindest am Rande auch um das Thema Verkauf und Vertrieb drehen, sind dabei sogar noch außer Acht gelassen. Sie können mir glauben, ich habe einen großen Teil der heute am Markt befindlichen Bücher gelesen und wahrscheinlich auch überall etwas an Erkenntnissen mitgenommen. Mal mehr, mal weniger. Insgesamt steht in den Büchern ja auch meistens nichts Falsches oder ausgemachter Unsinn, ganz im Gegenteil. Die meisten Bücher, die häufig wie das vorliegende aus der Feder eines Vertriebs- oder Verkaufstrainers bzw. eines Beraters stammen oder manchmal sogar auf wissenschaftlichen Erkenntnissen und Forschungsarbeiten beruhen, haben absolut ihre Berechtigung. Es gibt sicher auch Ausnahmen, aber die meisten Publikationen zum Thema Verkauf und Vertrieb sind durchaus brauchbar.

Ich habe ebenfalls schon viele Vorträge zum Thema Verkaufen, Psychologie und Motivation gehört und auch dort habe ich immer wieder gute und sinnvolle Ideen aufnehmen können. Richtigen Unsinn hat da eigentlich niemand erzählt. Und gerade in meiner Anfangszeit als Verkäufer, zu Beginn meiner Selbstständigkeit und auch in den letzten Monaten habe ich selbst an vielen Seminaren von Verkaufstrainern und Beratern, von Präsentationsexperten und von Psychologen teilgenommen. Insgesamt, bis auf wenige Ausnahmen, kann ich rückblickend sagen, vertreten die meisten Anbieter eine Philosophie, die zumindest ansatzweise nachvollziehbar ist und sicherlich auch beweisbare Erfolge gebracht hat.

Ich würde daher niemals behaupten, dass ich der Auserwählte bin, der den Stein der Weisen oder – wie es kürzlich jemand in einem Blog geschrieben hat – den heiligen Gral gefunden hat. Nein, dem ist definitiv nicht so. Ich plädiere jedoch lautstark dafür, Verkaufen als das zu sehen, was es ist:

> **!** **Verkaufen**
>
> Eine Interaktion zwischen Menschen, bei der jemand etwas gegen Geld tauschen möchte und dazu im Idealfall jemanden findet, der auf diesen Tausch eingeht, zu für beide Seiten akzeptablen Bedingungen.

Es ist nun einmal eine unumstößliche Tatsache, dass wir alle ständig in Kauf- beziehungsweise Verkaufs-Aktionen interagieren. Schon morgens müssen wir unseren Kindern verkaufen, dass sie doch bitte nach der Schule die Spülmaschine ausräumen oder den Hund ausführen sollen. Umgekehrt verkaufen uns unsere Sprösslinge, warum es einfach aus psychologischer und pädagogischer Sicht unumgänglich ist, dass ihr Taschengeld erhöht werden muss. Beim Bäcker kaufen wir unsere Brötchen, am Kiosk die Tageszeitung, am Automaten das U-Bahn-Ticket und abends stellen wir unsere abgetragenen Klamotten bei eBay ein, um sie dort zu Geld zu machen. Zugegeben, diese Transaktionen haben relativ wenig mit dem zu tun, was sich alltäglich in Unternehmen abspielt. Im Prinzip ist es aber fast das Gleiche. Für mich ist an dieser Stelle nur eine Botschaft wichtig: **Jeder kann und jeder muss verkaufen.**

Mir ist sehr bewusst, dass ich mit dieser Behauptung vielen Menschen widerspreche. Ich widerspreche allen Beratern, Trainern, Rednern und Coaches, die uns suggerieren wollen, dass man als erfolgreicher Verkäufer erst gewisse Fähigkeiten erwerben oder besondere verhaltenspsychologische Praktiken erlernen muss. Ich widerspreche auch all denen, die lautstark die Meinung vertreten, dass man als erfolgreicher Verkäufer ein überdurchschnittliches Talent für den Verkauf haben muss. Ich bin ganz fest der Ansicht, dass Verkaufen viel, viel einfacher ist, als man gemeinhin denkt.

Aus dem Vertriebsleben   **!**

Ich erinnere mich an ein für mich sehr interessantes Erlebnis bei einer meiner letzten Positionen in einem Angestelltenverhältnis. Über einen Headhunter kam ich als Vertriebsleiter zu einem Unternehmen, welches Gehäuse für die Energieversorgung und Verteilung entwickelte und herstellte. Die Kunden des Unternehmens waren vorwiegend Energieversorger und Schaltanlagenbauer in Deutschland und dem angrenzenden Ausland. Es war eine kritische Zeit. Der europäische Energiemarkt wurde gerade liberalisiert, was in unserem damaligen Kundenkreis zu großen Umwälzungen geführt hatte. Alles wurde von den großen Beratungsgesellschaften von links nach rechts gedreht. Kein Stein blieb auf dem anderen und von den enormen Veränderungen waren natürlich auch die Zulieferer betroffen.

Vor der Liberalisierung sah die Situation wie folgt aus: Jeder Energieversorger, jedes Stadtwerk und jeder regionale Versorgungsbetrieb war mehr oder weniger eigenständig und bestimmte, wie die technischen Standards in ihrem Versorgungsgebiet auszusehen hatten. Innerhalb der Versorgungsbetriebe gab es technische Verantwortliche, die als Betriebsleiter oder technischer Leiter für die Umsetzung der vorgeschriebenen Standards zu sorgen hatten. Diese Verantwortlichen waren die Götter, denen man als Zulieferer zu dienen hatte. Und jeder dieser Verantwortlichen hatte seine eigenen Vorlieben und Marotten. Technische Standards wurden mehr als übererfüllt und so war klar, dass man als Lieferant nur die Wünsche und Eigenarten der Betriebsleiter erfüllen musste und schon hatte man ausgesorgt. Die Zulieferer lebten wunderbar von dieser Situation, denn Preise spielten so gut wie keine Rolle.

Ich erinnere mich noch gut, wie verblüfft ich war, als mir mein damaliger Chef berichtete, dass zum Ende des Jahres Preisrunden mit den Kunden gefahren würden, bei denen über die Preiserhöhung für das nächste Jahr verhandelt würde. Unsere Produkte waren auf Qualität und Langlebigkeit ausgelegt. Alles war solide geschraubt, die Wandstärken immer etwas dicker als beim Wettbewerb, als UV-Schutz wurden die Gehäuse außen sogar extra lackiert und das

Innenleben wurde so ausgelegt, dass man die geforderten Werte immer um ein Vielfaches übertraf. Heute würde man das, was damals in dieser Branche betrieben wurde, als extremes Over-Engineering bezeichnen und das wäre vermutlich noch untertrieben. Deutschland galt gemeinhin als die größte Kupferplatte der Welt und nicht zuletzt darauf beruht noch heute unsere hohe Versorgungssicherheit in der Energietechnik.

Aber genau das waren natürlich die Dinge, die den McKinseys, den Roland Bergers und den Boston Consultants auch sehr schnell auffielen. Der Wind bei den Energieversorgern drehte sich um einhundertachtzig Grad und dort, wo bisher Over-Engineering angesagt war, trat nun die Vereinfachung und Standardisierung in den Vordergrund. Insgesamt gab es sowohl bei den Energieversorgern selbst als auch bei deren Zulieferern große Veränderungen, mit zum Teil auch sehr harten persönlichen Schicksalen, auf die ich an dieser Stelle aber nicht weiter eingehen möchte. (Zu diesem Thema könnte man sicher ein separates Buch schreiben.)

Für meine Geschichte ist zunächst nur entscheidend, dass wir die Produkte, die man für diese neue Situation bei unseren Kunden gebraucht hätte, zum damaligen Zeitpunkt gar nicht entwickelt hatten. Gefragt waren Stecksysteme, die modular aufgebaut wurden und die preislich um ein Vielfaches günstiger waren als das, was wir zu bieten hatten. Die Lage war durchaus kritisch und es galt, neue Wege zu finden, d. h., Strategien und Konzepte zu entwickeln, um den kleinen Kundenkreis aus dem Schaltanlagenbau auszubauen, damit Zeit für die Entwicklung neuer Produkte für den EVU-Markt gewonnen werden konnte.

Dazu sollten die Handelsvertreter mit ins Boot geholt werden. Bis auf wenige Ausnahmen waren unsere Handelsvertreter gestandene Herren reiferen Alters, die zum Teil auf jahrzehntelange Vertriebserfahrung zurückgreifen konnten. Auf einer Vertreterversammlung wurde die aktuelle Situation auf dem EVU-Markt hinlänglich diskutiert und ich stellte unseren Plan vor. Naiv, wie ich war, hatte ich mit zumindest weitgehender Zustimmung gerechnet. Aber das genaue Gegenteil war der Fall. Das Konzept wurde als nicht durchführbar abgelehnt und nicht nur mein Chef war mehr als ungehalten über die deutlich ablehnende Haltung der Vertriebsmannschaft, die sich in einem ausführlichen, lautstarken Lamento über die mangelnde Weitsicht des Chefs in den vergangenen Jahren ausließ, wo doch die Handelsvertreter alles hatten kommen sehen

In diese hitzige Diskussion platzte ich mit den Worten hinein, dass es ja nun nichts bringe, wenn wir uns in gegenseitige Vorwürfe verstricken würden. Die Lage sei ja nun einmal so und ob man sich denn nun nicht doch mal an die Planung und Umsetzung des neuen Vertriebskonzeptes machen wolle. Es

entstand eine fast schon peinliche Pause, in der man eine Stecknadel hätte fallen hören, ehe sich nach einer gefühlten Ewigkeit der Vertreter aus dem Ruhrgebiet zu Wort meldete. Er korrigierte seine Sitzposition, setzte ein mildes Lächeln auf und erwiderte: »Lieber Herr Steitz, wir sind allesamt erfahrene Vertreter und lange Jahre in der Energieversorgung unterwegs. Das, was Sie da vorschlagen, das können wir gar nicht.« Erklärend fügte er hinzu: »Bei den EVU's sorgen wir dafür, dass alle Leute, die irgendwie mit unseren Schränken zu tun haben, bei Laune bleiben. Wir halten die Kontakte zum Einkauf, zur Technik, zu den Monteuren, ins Lager und sogar zu der Geschäftsleitung. Für das, was Sie da vorhaben, da müssten wir ja verkaufen. Das können wir nun wirklich nicht.«
Ich war perplex. Gutgläubig und unerfahren wie ich war, ging ich davon aus, dass ein Handelsvertreter auch gleichzeitig Verkäufer sei und dieses Metier auch beherrscht. Wie ich erst noch erfahren musste, bestand die Haupttätigkeit unserer Außendienstmannschaft jedoch in der Kontaktpflege zu den Bestandskunden. Man verkaufte dadurch, dass man zu den Leuten, die für die Entscheidung, ob und wo ein Produkt gekauft wurde, verantwortlich waren, nett war. Die HV's waren fast alle Ingenieure und konnten durchaus technische Dinge bis zu einem gewissen Grad mit den Kunden erläutern. Verkaufen, im eigentlichen Sinne des Wortes, konnten diese Leute tatsächlich nicht, und sie sahen sich auch ganz und gar nicht als Verkäufer. Mir dämmerte, wie konservativ die Branche insgesamt und unsere Vertriebsstrukturen im Besonderen tatsächlich waren.

Was mir zu dieser Zeit auch klar wurde, war, dass aktives Verkaufen bei weitem nicht für jeden Menschen selbstverständlich und einfach ist. Sowohl in meiner angestellten und als auch in der selbstständigen Laufbahn hatte ich des Öfteren mit Menschen zu tun, für die Verkaufen ein Buch mit sieben Siegeln darstellte. Sehr oft hatte ich den Eindruck, dass eine sehr große Unsicherheit darüber besteht, wie denn richtiges Verkaufen von erklärungsbedürftigen Produkten und Dienstleistungen überhaupt funktioniert.

Aus dem Vertriebsleben   **!**

In einem Training berichtete mir ein junger Mann, dass er seit zwei Jahren im Außendienst sei. Vorher war er einige Jahre im Vertriebsinnendienst des gleichen Unternehmens aus der Verpackungsindustrie gewesen und sein damaliger Vorgesetzter, der Vertriebsleiter, hatte ihm die Stelle im Außendienst angeboten. Er wollte etwas Neues machen, sich weiterentwickeln und so sagte er zu. Sein Chef hatte ihn unter anderem damit geködert, dass er eines der besten Vertriebsgebiete übernehmen und sogar noch ein ganzes Jahr mit dem bisherigen Außendienstler für diese Region mitfahren könne. Eine bessere Einarbeitung gäbe es ja gar nicht.

Nun muss man wissen, dass dieser erfahrene Außendienstmitarbeiter stolze 64 Jahre alt war und in diesem Gebiet seit geschlagenen 31 Jahren seinen Dienst tat. Man kann sich vielleicht vorstellen, dass die Methoden, die man Mitte der 80er erlernte und in 31 Jahren nur unwesentlich adaptiert hatte, heute nicht mehr unbedingt up-to-date sind. Der junge Mann berichtete demzufolge davon, dass er mit seinem Vorgänger immer nur Stammkunden besucht hat. Immer die gleichen Personen, immer an den gleichen Tagen, immer die gleichen Touren und immer die gleich ablaufenden Gespräche. Braucht ihr etwas Neues? Stehen neue Projekte an? Wir haben hier etwas Neues, ist das für euch interessant? Und so weiter und so fort. Neukundengewinnung, Kaltakquise, Recherche nach potenziellen Neukunden, geplante Aktionen zur gezielten Ausweitung des Kundenkreises – Fehlanzeige. Ganz zu schweigen vom Einsatz der neuen Medien wie Internet und – man kann es kaum glauben – dieser Mensch hatte sich sogar geweigert, ein E-Mail-Konto zu bekommen. Wenigstens nutzte er ein Handy.

Man kann sich wohl vorstellen, dass die Einarbeitung dieses jungen Nachwuchsverkäufers nicht besonders förderlich, sondern eher kontraproduktiv war. Da der junge Mann sich aber weiterentwickeln wollte, hatte er bei seinem Verkaufsleiter um die Teilnahme an einem Vertriebsseminar angefragt und lauschte nun andächtig den Dingen, die ich so erzählte und die er auch von den übrigen Teilnehmern hörte. Zum Schluss gab er mir eines der für mich schönsten Feedbacks, die ich bisher erhalten habe. Er sagte, dass er mit sehr viel Bauchgrummeln nach Frankfurt gekommen sei, weil er regelrecht Angst vor dem schwierigen Thema Neukundengewinnung gehabt habe. Nach den zwei Tagen Training sei er aber sehr erleichtert und freue sich auf seine zukünftige Arbeit im Verkaufsgebiet, weil er gemerkt habe, dass Verkaufen mit den richtigen Prozessen und Methoden ja ganz einfach sei. Das ging mir natürlich herunter wie Öl und zeigte mir wieder einmal, welch ein großer Schleier des Mystischen und wie viel Voodoo nach wie vor über dem Vertrieb und besonders der Neukundengewinnung hängen.

Ein großes Problem für Verkäufer ist es, dass zum Thema Verkauf fast jedes halbe Jahr eine neue Sau durchs Dorf getrieben wird. Wie die eingangs in diesem Kapitel erwähnten Buchtitel zeigen, muss man mal besonders harte Methoden anwenden, dann wiederum erzählt uns der nächste, dass man ganz sanft und liebevoll mit dem potenziellen Kunden umgehen muss. Als nächstes soll man besonders emotional auf den Kunden eingehen, sehr empathisch auf jede Gefühlsregung achten und wieder andere Publikationen vermitteln den Eindruck, dass man als Verkäufer ohne detaillierte Kenntnisse der Funktionsweisen des menschlichen Gehirns gar nicht mehr auf den Kunden losgelassen werden darf.

Wie schon erwähnt, ist das ja alles nicht grundsätzlich falsch und man kann auch überall den einen oder anderen brauchbaren Impuls mitnehmen. Was mich daran stört und was bei den vielen Menschen, die im Vertrieb tätig sind, für große Verunsicherung sorgt, ist, dass jede Methode als etwas ganz Besonderes dargestellt wird und viele »Erfinder« dieser Methoden den Anspruch erheben, etwas Revolutionäres und absolut Neues erfunden zu haben. Daraus leiten sie dann meist noch einen Absolutheitsanspruch ab, der dem Leser das Gefühl vermitteln soll, dass es ohne die Anwendung dieser neuen Methode unmöglich ist, erfolgreich zu verkaufen.

Aus meiner Erfahrung heraus gibt es den Stein der Weisen oder den heiligen Gral im Verkauf nicht. Die größte Stütze für Verkäufer und Vertriebsmitarbeiter in den unterschiedlichsten Vertriebssituationen ist aus meiner Sicht der gesunde Menschenverstand. Schon oft stand ich vor Situationen, in denen ich irgendwie festgefahren war. Es ging einfach nicht weiter. Irgendwo klemmte es. In solchen Situationen half dann manchmal einfach, sich kurz aus der Situation herauszunehmen, die Fakten nochmals sachlich darzustellen und dann mit Hilfe des logischen Denkens, was gemeinhin als gesunder Menschenverstand bezeichnet wird, zu überlegen, was man am besten als Nächstes sagt oder tut. Ohne psychologischen Hokuspokus, ohne künstliche Manipulation, ohne windige Verkäufertricks, einfach nur sachlich, logisch und »vernünftig«.

Und genau das, diese logischen nächsten Schritte, diese aufeinander aufbauenden Stufen hin zu einem Erfolg kann und sollte man in einem Prozess definieren und dem Verkäufer als Leitfaden an die Hand geben. Damit er nicht erst überlegen muss, was er als Nächstes tun soll, damit er nicht auf psychologische Spielchen angewiesen ist und damit er jederzeit die Kompetenz ausstrahlt, die dem Kunden zeigt: »Ich bin auf deiner Seite und gemeinsam finden wir die beste Lösung.«

Verkaufen als logischen und fortwährenden Prozess zu sehen, zu akzeptieren, dass man nicht jeden Kunden und jeden Auftrag gewinnen kann, und die Gewissheit, dass es immer genug neue Kunden und Projekte geben wird, sorgen für extreme Entspannung und fördern dadurch ganz automatisch die Motivation der Verkaufsmitarbeiter.

Wenn es dann noch gelingt, den Verkäufern zu vermitteln, dass Fleiß und Disziplin zwei ganz entscheidende Faktoren für den Verkaufserfolg sind, dann wird dieser nicht ausbleiben.

4 Der Weg ist das Ziel – Vertrieb als Aufgabe

Kommen wir nun von der Beschreibung des Spielfeldes Vertrieb zum eigentlichen Kern des Buches: Wie gestalte ich einen erfolgreichen Vertrieb?

Ganz vorne steht hierbei **das Ziel**. Unzählige Zitate ganz schlauer, noch lebender und längst verstorbener Persönlichkeiten weisen auf die Wichtigkeit der Formulierung und Dokumentation von klaren und eindeutigen Zielen hin. Deshalb will ich an dieser Stelle nur eines, mein Lieblingszitat von Mark Twain, benennen.

> *Und als sie das Ziel aus den Augen verloren hatten,*
> *verdoppelten sich ihre Anstrengungen.*
> Mark Twain

Macht keinen Sinn, ist aber vermutlich genau deshalb in der Realität so oft anzutreffen. Nicht selten erlebe ich es in Erstgesprächen oder Projekt-Kick-Offs, dass auf meine Frage, welche Ziele mit der angedachten Zusammenarbeit denn angestrebt werden, ein ungläubiges Schulterzucken folgt. Noch öfter ist es aber so, dass mein Gesprächspartner eher schwammige Formulierungen bringt wie beispielsweise: »Wir brauchen halt mehr Umsatz« oder »Es wäre schon gut, wenn hier alles mal wieder etwas besser laufen würde.« Ja, ich weiß, das hört sich unglaubwürdig an, aber bei diesen Aussagen handelt es sich tatsächlich um Originalaussagen von Geschäftsführern mittelständischer Unternehmen, die mir in den letzten 12 Jahren untergekommen sind.

Natürlich hake ich bei derartig unklaren Zielformulierungen nach und verlange Konkretisierung. Meist kommen dann Aussagen à la »Na ja, wenn wir es schaffen, zum Ende des Jahres ein bis zwei Großkunden dazugewonnen zu haben, dann bin ich zufrieden« oder »Das kann ich jetzt nicht an konkreten Zahlen festmachen.« Das ist zwar auch noch nicht wirklich zufriedenstellend, macht aber schon deutlich mehr Sinn als das Gegenteil, wenn mir z. B. ein Geschäftsführer sagt: »Also, für dieses Jahr habe ich vier Millionen Euro Umsatz geplant.« Diese Aussage ist zwar sehr konkret, wird aber in dem Moment zur Absurdität, wenn man weiß, dass der bisherige Jahresumsatz des Unternehmens bei knapp zwei Millionen gelegen hat.

!   **Aus dem Vertriebsleben**

Eine nette Situation hatte ich mit einem Unternehmer aus dem Schwäbischen, welcher ein, wie ich fand, durchaus gutes und verkäufliches Produkt entwickelt hatte und für den wir Vertrieb machen sollten. Es handelte sich um ein Gerät, mit dem man in Fertigungsbetrieben große, sperrige und schwere Bauteile fixieren, transportieren und durch den in allen Achsen drehbaren Tisch auch direkt als Montagefläche nutzen konnte. Der schlaue Schwabe hatte das Gerät mit Mitteln aus öffentlichen Fördertöpfen entwickelt und danach versucht, dieses mit verschiedenen Maßnahmen an den Mann zu bringen. Er besuchte Messen (die völlig falschen), ließ Hochglanzprospekte mit technischen Daten und bunten Bildern drucken und verschickte diese an seine bestehenden Maschinenbaukunden und einige Adressen, die er gekauft hatte. Unterm Strich hatte er mit allen Aktionen lediglich Geld vernichtet, denn es war ihm in dreieinhalb Jahren gerade mal gelungen, vier Einheiten zu verkaufen, von denen eine sogar noch an eine Ausbildungseinrichtung verschenkt wurde.
Die Vorstellung des Unternehmers ging natürlich dahin, dass ich mit meinem Team den Vertrieb auf reiner Provisionsbasis übernehmen würde. Die Entwicklung und die bisherigen Maßnahmen für Marketing und Vertrieb hätten nämlich schon so viel Geld verschlungen, dass er jetzt im Prinzip keine liquiden Mittel zur Verfügung habe. Nun, diesen Zahn hatte ich ihm schnell gezogen und nachdem wir uns auf die Konditionen der Zusammenarbeit, die zunächst auf ein Jahr festgeschrieben werden sollte, geeinigt hatten, stellte ich die berühmte Frage: »Was stellen Sie sich denn vor, welche Ziele wir für unsere gemeinsame Arbeit in dem kommenden Jahr anpeilen sollten?«
Die Antwort von 25-30 Einheiten verschlug mir die Sprache und ich versuchte ihm mit möglichst neutraler Miene zu erläutern, dass dieses ja sicherlich auf solidem Datenmaterial und ausgiebigen Recherchen beruhende Ziel vielleicht doch etwas zu hoch angesetzt sein könnte. Allmählich beschlich mich das Gefühl, dass es vielleicht besser sein könnte, auf den Auftrag und die Zusammenarbeit mit diesem Unternehmen zu verzichten. Um nicht als Feigling von dannen zu ziehen, schlug ich ihm 10 Einheiten vor. Ich hatte die Hoffnung und mir schwebten auch schon konkrete Zielkunden im Fahrzeug- und Maschinenbau vor, bei denen es unter Umständen gelingen könnte, mehrere Geräte auf einmal zu verkaufen, da diese Kunden über verschiedene Produktionsstandorte verfügten.

Wir haben innerhalb eines Jahres übrigens sieben Geräte direkt an den Mann bringen können und wenn nicht durch Personalwechsel bei meinem schwäbischen Freund das Angebotswesen vorübergehend außer Betrieb genommen worden wäre, hätten es vielleicht sogar noch drei bis vier Geräte mehr werden können. Die Zusammenarbeit wurde von dem Kunden jedenfalls nicht verlängert, weil ihm finanziell die Puste ausgegangen ist. Ob das Unternehmen heute noch existiert, weiß ich nicht.

Diese Anekdote und das zuvor Geschilderte sind bezeichnend für die Vorgehensweise in vielen Betrieben. Man weiß zwar, dass etwas verändert werden sollte, bzw. man weiß, dass man neue Ziele in Angriff nehmen muss, aber mit der konkreten Definition und dem eindeutigen Commitment zu diesen Zielen hapert es doch gewaltig.

Es liegt mir fern, näher auf das Thema Zieldefinition im Allgemeinen einzugehen. Dazu gibt es genügend Literatur, die das Thema in allen Facetten beleuchtet. Ich möchte an dieser Stelle aber auf die konkrete Situation im Vertrieb eingehen. In fast allen Unternehmen, in die ich in den letzten Jahren Einblick hatte, konnten mir die Chefs oder Abteilungsleiter auf meine Frage nach dem für das laufende oder kommende Jahr geplanten Umsatz eine Zahl oder zumindest eine Richtgröße nennen. Viele, gerade größere Unternehmen mit mehreren Hierarchiestufen und Mitarbeitern im Vertrieb haben sogar konkrete Zielvereinbarungen mit ihren Verkäufern getroffen, auf denen auch häufig der erfolgsabhängige Gehaltsanteil basiert. Das ist löblich und dort, wo es gut und vernünftig gemacht wird, kann man meistens auch nicht meckern. Abgesehen von Zielvereinbarungen mit den Mitarbeitern im Vertrieb braucht es aber für eine fundierte Strategie- und Maßnahmenplanung im Vertrieb auch relativ klare und eindeutige Ziele.

Es muss gelingen, das Ziel möglichst deutlich zu beschreiben, und das meine ich durchaus wörtlich. Je greifbarer für jeden Beteiligten an dem Prozess das Zielbild beschrieben werden kann, desto zielführender können Verantwortlichkeiten, Prozesse und Maßnahmen abgestimmt werden. Und erst dann kann ein brauchbares Steuerungs- und Führungssystem entwickelt und umgesetzt werden.

Schauen wir uns mögliche Zielgrößen an. Sinnvollerweise sollte immer die mittelfristige Unternehmensstrategie die Basis für die Zielvereinbarung darstellen. Also, wie soll das Unternehmen in beispielsweise fünf Jahren aussehen und wie ist die Stellung im Markt? Wenn dies nicht festgeschrieben ist, was gerade bei kleineren und mittelständischen Unternehmen durchaus der Fall sein kann, ist durchaus eine pragmatischere Herangehensweise möglich.

Auf jeden Fall muss ein zeitlicher Rahmen gesteckt werden und wenn es keine Drei- oder Fünf-Jahres-Pläne gibt, orientiere ich mich in der Regel an einem Jahr. Ich kann also ganz konkret einen Stichtag definieren oder auch eine Zeitspanne, in der bestimmte Ziele erreicht werden sollen. Und dann gilt es, die Ziele so genau und umfassend wie möglich zu beschreiben.

Was soll erreicht werden? Zum Beispiel:

- Wie viele neue Kunden, Projekte oder Aufträge?
- Wie viel Umsatzwachstum mit Neukunden wollen wir erreichen?
- Wie viele Noch-Nicht-Kunden wollen wir in dem definierten Zeitraum besuchen?
- Wie viele Leads oder Anfragen sollen zusätzlich generiert werden?
- Wie viele Produkte X oder welche Leistung Y wollen wir in welcher Anzahl verkauft haben?
- Wie soll sich der Marktanteil in dem definierten Zeitraum entwickelt haben?
- Welche zusätzlichen Märkte wollen wir erschließen?
- Wie soll sich die Angebots-Umsatz-Quote in dem definierten Zeitraum verändern?
- Welche Kunden (ganz konkret) wollen wir gewinnen?
- Welche zusätzlichen Leistungen oder Produkte wollen wir an den Kunden XY verkaufen?
- Etc.

Ich empfehle, die Anzahl der quantitativen Ziele auf drei zu beschränken. Das vermeidet eine Verzettelung und hilft dabei, in der Spur zu bleiben.

Methoden zur Zieldefinition

Wenn die Ziele definiert sind, kann ich anfangen, damit zu arbeiten. Zunächst kann ich natürlich ein Jahresziel auf Quartals- oder Monatsziele herunterbrechen. Also ein Jahresziel von einer Million zusätzlichem Umsatz kann ich in viermal zweihundertfünfzigtausend Euro pro Quartal oder, was mehr Sinn macht, progressiv aufteilen. Zum Beispiel kann ich davon ausgehen, dass meine Maßnahmen am Anfang noch nicht greifen werden, sodass ich im ersten Quartal nur einhunderttausend Euro plane, im zweiten Quartal zweihunderttausend, im dritten Quartal dreihunderttausend und im vierten Quartal vierhunderttausend Euro zusätzlichen Neuumsatz. Genauso kann ich es auf Monatsbasis planen.

Ich kann auch ganz konkrete Herangehensweisen wählen, wenn ich zum Beispiel die tatsächlichen Möglichkeiten realistisch abschätzen oder die notwendigen Ressourcen halbwegs fundiert planen will. Schauen wir uns dazu ein Beispiel an.

Beispiel   **!**

Bleiben wir in dem Beispiel und gehen davon aus, dass ein Unternehmen im nächsten Geschäftsjahr eine Million Umsatz mit Neukunden machen will. Dazu soll eine gezielte Telemarketing-Kampagne nach der Kundenqualifizierungsmethode durchgeführt werden. Ein durchschnittlicher Projektumsatz beträgt achtzigtausend Euro. Demzufolge müsste das Unternehmen pro Monat etwa einen neuen Auftrag realisieren (EUR 1.000.000 geteilt durch EUR 80.000 = 1,04, gerundet 1 Auftrag).

Gehen wir weiter davon aus, dass das Unternehmen in einer Nischenbranche unterwegs ist und daher eine hervorragende Quote von 50 % vorweisen kann. Will heißen, von zwei Angeboten wird eines zu einem Auftrag. Demzufolge muss das Unternehmen zwei Angebote mit dem angenommenen durchschnittlichen Auftragswert von EUR 80.000 pro Monat beziehungsweise vierundzwanzig Angebote pro Jahr abgeben.

Um zwei Angebote pro Monat abzugeben, brauchen wir bei einer Leadquote von 40 % insgesamt fünf Leads pro Monat. Auf die nähere Definition eines Leads gehe ich in einem der nächsten Kapitel noch ausführlicher ein. Für unsere Betrachtung reicht es zunächst aus, dass Sie davon ausgehen, dass ein Lead ein potenzieller Neukunde ist, der einen Bedarf hat, der ein konkretes Projekt plant und der schon über ein entsprechendes Budget verfügt.

Für die Kundenqualifizierung ist eine Quote von zwei Prozent durchaus normal. Das heißt, um fünf Leads pro Monat zu generieren, muss ich bei einer 2%-Quote circa 250 Nettokontakte leisten. Ein Nettokontakt ist als ein Kontakt mit einem tatsächlichen Economic Buyer, also einem Kaufentscheider, definiert.

Wir nehmen weiterhin an, dass wir für einen Nettokontakt fünf Bruttokontakte benötigen (20%-Quote), wobei ein Bruttokontakt eine gewählte Telefonnummer bedeutet. Demnach müssen wir pro Monat 1.250 Telefonnummern anwählen, um mit 250 Entscheidern zu sprechen. Gehen wir davon aus, dass ein unerfahrener Kundenqualifizierer in einer Stunde zehn Bruttokontakte machen kann, dann kann ich einfach ausrechnen, dass ich pro Monat ca. 125 Stunden für die Kundenqualifizierung ansetzen muss.

Somit kann ich darstellen, dass drei Vertriebsmitarbeiter, die pro Monat jeweils rund vierzig Stunden – also circa zwei Stunden pro Tag – für die Kundenqualifizierung investieren, tatsächlich den geplanten Mehrumsatz erreichen können. Alternativ könnte man demnach auch beispielsweise eine Innendienst-Mitarbeiterin, die bisher administrative Tätigkeiten ausgeführt hat, für die Kundenqualifizierung ausbilden, um die erforderlichen Kontakte herzustellen.

Den Kritikern sei an dieser Stelle gesagt, dass diese Berechnung natürlich auf Annahmen beruht und demzufolge nur als grobe Planungsgrundlage dienen kann. Besser als Kaffeesatz lesen ist diese Methode aber auf jeden Fall und kann für die Planung durchaus gute Anhaltspunkte liefern.

Natürlich kann man diese Berechnung auch umkehren und sie dafür nutzen, um zu ermitteln, welche Ergebnisse mit den vorhandenen Ressourcen möglich sind.

! **Beispiel**

Dazu gehen wir davon aus, dass wir eine Teilzeitkraft mit 60 Stunden pro Monat zur Verfügung haben, die zukünftig die Kundenqualifizierung übernehmen soll. Die Praxis in den Unternehmen zeigt, dass diese 60 Stunden nicht voll verplant werden können, weil es gerade bei Mittelständlern ein Bündel von weiteren Aufgaben gibt, die Zeit benötigen. Nehmen wir daher an, dass die Teilzeitkraft tatsächlich 50 Stunden im Monat für die Kundenqualifizierung fest einplanen kann. Auch hier gehen wir von zehn Bruttokontakten pro Stunde (500 pro Monat) und einer Brutto-Netto-Quote von 20% aus. Das bedeutet, dass in einer Stunde zwei und in einem Monat 100 Entscheiderkontakte realisiert werden können. Bleiben wir bei der Lead-Quote von 2%, dann werden pro Monat voraussichtlich zwei Leads generiert werden, die bei einer 50%-Lead-Anfrage-Quote zu einem Angebot pro Monat führen.

Gehen wir wieder auch in diesem Beispiel von der Angebotsquote von 50% aus, dann sollte daraus jeden zweiten Monat ein Auftrag mit EUR 80.000 oder EUR 480.000 pro Jahr herauskommen. Wie gesagt, beruhen diese Berechnungen auf Annahmen und Schätzungen, die man mit Erfahrungswerten untermauern und absichern kann, und sind daher nur als Anhaltspunkte zu sehen.

Diese Vorgehensweise kann ich durchaus auch auf andere Maßnahmen übertragen. In der Praxis wird man in der Regel nicht nur eine Maßnahme aufsetzen, sondern mehrere aufeinander abgestimmte Maßnahmen und Aktivitäten für die Zielerreichung umsetzen. Beispielsweise könnten zusätzlich zu der Kundenqualifizierung Fachmessen als Aussteller bestückt, Veranstaltungen für die Zielgruppe durchgeführt oder zusätzliche Werbe- und PR-Maßnahmen aufgesetzt werden. Auch diese Maßnahmen kann man wieder mit erwarteten Leads und Anfragen hinterlegen, aus denen man wieder zu erwartende Angebote und Aufträge ableiten kann. Aus der damit zu erstellenden Gesamtplanung leitet sich ein Maßnahmenpaket ab, in dem man selbstverständlich klare Verantwortlichkeiten und Termine zuweisen muss. Somit ist man jederzeit in der Lage, ein Review durchzuführen.

Ich kann nach einem Vierteljahr sehen, wo wir hätten stehen müssen und wo wir tatsächlich stehen. Anhand der Abweichungen kann ich überprüfen, ob die vorgesehenen Maßnahmen im geplanten Umfang durchgeführt wurden und ob die erwarteten Ergebnisse eingetroffen sind. Falls die Maßnahmen durchgeführt, die erwarteten Ergebnisse aber nicht erreicht wurden, muss ich schauen, wo die Fehleinschätzungen liegen und ob man gegebenenfalls nachjustieren muss. Wurden die geplanten Maßnahmen nicht durchgeführt, stellt sich die Frage an die verantwortlichen Mitarbeiter, woran es gelegen hat. Als Führungskraft habe ich somit ein leicht zu bedienendes Führungs- und Steuerungsinstrument an der Hand, mit dessen Hilfe ich ganz konkret und fassbar in Richtung Zielerreichung navigieren kann. Dieses System hat darüber hinaus den Vorteil, dass ich es als »OneWoMan«-Show genauso einsetzen kann wie ein Großunternehmen.

In meinen Beratungsprojekten kommt es bei den Reviews anfänglich zu Verunsicherungen. Viele Führungskräfte tun sich schwer damit, neutral und ohne, dass man dem Mitarbeiter offene oder unterschwellige Vorwürfe macht, einen Soll-Ist-Abgleich durchzuführen. Deshalb machen wir die Reviews zunächst nicht im großen Kreis, sondern meistens im persönlichen Gespräch. Es geht absolut nicht darum, mit dem erhobenen Zeigefinger Versäumnisse aufzuzeigen oder irgendjemanden an den Pranger zu stellen. Mit der fundierten Planung, mit klaren Aufgaben und Maßnahmen und mit der Zuweisung von Verantwortung kann ich aber ein Unternehmen und dessen Vertrieb steuerbar und führbar machen.

Somit weiß jeder, was er zu tun hat, wer wofür verantwortlich ist und in welche Richtung die Maßnahmen ausgerichtet sind. Man sieht jederzeit, ob man auf Kurs ist, und kann, wenn das nicht der Fall ist, ganz nüchterne Ursachenanalyse betreiben und auch, wenn notwendig, gegensteuern. Wenn die Mitarbeiter in meinen Beratungsprojekten nach ein paar Monaten verstanden haben, dass diese Vorgehensweise nicht nur dem Unternehmen und dessen Zielen dient, sondern auch für sie selbst eine wunderbare Unterstützung darstellt, ziehen sie in der Regel voll mit.

> Also: Klare Ziele, eine möglichst fundierte Planung, davon abgeleitete Maßnahmen und klare Verantwortlichkeiten in einen standardisierten Review-Prozess eingebunden, sind die Grundlage erfolgreicher Vertriebsarbeit und daher unabdingbar für den Erfolg.

5 Fachidiot schlägt Kunde tot – die Kundenansprache

Wenn ich diesen zugegebenermaßen nicht besonders originellen Spruch in meinen Vorträgen oder Seminaren ausspreche, bekomme ich immer ein paar Lacher – zumindest ein leichtes Schmunzeln kann sich eigentlich niemand verkneifen. Was sich vielleicht despektierlich oder respektlos anhört, ist es genau genommen auch. Aber es entspricht überhaupt nicht meiner Grundüberzeugung, denn dass im Verkauf und Vertrieb Fach- und Sachwissen gebraucht wird, steht außer Frage. Als kleine Auflockerung ist der Spruch allerdings immer wieder ganz brauchbar …

Was ich damit zum Ausdruck bringen möchte, ist zwar scheinbar banal, wird aber in der Praxis auch immer wieder gerne falsch gemacht. In der Erstansprache, also dem ersten Kontakt mit einem potenziellen Neukunden, macht es überhaupt keinen Sinn, diesen mit Fachwissen zu überhäufen; schon gar nicht, wenn das Gegenüber ein Einkäufer oder ein eher kaufmännisch orientierter Geschäftsführer ist. Viele Verkäufer meinen hier jedoch, alle Register ihres Wissens ziehen und möglichst viele und möglichst tiefgehende Informationen loswerden zu müssen. In dieser frühen Phase des Verkaufsprozesses erzeugt man mit zu vielen Fachbegriffen und zu vielen technischen Hintergrundinfos aber eher Verunsicherung und Verwirrung.

Im Erstkontakt – egal ob am Telefon oder im persönlichen Gespräch – sollte der Verkäufer in der Lage sein, dem Ansprechpartner möglichst mit einfachen und verständlichen Worten zu erläutern, was die zu verkaufende Leistung ist und was der Kunde bei einer Zusammenarbeit zu erwarten hat. In meinen Trainings und Seminaren erlebe ich es immer wieder, wie schwer sich gerade technisch orientierte Verkäufer mit der Aufgabe tun, die eigene Leistung und deren Nutzen in wenigen Worten und ohne Fachchinesisch zu beschreiben. Dies zu können – in Verbindung mit den entsprechenden bedarfsorientierten Fragen und vertrauensbildenden Maßnahmen, wie beispielsweise die Darstellung von Projektbeispielen und die Nennung von Referenzen –, ist die Basis für den möglichen Einstieg und eine hoffentlich langjährige erfolgreiche Zusammenarbeit.

Technische, fachliche und organisatorische Fragen müssen natürlich irgendwann in allen Details besprochen werden, das ist ganz unbestritten. In der Presales-Phase gilt es aber zunächst, den Nutzen darzustellen, Vertrauen aufzubauen und den möglichen Kundenbedarf zu ermitteln. Besonders in Sales-Outsourcing-Projekten ernte ich hier und da ein paar verwirrte Blicke, wenn ich dazu auffordere, die eigene Leistung beziehungsweise das eigene Produkt in einem Satz zu beschreiben. »Das geht nicht in einem Satz« oder »So einfach ist das gar nicht«, höre ich dann häufig. Je mehr sich meine Gesprächspartner dagegen wehren und je vehementer diese behaupten, dass es nicht geht, desto stärker reite ich auf diesem Thema herum.

Üblicherweise schaue ich mir in dem Fall die Unternehmenskommunikation in Wort, Schrift und Online an. Ich lasse mir also die Imagebroschüren, die Produktkataloge und die Flyer des Unternehmens zeigen und wir schauen gemeinsam auf die Website. Da wimmelt es dann nur so von Fachbegriffen, Abkürzungen oder Anglizismen. Dort werden technische Details in allen Einzelheiten beschrieben, sodass man meinen könnte, man lese eine Bedienungsanleitung oder eine Serviceanweisung für den Wartungsdienst. Manchmal zeigen auch die verwendeten Bilder und Symbole, dass man seine gesamte technische und fachliche Kompetenz darstellen will. Das ist in Ordnung, sollte aber nicht dazu führen, dass ein Normalsterblicher mit dem, was da steht, nichts mehr anzufangen weiß. Zugegebenermaßen ist das in den letzten Jahren besser geworden. Bei den meisten Betrieben ist doch inzwischen angekommen, dass sich die meisten Kunden nicht für technische Details, sondern eher für den konkreten Produktnutzen interessieren.

Was wir an dieser Stelle aber genauer betrachten wollen, ist die einfache und verständliche Darstellung dessen, was wir als Unternehmen zu bieten haben. Kurz, prägnant und vor allem verständlich. Wofür wir das brauchen? Nun, eigentlich fast immer und immer wieder. Besonders natürlich in der Presales-Phase, denn in keiner Phase des Vertriebsprozesses werden wir mehr Menschen mitteilen müssen, was wir tun und was er davon hat. Also, nehmen wir uns der Thematik etwas genauer an. Es geht hier tatsächlich darum, mit einem Satz zu beschreiben, was man tut oder kann. Das muss nicht sklavisch nur ein Satz sein. Wenn es zwei werden, geht davon die Welt auch nicht unter. Aber ganz klar ist zu bedenken:

In der Kürze liegt die Würze!

Bei mir sieht das zum Beispiel so aus, dass ich sage: »*Ich bin Vertriebsberater und -trainer und unterstütze Unternehmen aus dem B2B-Bereich bei der Neukundengewinnung und der Optimierung ihrer Vertriebsprozesse.*« Je nachdem, wen ich anspreche, variiere ich noch etwas, sodass auch folgende Ansprache möglich ist: »*Ich bin Vertriebstrainer und -berater und helfe Unternehmen mit erklärungsbedürftigen Produkten und Dienstleistungen bei der Optimierung ihrer Vertriebsleistung.*« Wenn es eher darum geht, Kunden für unsere Vertriebsdienstleistungen zu akquirieren, dann verwenden ich und meine Mitarbeiter eine Formulierung in der Art: »*Wir sind Vertriebsdienstleister und unterstützen Unternehmen aus der (...)-Branche bei der Neukundengewinnung.*«

Im Vordergrund steht, dass das, was wir unserem Gegenüber übermitteln – einem Menschen, der uns nicht kennt und von dem wir nicht wissen, welchen Bildungsgrad und welche Fachausbildung er oder sie genossen hat – verständlich ist. Das muss nicht im Stile der Sendung mit der Maus sein. Also nicht so, dass jedes Kleinkind es versteht, aber doch so, dass wir davon ausgehen können, dass ein durchschnittlich gebildeter Mitteleuropäer – alternativ natürlich auch Asiate, Afrikaner, Amerikaner etc. – das Gesagte verstehen kann. Nicht zu grob, nicht zu detailliert, einfach auf den Punkt. Schauen wir uns noch weitere Möglichkeiten an.

Oft habe ich es mit technisch orientierten Unternehmen aus dem produzierenden Umfeld oder mit Dienstleistern aus dem IT- und Software-Bereich zu tun. Nehmen wir als Erstes ein Beispiel aus dem Maschinenbau. Die ursprüngliche Erstansprache des Verkäufers hörte sich so an:

»*Wir sind ein Maschinenbauunternehmen aus dem Sauerland, mit mehr als sechzigjähriger Erfahrung in der Entwicklung, Konstruktion und Herstellung von Vorrichtungen für die Betonrohr- und Schachtproduktion sowie für die Schwellenfertigung. Darüber hinaus fertigen wir komplette Misch- und Dosieranlagen einschließlich hochwertiger Kübelbahnen und Betonverteiler, Veredelungsanlagen und diverse Sonderlösungen.*«

Was ist Ihr erster Eindruck, wenn Sie das lesen und dabei bedenken, dass Sie dies am Telefon zu jemandem sagen, den Sie zum ersten Mal ansprechen? Mein erster Eindruck war, dass es für den Erstkontakt zu lang ist und zu detailliert die Leistungen beschreibt. Ich weiß noch sehr gut, dass wir in großer Runde sehr lange darüber diskutiert haben. Zwei, drei Teilnehmer der Runde, darunter der Geschäftsführer, waren der Meinung, dass man kein einziges Wort weglassen dürfe. Eine weitere Gruppe von zwei bis drei Vertriebsmitarbeitern vertrat die Meinung, dass man kürzen sollte. Sie hatten diese Art von Ansprache schon oft in ihrer Telefonakquise verwendet und die Erfahrung gemacht, dass die Leute am anderen Ende der Leitung oft unterbrachen. Die Aufmerksamkeit konnte nicht aufrechterhalten werden, weil zu viele Informationen in kürzester Zeit vermittelt wurden. Das war einfach ein Informations-Overflow. Andere hörten sich die Ansprache zwar an, waren aber ebenfalls aufgrund der Menge an Informationen überfordert. Hier hörten die Verkäufer dann Antworten wie: »Das habe ich jetzt nicht alles verstanden, können Sie das bitte nochmals wiederholen« oder »Einen Moment, wer sind Sie und was wollen Sie von mir?«

Ich brachte in die Diskussion noch einen anderen Aspekt ein. Wenn man dem Gegenüber bei der Erstansprache schon alle möglichen Informationen gibt, hat man nichts mehr in der Hinterhand, wenn Nachfragen kommen. Das führt dann möglicherweise dazu, dass das Gegenüber wie aus der Pistole geschossen mit einem »Dafür haben wir keinen Bedarf« antwortet. Und natürlich fehlte mir eine Darstellung des zu erwartenden Kundennutzens und eine abschließenden Frage, was aber an dieser Stelle noch nicht relevant ist.

Wir einigten uns schließlich auf folgende Ansprache:

»Wir sind ein Maschinenbau-Unternehmen mit dem Schwerpunkt Vorrichtungsbau für die Betonrohr- und Schachtproduktion sowie die Herstellung von Misch- und Dosieranlagen und diverse Sonderlösungen.«

Damit konnten alle Beteiligten leben und die Ansprache erwies sich in der Praxis als äußerst wirkungsvoll. Schauen wir uns weitere Beispiele an. Einen Werkzeughändler mit Werkzeugen für Spezialanwendungen für die Rohr- und Pipelinebearbeitung beschrieben wir wie folgt:

»Wir sind Hersteller für Rohrbearbeitungsgeräte und bieten unter anderem viele Sonderwerkzeuge für die mobile und stationäre Rohrbearbeitung.«

Die Erstansprache für einen IT-Security-Anbieter formulierten wir so:

»Wir bieten ein Sicherheitskonzept für mobile Apps, um Ihre Geschäftsanwendungen sicher in die mobile Welt zu übertragen.«

Ich weiß nicht mehr genau, wie die Ansprache war, die der Inhaber des Unternehmens und dessen einziger Vertriebsmitarbeiter verwendete. Ich erinnere mich nur, dass es in dieser Ansprache von Anglizismen und IT-Fachbegriffen nur so wimmelte und ich – obwohl ich mir einbilde, doch schon etwas Ahnung von Bits und Bytes zu haben – fast nichts verstanden habe.

Aus dem Vertriebsleben !

Richtig spannend war auch die Erstansprache, die wir für ein Unternehmen erarbeiteten, die Software-Entwicklung für den Bankensektor betreiben. Das Brisante an dem Thema war, dass es sich einerseits um eine Leistung handelte, die zunächst einmal banal erschien: Java-Entwicklung, was heutzutage nicht unbedingt eine Leistung ist, von der man behaupten kann, dass dies ein Alleinstellungsmerkmal darstellen könnte. Der Unternehmensgründer und Geschäftsführer beharrte darauf, dass sein Unternehmen aber eines der wenigen sei, das dieses Metier wirklich perfekt beherrsche. Dem konnte und wollte ich nicht widersprechen.

Aus meiner Sicht war aber das eigentliche Leistungsmerkmal etwas ganz anderes. Die Spezialisierung auf den Bankensektor und die Entwicklung von Testwerkzeugen waren nach meiner Überzeugung die eigentlichen Knaller. Somit entwickelten wir eine Ansprache, die sowohl dem Inhaber und dessen Vertriebsmitarbeitern als auch mir gefiel:

»Wir bieten ein Konzept zur Effizienzsteigerung bei der Java-JEE-Softwareentwicklung, speziell im Banken- und Versicherungsumfeld.«

Das war kurz genug, dass das Gegenüber nicht den Faden verliert, aber so detailliert, dass man den Schwerpunkt – die Bankenspezialisierung – deutlich heraushören konnte.

Ich gehe davon aus, dass die meisten Leser daran interessiert sind, einen praktischen Nutzen aus der Lektüre dieses Buches zu ziehen. Daher würde ich an dieser Stelle empfehlen, einen Stift und ein Blatt Papier zur Hand zu nehmen und eine Erstansprache für das eigene Geschäft zu entwickeln. Machen Sie am besten ein Brainstorming, in dem Sie zunächst alle möglichen Begriffe aufschreiben, die aus Ihrer Sicht zur Beschreibung des eigenen Business dazugehören. Streichen Sie dann alle Begriffe, die ein Mensch, der nicht aus dem Fach kommt, nicht verstehen wird oder finden Sie passende Begrifflichkeiten, die einfach und verständlich sind.

Schauen Sie sich dann alle Begriffe nochmals mit etwas Abstand an und überlegen Sie sich, was die Klammer ist, die über allem steht. Was ist der Kern Ihrer Leistung? Welche Worte beschreiben am treffendsten Ihre Lösungen und Ihre Produkte? Welche Kernmerkmale sind es, die Sie für Ihre Kunden liefern? Und wenn Sie es geschafft haben, diese Kernbotschaft zu definieren, dann versuchen Sie, diese in einem Satz zu formulieren.

Das wird vermutlich nicht gleich funktionieren und die ersten Sätze werden holprig und schwer verständlich sein. Das macht aber überhaupt nichts, sondern ist ein Prozess, der die Kreativität fördert und der auf jeden Fall einen anderen, einen neuen Blick auf das eigene Business bringt. Eventuell macht es Sinn, das Ganze erstmal liegenzulassen und mit etwas Abstand, zum Beispiel, nachdem man eine Nacht darüber geschlafen hat, an die finale Formulierung zu gehen. Außerdem sollte man immer bedenken, dass bei allem, was man tut, natürlich nichts in Beton gemeißelt ist.

Ganz im Gegenteil. Gehen Sie bitte davon aus, dass alles, was man tut, einem ständigen Wandel unterworfen ist und man ständig Formulierungen, Ansprachen und Beschreibungen ändern wird. Zum einen verändern sich natürlich die Leistungen und das Unternehmen und zum anderen wird man mit etwas Abstand und aus den Erfahrungen in der Praxis zu dem Entschluss kommen, dass man die eine oder andere Formulierung doch anders gestalten sollte. Das ist völlig in Ordnung und gut so. Also, mutig ans Werk und eine Beschreibung für die eigene Leistung entwickeln.

Dass die kurze, verständliche und prägnante Beschreibung der Leistungs- und Produktmerkmale wichtig ist, leuchtet jedem Vertriebler ein. Wirklich interessant wird es aber erst, wenn wir uns mit der Frage beschäftigen, was denn ein potenzieller Kunde davon hat, dass er mit uns zusammenarbeiten soll. Die Rede ist natürlich von dem Kundennutzen, der in den unterschiedlichsten Worten zum Ausdruck kommt: Value-Proposition, Nutzenargumentation, Produkt- oder Leistungsnutzen oder wie auch immer man es bezeichnen möchte. In der Praxis hat es sich bewährt, gezielte Fragen zu stellen, um den tatsächlichen Nutzen aus Kundensicht zu ermitteln. Diese Fragen sind:

- Welche Vorteile bekommt der Kunde tatsächlich von Ihrer Leistung, Ihrem Produkt?
- Warum haben sich Ihre Kunden für Sie entschieden und nicht für Ihren Wettbewerber?
- Was schätzen Ihre Kunden an der Zusammenarbeit mit Ihnen?
- Welche Ihrer Leistungen sind für Ihre Kunden besonders wertvoll?
- Wobei hilft Ihre Leistung Ihrem Kunden jetzt und in Zukunft?
- Was wird für Ihren Kunden leichter oder einfacher?
- Welche zusätzlichen Möglichkeiten und Wege erhält Ihr Kunde durch Ihre Lösung?
- Was erhält Ihr Kunde an Positivem – was vermeidet er an Negativem?

Manchmal reicht es aus, wenn man sich diese Fragen selbst stellt, d.h. die Vertriebsmannschaft und gegebenenfalls das Management. Wer möchte, kann diese Fragen natürlich auch direkt an die Kunden richten. Manche tun das auch und einige sogar regelmäßig. Auf jeden Fall hilft es dabei, sich selbst bewusst zu werden, wofür die heutigen Kunden eigentlich bereit sind, Geld zu bezahlen.

Die Antworten auf diese Fragen sind es, die gerade den Unternehmern, die ganz fest mit ihrem Unternehmen und den Leistungen verbunden sind, oftmals einen kleinen Aha-Effekt bescheren. Nicht jeder kann damit umgehen, wenn er von seinem Kunden hört, dass er deshalb bei dem Unternehmen kauft, weil der Sachbearbeiter so nett ist, wenn man selbst geglaubt hat, es läge an der tollen Qualität der eigenen Produkte.

Wie dem auch sei. Persönliche Empfindsamkeiten sind besonders an dieser Stelle fehl am Platz. Denn eines ist ganz klar: Wer meint, seinen Kunden vorschreiben zu müssen, warum sie bei dem eigenen Unternehmen kaufen sollen, wird scheitern. Es gilt, einfach nüchtern und sachlich zu analysieren, welche Argumente für den Kauf der eigenen Produkte, der eigenen Lösung oder der eigenen Leistung sprechen, und diese Motive in der Ansprache zu verwenden. Welche Motive können das sein? Folgende Kaufmotive sind im B2B-Bereich anzutreffen:

- Kostenreduzierung
- Erhöhung von Umsatz/Ertrag/Gewinn
- Zeitersparnis
- Investitionssicherheit – Zukunftssicherung
- Erhöhung der Produktivität
- Vereinfachung der Prozesse
- Höhere Qualität
- Benutzerfreundlichkeit (Usability)
- Übertragung von Verantwortung
- Erhöhung der Sicherheit
- Vermeidung von Stress und Ärger
- Statuserhöhung
- Macht- oder Ansehenszuwachs

Diese Liste ließe sich sicherlich noch um den einen oder anderen Begriff erweitern, umfasst aber sicherlich mehr als die berühmten 80% nach Pareto.

Dem aufmerksamen Leser wird es aufgefallen sein: Wenn es um den Kauf oder die Investition von erklärungsbedürftigen Produkten und Dienstleistungen geht, spielt als vorrangiges Kaufmotiv das Thema Geld eine dominierende Rolle. Ob das gut oder schlecht ist und wie wir im Laufe des Vertriebsprozesses mit diesem Thema umgehen, ist an dieser Stelle nebensächlich. Hier geht es schlicht und ergreifend darum, sich selbst klarzumachen, dass Geld nicht nur im Consumer-Bereich – Stichwort »Geiz ist geil« – dominiert, sondern dass es auch in geschäftlichen Transaktionen zwischen Unternehmen und bei der Investition in Anlagen und Maschinen, bei der Anschaffung von Geräten und Materialien für die Produktion oder bei der Inanspruchnahme von unternehmensnahen Dienstleistungen vorrangig um den schnöden Mammon geht. Ob uns das gefällt oder nicht. Immer wieder stellen sich die Kunden die folgenden Fragen:

- Bringt mir die Anschaffung einer neuen Maschine oder Anlage durch die niedrigeren Betriebskosten so viel Einsparung, dass diese sich nach einem überschaubaren Zeitraum amortisiert?
- Wird die Einführung eines CRM-Systems dazu führen, dass mein Vertrieb mehr Umsatz macht?

- Spare ich durch die Automatisierung des Montageprozesses so viel Zeit ein, dass dadurch die Lohnstückkosten deutlich sinken?
- Bringt uns der Berater, der unsere Produktionsprozesse optimiert, tatsächlich so viel mehr Effektivität und Effizienz in der Fertigung, dass wir mit gleichem Personalstamm mehr Umsatz erzielen oder mit weniger Personal die gleiche Leistung erwirtschaften können?
- Wird der Vertriebsberater unsere Vertriebsprozesse so stark verbessern können, dass wir dadurch tatsächlich bedeutend mehr Umsatz machen können?
- Ist die neue Maschine tatsächlich qualitativ so viel besser, dass die Ausschussquote niedriger oder weniger Nacharbeit erforderlich wird?

All diese Fragen münden in die Kernfrage: Bringt mir die Sache mehr Umsatz, Ertrag oder Gewinn bzw. erziele ich tatsächlich Kosteneinsparungen für mein Unternehmen? Grundsätzlich ist daran nichts Falsches, da es in der Wirtschaft seit Jahrtausenden darum geht, das eigene Vermögen zu mehren oder zumindest dessen Wert zu stabilisieren. Es ist nur für all jene Unternehmensleiter eine ernüchternde Nachricht, die immer davon ausgegangen sind, dass die Qualität der Produkte oder die immer wieder genannten Themen wie Flexibilität, Schnelligkeit, persönliche Betreuung und dergleichen die Hauptkaufargumente seien.

Wenn man sich die übrigen Argumente ansieht, dann stechen aus meiner Erfahrung noch zwei weitere Themen hervor: zum einen die Übertragung von Verantwortung und zum anderen die Vermeidung von Ärger, Stress und Arbeit. Während im B2B-Umfeld die nackten Zahlen und das Geld regieren, gibt es im Unternehmen selbst auch Themen, die ganz eindeutig psychologische Ursachen haben. Besonders in Beratungsprojekten erlebe ich immer wieder, dass Unternehmen gewisse Tätigkeiten oder Aufgabengebiete ausgelagert, neudeutsch outgesourct, haben. Nicht immer gibt es dafür rational nachvollziehbare Gründe, die mit geringeren Kosten, fehlendem Know-how oder Ressourcenknappheit verbunden sind. Oft hört man zwischen den Zeilen oder manchmal auch ganz offen, dass sich Unternehmen bewusst von bestimmten Aufgabenbereichen oder Tätigkeiten verabschieden, weil sie damit emotional überfordert sind.

Gerade IT-Themen werden nicht immer deshalb ausgelagert, weil man damit Geld sparen will, sondern weil der Inhaber keine Ahnung vom Thema hat und es einfach »aus dem Kreuz haben« möchte. Sollte man nicht meinen, ist aber so. Ein weiteres wichtiges Argument ist die Vermeidung von Stress, Ärger und Arbeit. Ohne jemand zu nahe treten zu wollen, erlebe ich häufig, dass manche Menschen nur deshalb etwas anschaffen oder kaufen, weil sie Ärger, Stress und unnötige Arbeit vermeiden wollen. Ich wage die Behauptung, dass gerade in kleinen und mittelständischen Unternehmen die Buchhaltung und die steuerlichen Themen deshalb ausgelagert werden, weil der Inhaber beziehungsweise die Geschäftsleitung keine Lust auf den damit verbundenen Stress und den immer wieder aufkommenden Ärger hat.

! **Aus dem Vertriebsleben**

Ich erinnere mich gut daran, dass wir in dem Unternehmen, in dem ich zuletzt als angestellter Geschäftsführer tätig war, den kompletten Versand ausgelagert hatten. Dort waren zwei Mitarbeiter tätig, die sich nicht riechen konnten und die ständig für Unruhe sorgten. Gefühlt stand jeden zweiten Tag einer der beiden vor meinem Schreibtisch und hat sich über den anderen beschwert. Das ganze ging über fast zwei Jahre und alle Versuche, die Situation zu entspannen, gingen schief. Es waren einfach zwei Querköpfe, die nicht miteinander konnten und beide auf ihr angebliches Recht pochten. Irgendwann bekam ich einen Anruf von einem Dienstleistungsunternehmen, das sich als Logistikspezialist ausgab und anbot, den kompletten Versandprozess zu übernehmen. Heute keine große Sache mehr, damals zumindest für mich und meinen Betriebsleiter ein Novum. Hätte es nicht ständig Ärger und Trouble im Versand gegeben, hätte ich dem netten Herrn am Telefon damals direkt abgesagt. Da mir der ständige Stress mit den beiden Streithähnen aber einfach fürchterlich auf den Zeiger ging, lud ich den Logistikdienstleister zum Gespräch ein und drei Monate später hatte ich die beiden Herren intern versetzt und den Versandprozess komplett an einen externen Dienstleister übergeben. Die Kosten waren mir damals fast egal, wobei ich glaube mich erinnern zu können, dass wir mit dieser Maßnahme sogar Geld gespart haben. Zumindest haben wir Fixkosten in variable Kosten umgewandelt, was auf jeden Fall ein Vorteil ist. Übrigens hat einer der beiden Streithähne kurze Zeit später freiwillig das Unternehmen verlassen, worüber keiner der Verantwortlichen wirklich böse war …

Solche Themen erlebe ich immer wieder. Es gibt Kaufargumente, die für einen Außenstehenden manchmal nicht rational erklärbar sind und die sich auch nicht mit Qualität, Liefertreue, Kostenreduzierung oder sonstigen harten Argumenten begründen lassen. Oft ist es tatsächlich eine rein emotionale Begründung. Da wir inzwischen wissen, dass auch im Business-to-Business-Geschäft Kaufentscheidungen vom Bauch getroffen werden und der Kopf erst im Nachhinein die rationalen Argumente zu seiner eigenen Bestätigung hinzufügt, ist es eigentlich auch nicht verwunderlich.

Das soll uns in der Entwicklung der Erstansprache soweit auch nur dahingehend präsent sein, dass wir scheinbar nebensächliche Nutzenargumente nicht außen vor lassen, sondern zunächst selbst abwegig erscheinende Punkte mit aufnehmen. Schauen wir uns daher die bereits formulierten Merkmalsbeschreibungen an und ergänzen diese mit den entsprechenden Nutzenargumenten.

- Der Maschinenbauer:
  »Wir sind ein Maschinenbau-Unternehmen mit dem Schwerpunkt Vorrichtungsbau für die Betonrohr- und Schachtproduktion sowie die Herstellung von Misch- und Dosieranlagen und diverse Sonderlösungen.
  Mit unseren Lösungen vereinfachen Sie die Prozesse, verkürzen die Produktionszeit und erhöhen gleichzeitig die Qualität.«

- Der Werkzeughändler mit Werkzeugen für Spezialanwendungen für die Rohr- und Pipelinebearbeitung:
  »Wir sind Hersteller für Rohrbearbeitungsgeräte und bieten unter anderem viele Sonderwerkzeuge für die mobile und stationäre Rohrbearbeitung.
  Mit unseren Geräten verkürzen Sie die Montagezeit auf der Baustelle, bei gleichzeitiger Verbesserung der Schweißnähte und damit Vermeidung von Nacharbeiten.«

- Der Anbieter von IT-Security-Lösungen:
  »Wir bieten ein Sicherheitskonzept für mobile Apps, um Ihre Geschäftsanwendungen sicher in die mobile Welt zu übertragen.
  Unsere Lösungen sichern und beschleunigen den Authentifizierungsprozess, sind ausgesprochen benutzerfreundlich und unterstreichen Ihre Position als Marktführer.«

- Und schließlich der Software-Entwickler:
  »Wir bieten ein Konzept zur Effizienzsteigerung bei der Java-JEE-Softwareentwicklung, speziell im Banken- und Versicherungsumfeld.

Damit reduzieren wir Ihre Kosten bei der Softwareentwicklung, übernehmen die Verantwortung und erhöhen die Qualität für unsere Leistung.«

Wie bereits erwähnt, kann man hier eigentlich nicht viel falsch machen. Man sollte sich einfach die Fragen stellen, was leiste ich und was haben meine Kunden davon. Alleine die Überlegungen zu diesem Thema sind schon sehr wertvoll und bringen in der Regel bereits verwertbare Impulse für die Vertriebsarbeit. Wenn es am Anfang noch nicht perfekt erscheint, macht das nichts. Anpassen kann und muss man ohnehin immer wieder.

Ach ja, natürlich will ich Ihnen die Nutzenargumente meiner Merkmalbeschreibung auch nicht schuldig bleiben. Sie sehen wie folgt aus:

»Ich bin Vertriebstrainer und -berater und helfe Unternehmen mit erklärungsbedürftigen Produkten und Dienstleistungen bei der Optimierung ihrer Vertriebsleistung. Sie erzielen damit mehr Umsatz, Ertrag und Gewinn.«

Oder:

»Wir sind Vertriebsdienstleister und unterstützen Unternehmen aus der (...)-Branche bei der Neukundengewinnung.
Wir helfen Ihnen damit, mehr neue Kunden zu gewinnen, neue Märkte zu erschließen oder einfach mehr Umsatz zu erzielen.«

Und schließlich:

»Ich bin Vertriebsberater und -trainer und unterstütze Unternehmen aus dem B2B-Bereich bei der Neukundengewinnung und der Optimierung ihrer Vertriebsprozesse.
Ich helfe Ihnen dabei, mehr Umsatz zu erzielen, neue Kunden zu gewinnen und die Effektivität und Effizienz Ihres Vertriebes zu erhöhen.«

Und, neugierig geworden? Falls ja, finden Sie meine Kontaktdaten am Ende des Buches.

6 Das Loch in der Wand – die Bedeutung der Zielgruppen für den Verkaufserfolg

Möglicherweise wird sich der eine oder andere Leser wundern, warum ich der Kapitelüberschrift den Zusatz »Das Loch in der Wand« hinzugefügt habe. Ganz einfach: Besonders in Erstgesprächen bei potenziellen Kunden für Beratungs- oder Sales-Outsourcing-Projekte stellt sich immer wieder die Frage: Wer ist die Zielgruppe? Meistens werfe ich diese Frage auf, manchmal werde ich auch gefragt, welches Vorgehen ich hinsichtlich der Zielgruppendefinition empfehle, d.h., ob die Zielgruppe klein oder groß ausgewählt sein soll. Überraschenderweise erhalte ich relativ oft die Antwort: »Theoretisch kann jedes Unternehmen unser Kunde werden.« Nun, das mag ja so sein. Für den Vertrieb aber, und besonders, wenn man neue Märkte erschließen möchte, den Kundenkreis generell erweitern will oder wenn es gilt, neue Produkte oder Lösungen zu verkaufen, ist es sinnvoll und wichtig, die Zielgruppen möglichst klar, deutlich und abgrenzbar zu definieren.

Wenn ich nach meiner Empfehlung gefragt werde oder wenn ich als Antwort »Theoretisch jeder« bekomme, dann verwende ich meistens die folgende Metapher, die im Titel Einzug gehalten hat. Wenn man mit einem Hammer ein großes Loch in eine Wand schlagen möchte oder eine Wand komplett einreißen will, dann wird man zunächst mit der spitzen Seite des Hammers konzentriert auf einen Punkt der Wand einschlagen. Erst, wenn man es geschafft hat, eine Stelle weich zu klopfen, oder schon ein kleines Loch in der Wand ist, wird man sich Stück für Stück ausdehnen und ausgehend von dem ersten kleinen Loch den Durchbruch erweitern können. Dieser Aussage hat bisher jeder meiner Kunden zugestimmt und dementsprechend eingesehen, dass es sinnvoll ist, die Zielgruppe zunächst eher spitz zu formulieren. Wenn es tatsächlich mehrere mögliche Zielkunden aus unterschiedlichen Branchen oder Regionen gibt, dann muss man eben priorisieren.

Aber gehen wir das Thema einmal der Reihe nach durch. Während man im Consumer-Bereich die Zielgruppe nach den Kriterien Alter, Geschlecht, Beruf, Familienstand etc. definiert, muss man im Business-to-Business-Bereich natürlich andere Faktoren wählen. An erster Stelle ist hier sicherlich die Branche zu nennen. Inwiefern es erforderlich ist, ganz detailliert vorzugehen und tatsächlich die Kriterien des Statistischen Bundesamtes heranzuziehen, sollte von Fall zu Fall und auf Basis der angebotenen Produkte und Leistungen entschieden werden. Ob man generell alle Gießereien ansprechen möchte oder ob es sinnvoll ist, zwischen Eisengießereien, Buntmetallgießereien oder Stahlgießereien zu unterscheiden, kann nicht generell, sondern nur im jeweiligen Einzelfall entschieden werden. Inwiefern es nützlich ist, zwischen Kreditinstituten aus dem Sparkassensektor und genossenschaftlichen Instituten zu trennen, ist ebenfalls von der jeweiligen Leistung und vielleicht sogar von individuellen Vorlieben oder Abneigungen der Verantwortlichen abhängig. Ob die Klassifizierung »Maschinenbau« ausreicht oder man ganz konkret werden muss und vielleicht nur Unternehmen aus dem Bereich »Herstellung von Maschinen für die Nahrungs- und Genussmittelerzeugung und die Tabakverarbeitung« zu seinem Kundenkreis zählen kann oder will, ist zu diskutieren.

Meine Empfehlung ist hier ganz klar: so genau wie möglich definieren, aber nicht zu spezifisch vorgehen. Das Problem liegt nämlich nachher weniger darin, ob man die Zielgruppe genau genug beschrieben hat, sondern vielmehr darin, die verfügbaren Kontaktdaten überhaupt mit vertretbarem Aufwand zu finden und den jeweiligen Branchenbezeichnungen eindeutig zuzuordnen. Da der später noch beschriebene Prozess ohnehin eine weitere Qualifizierung beinhaltet, schlage ich im Zweifelsfall vor, zunächst den Branchenüberbegriff zu verwenden und gegebenenfalls im weiteren Verlauf weiter einzugrenzen. Es reicht also meistens aus, erst einmal Überbegriffe wie Maschinenbau, Medizintechnik, Automobilzulieferindustrie, Ärzte, Elektroinstallationsbetriebe, Software-Entwicklung und Beratung oder dergleichen zu definieren und später zu verfeinern. Eventuell kann auch eine branchenübergreifende Definition wie zum Beispiel »produzierendes Gewerbe« oder »Wartungs- und Service-Dienstleister« als Überbegriff verwendet werden. Hier müssen dann aber sicherlich noch weitere Filter gesetzt werden.

Natürlich kann man hier auch Ausschlusskriterien definieren. Beispielsweise habe ich schon mehr als einmal erlebt, dass Unternehmen von vornherein ausschließen, mit Rüstungsunternehmen zusammenzuarbeiten. Einmal hat mir sogar ein Geschäftsführer gesagt, dass er grundsätzlich alle Firmen als

Kunden haben will, außer den großen deutschen Elektro- und Medizintechnikkonzern mit sieben großen Buchstaben. Relativ häufig kommt es auch vor, dass manche Branchen oder Unternehmen deshalb tabu sind, weil man, um dort Lieferant zu werden, bestimmte Qualifikations- oder Zulassungsprozesse durchlaufen haben muss. Und wenn man diese Zulassung nicht hat, macht es keinen Sinn, dort anzubieten.

Nicht selten kommt es vor, dass aufgrund von Erfahrung und guten Referenzen in einer Branche diese bevorzugt werden sollte. Wenn zum Beispiel ein Unternehmen bisher rund 80 Prozent seiner Kunden aus dem Bereich Automobilzulieferindustrie hat, dann gibt es dafür sicherlich gute Gründe. Entweder ist die Technologie eben speziell für Kunden aus diesem Segment entwickelt worden oder die Produkte werden zum Teil auch einfach nur in dieser Industrie benötigt. Wenn das so ist, dann gibt es zwei Möglichkeiten: Entweder meine Kunden wollen in der bestehenden Branche weiter wachsen oder sie wollen ganz gezielt Kunden aus anderen Branchen finden, um die bestehende Abhängigkeit zu reduzieren. Nicht alles ist klar zu definieren.

Aus dem Vertriebsleben !

Wir hatten einen Kunden, für den wir mögliche Neukunden in der Automobilzulieferindustrie und im Maschinenbau finden sollten. Nun wussten wir, dass nur Unternehmen infrage kommen würden, die großvolumige Produkte herstellen, da die angebotene Lösung ausschließlich dort einzusetzen war. Die Selektion mit dem Überbegriff »Autoteile- und Zubehörhersteller« brachte rund 1.200 mögliche Treffer. Zusätzlich dazu kamen alle Unternehmen, die außerhalb dieser Branche mit den Überschriften »Motoren- und Getriebehersteller« oder »Aggregate für die Fahrzeugindustrie« enthalten waren. Insgesamt brachte unsere Selektion, inklusive dem Bereich Maschinenbau, bei dem wir die gleiche Schwierigkeit zur Eingrenzung hatten, rund 3.000 Treffer. Das war natürlich für eine vernünftige Prozessplanung und spätere Akquise deutlich zu viel.
Der Chef unseres Kunden wollte, dass wir ausschließlich die möglichen Kunden ansprechen sollten, bei denen wir wussten, dass großvolumige Bauteile und Baugruppen hergestellt würden. Wir hatten noch die Option, Firmen herauszunehmen, die Sensoren, Schalter, Taster und sonstige Kleinteile herstellten und bei denen diese Angaben auch in der Datenbank zu finden waren. Eine weitere Eingrenzung war nicht möglich und so blieb eine Liste von knapp 2.700 möglichen Firmen. Wir haben dann beschlossen, dass wir überall zumin-

dest einen Anruf oder eine Kurzrecherche investieren wollten, um die Liste »einzudampfen«. Nach diesem ersten Prozessschritt blieb schließlich eine Zielgruppenliste von knapp 800 Firmen, bei denen wir sicher wussten, dass diese Unternehmen Bauteile und Baugruppen mit einem größeren Volumen herstellten oder zumindest intern transportieren mussten.

Manchmal ist es auch ganz einfach. Wenn ein Softwareunternehmen eine Lösung für Ärzte und Zahnärzte anbietet, die speziell auf die Bedürfnisse und Vorgaben in dieser Zielgruppe ausgelegt ist, dann gibt es keine Alternative. Es ist nicht immer ganz so trivial, die Zielgruppe zu definieren, aber gewisse Festlegungen hinsichtlich der zu bearbeitenden Branchen sollte man treffen. Wenn es mehrere Optionen gibt, was nicht selten vorkommt, dann sollte man mit Priorisierungen arbeiten. Darauf komme ich im Verlauf des Kapitels noch zu sprechen.

Nach der Branchendefinition stellt sich als Nächstes die Frage, ob es mögliche Einschränkungen hinsichtlich der Unternehmensgröße geben kann oder muss. Die Messgrößen können zum einen die Mitarbeiterzahl und zum anderen der Jahresumsatz sein. Manchmal gibt es dahingehend ganz logisch nachvollziehbare Gründe, manchmal ist es auch einfach nur eine Frage des Gefühls. Logisch nachvollziehbare Gründe für eine Eingrenzung nach Unternehmensgröße könnten zum Beispiel sein: Ein IT-Dienstleister mit selbst gerade einmal fünf Mitarbeitern wird mit den bestehenden Ressourcen nur Unternehmen betreuen können, die nicht mehr als ca. 250 Rechner-Arbeitsplätze haben. Umgekehrt wird sich ein Unternehmen wie SAP nicht auf Firmen stürzen, die mit 30 Mitarbeitern Automatisierungslösungen anbieten, sondern sich ausschließlich auf Großbetriebe mit einer definierten Mindestumsatz- oder Mitarbeiterzahl konzentrieren.

Einige Angebote richten sich also ganz gezielt an kleinere Betriebe, während andere wiederum ausschließlich für die Verwendung in Großbetrieben und Konzernen ausgelegt sind. Üblicherweise nehmen wir die Messgröße Mitarbeiteranzahl, da Informationen darüber meistens einfacher zu bekommen sind als verlässliche Infos zum Umsatz. Die vorhandenen Datenbanken bieten fast immer Spannen an, die meistens leicht variieren, aber grundsätzlich ähnlich aufgebaut sind. Beginnend bei Einzelunternehmen wird meistens eingeteilt nach dem Muster: 1-5, 6-10, 11-20, 21-50, 51-100, 101-250, 251-500,

501-1.000, 1.001-2.000, 2.001-5.000, 5001-10.000 und >10.000 Mitarbeiter. Ähnliche Einteilungen gibt es bei den Umsatzgrößen. Auch bei der Unternehmensgröße sollte man versuchen, die Eingrenzung so passend wie möglich hinzubekommen. Eine genau passende Einteilung ist schwierig, man wird häufig Abstriche machen oder ggf. lieber eine Stufe mehr mit in die Selektion aufnehmen müssen, die man zur Not später noch herausnehmen kann.

Selbstverständlich sollte man jede Zielgruppe regional abgrenzen. Das ist relativ einfach und da die vorhandenen Datenbanken fast alle entsprechenden technischen Möglichkeiten zur Sortierung bieten, kann man in der Regel die Grenzen recht klar und eindeutig ziehen. Wichtig ist aber auch hier, dass man die Kriterien festlegt und festschreibt. Mögliche regionale Eingrenzungen können sein:

- Innerhalb des Stadtgebietes Berlin
- Im Umkreis von xy (10, 25, 50, 100 etc.) Kilometern
- Postleitzahlgebiete 4**** und 3****
- Im Bundesland Nordrhein-Westfalen
- Süddeutschland (z.B. südlich des Mains)
- Deutschland
- D-A-CH (Deutschland, Österreich, Schweiz)
- Westeuropa
- Europa
- Südamerika
- Weltweit
- Etc.

Auch hier ist es denkbar, von innen nach außen vorzugehen – also beispielsweise soll zuerst nur das PLZ-Gebiet 4**** genommen und später die Aktivitäten auf ganz Nordrhein-Westfalen ausgedehnt werden. Man kann den Spieß ebenso umdrehen und als Test zunächst den gesamten D-A-CH-Bereich definieren und nach der Testphase die Schwerpunktregion nach den Ergebnissen neu festlegen.

Nach dem regionalen Zielgruppenfilter frage ich üblicherweise, ob es noch weitere Einschränkungen gibt, die sich auf die Struktur oder die Gesellschaftsform des jeweiligen Unternehmens beziehen. Manche meiner Kunden wünschen sich vorrangig die Zusammenarbeit mit inhabergeführten Unternehmen, manche wollen auch gerade mit diesen nicht zusammenarbeiten. Einer meiner Kunden wollte nur Großunternehmen mit mehr als 5.000 Mitarbeitern und einem Stammsitz in Deutschland ansprechen. Ein Unternehmen, welches ausschließlich Schnittstellen für SAP programmiert, suchte logischerweise nur nach Unternehmen, die SAP im Einsatz haben. Man kann sich denken, dass es diesbezüglich noch viele Eingrenzungs- und Filtermöglichkeiten gibt, die sich auf die jeweilige Leistung oder sonstige Besonderheiten rund um den Anbieter und die potenziellen Kunden beziehen. Das sollte jeder für sich selbst entscheiden können.

Außer den drei Muss-Kriterien Branche, Unternehmensgröße und Region gibt es aus meiner Sicht darüber hinaus aber keine zwingenden Grundkriterien mehr, die bei der Zielgruppendefinition beachtet werden müssen.

6.1 Auswahl der Ansprechpartner für den Erstkontakt

Genau hinsehen muss man hingegen, wenn es gilt, die jeweiligen Ansprechpartner für den Erstkontakt im Unternehmen zu definieren. Denn natürlich ist es nicht egal, wen ich als Erstes anspreche. Grundsätzlich gilt, immer so hoch in der Hierarchie anzusetzen wie möglich[2]. Aber warum? Nun, egal ob in Familienunternehmen oder in Konzerngesellschaften, überall habe ich schon das Gleiche erlebt: Auf Geschäftsleitungsebene wurden bereits Themen diskutiert, Projekte geplant oder sogar Budgets verteilt, von denen selbst auf der zweiten Führungsebene und erst recht auf Abteilungsleiter- und Sachbearbeiterebene noch niemand auch nur im Entferntesten Kenntnis hatte. Außerdem ist es viel einfacher, bei einem Sachgebiets- oder Abteilungsverantwortlichen anzukommen, wenn die Empfehlung von weiter oben kommt. Von oben nach unten empfehlen lassen ist immer besser als umgekehrt.

---

2   Bei Veranstaltungen entbrennt manchmal eine kleine Diskussion zu diesem Thema. Sobald ich oder die Teilnehmer aber die Argumente dafür nennen, die für einen möglichst hohen Einstieg sprechen, verflacht die Diskussion recht schnell wieder.

Diese Vorgehensweise hat übrigens einen weiteren Vorteil. Wie wir im Verlauf des Buches noch sehen werden, betrachten wir den Vertrieb von erklärungsbedürftigen Produkten und Dienstleistungen als einen Prozess, bei dem ein Schritt auf dem anderen aufbaut. Das bedeutet auch, dass zum Beispiel die wirksame Preisverhandlung schon die entsprechende Abklärung von Verantwortlichkeiten und Entscheidungszirkeln beinhaltet. Fast jeder Verkäufer kennt die Situation, dass man ein geplantes Projekt mit einem Sachbearbeiter oder Abteilungsleiter vorangetrieben hat und man den Vertragsabschluss eigentlich nur noch als Formsache betrachtet. Wie aus dem Nichts stellt sich dann aber heraus, dass die endgültige Entscheidung über die Auftragsvergabe von der Geschäftsleitung selbst getroffen wird. Und plötzlich steht man mit leeren Händen da und der sicher geglaubte Auftrag geht an den Wettbewerb, der von Anfang an mit der Geschäftsleitung gesprochen hat und diesen als den eigentlichen Entscheider auf seiner Seite hatte. Man sollte daher versuchen, so hoch wie möglich in der Entscheiderhierarchie einzusteigen, wohl wissend, dass man ab einer gewissen Unternehmensgröße an die Geschäftsleitungs- und Vorstandsebene nicht mehr herankommt.

Genau definieren kann ich die hierarchischen Entscheidungsstufen nicht, aber gefühlt ist es so, dass es bei Unternehmen bereits ab etwa 200 Mitarbeitern Ressortverantwortliche, entweder auf Geschäftsleitungs- oder aber der zweiten Führungsebene, gibt. Dort wird es dann wieder unterschiedlich, was die Entscheidungsbefugnis angeht. Teilweise entscheidet der Ressortleiter eigenständig und verwaltet sein eigenes Budget, teilweise werden Entscheidungen über bestimmte Projekte und finanzielle Volumina im gesamten Geschäftsleitungskreis abgestimmt. Das macht die vertriebliche Vorgehensweise nicht unbedingt einfacher, aber all dies bestätigt die Empfehlung, so weit wie möglich oben einzusteigen.

Nichtsdestotrotz werden viele Projekte und Einkaufsentscheidungen auf Abteilungsleiter- oder Sachbearbeiterebene eingeleitet. Man stelle sich nur vor, der Vorstandsvorsitzende von VW müsste die Beschaffung von Toner für die vielen Farbdrucker des Konzerns selbst übernehmen ... Nachfolgend finden Sie die Ansprechpartner für den Erstkontakt, die aus meiner Erfahrung am meisten genannt werden:

- Geschäftsleitung (Geschäftsführer, Vorstand, CEO, Gesellschafter, Inhaber)
- Kaufmännischer Leiter, Controlling (CFO)
- Vertriebsleitung
- Technische Leitung (Werkleiter, Betriebsleiter)
- Leiter Einkauf (bzw. Einkaufsverantwortlicher für Produkt A, Leistung B etc.)
- Leiter Entwicklung (Konstruktion)
- Leiter Facility-Management (Gebäudetechnik)
- Leiter IT (EDV-Verantwortliche, CIO)
- Produktmanager

Die Tatsache, dass es keine einheitlichen Titel- und Positionsbezeichnungen in den Unternehmen gibt, macht die ganze Sache ebenfalls nicht unbedingt einfacher. Der »Head of Supply Chain Management«, der »Customer Service Manager«, die »Area Sales Managerin« oder auch der »Business Development Manager« erschweren die Auswahl ungemein. Und selbst die einfache XING-Suche nach einem Geschäftsführer ist nicht immer ganz so trivial. Neben dem simplen Geschäftsführer finden sich teils lustige Bezeichnungen wie Geschäftsführender Inhaber, Gesellschafter Geschäftsleitung, Geschäftsleitung, Geschäftsführerin, Geschäftsleitende Inhaberin und so weiter und so fort. Auf die Notwendigkeit der Mehrfachansprache gehe ich im Folgenden noch näher ein, an dieser Stelle abschließend der eindringliche Ratschlag, dass die genaue Festlegung der Ansprechpartner für den Erstkontakt wichtig und erforderlich ist.

Eine an dieser Stelle gern gestellte Frage ist, ob ich denn die Fachabteilung oder die übergeordnete Position zuerst ansprechen sollte. Hier sind zwei Überlegungen wichtig: Als Erstes stellt sich die Frage, wo die geringsten Widerstände zu erwarten sind, und als Zweites, wer denn die Hauptnutznießer von einer Zusammenarbeit sein werden.

Zur ersten Frage: Die Hürde für den Einstieg ist erfahrungsgemäß im Einkauf niedriger als beispielsweise in einer Fachabteilung. Warum ist auch klar: Der Einkäufer hat ein massives Interesse daran, möglichst billig einzukaufen, und wird einem neuen Lieferanten gerne die Gelegenheit geben, ein Angebot abzugeben. Ob dem Anbieter damit aber gedient ist, sei dahingestellt.

Der Preisführer wird diesen Weg natürlich gehen. Der Qualitäts- oder der Serviceführer sollte genau diesen Weg eher vermeiden.

Wie wir im vorherigen Kapitel bereits gehört haben, reduzieren sich viele Nutzenargumente letztendlich auf das Thema Geld, sprich Kosteneinsparung, Produktivitätserhöhung oder Vermeidung von Mehraufwand. Neben der Geschäftsleitung hat natürlich die Kaufmännische Leitung bzw. der Leiter Controlling, der im Allgemeinen für die Kosten verantwortlich zeichnet, ein großes Interesse an allem, was dabei hilft, die Produktivität zu erhöhen und die Kosten zu senken. Demzufolge sind die Herren und Damen auf diesen Positionen durchaus nicht die schlechtesten Ansprechpartner für den Erstkontakt.

Bei der zweiten Frage, wer denn die Hauptnutznießer einer Sache sind, wird es schon etwas komplizierter. Erstaunlicherweise erlebe ich immer wieder, dass gerade dort, wo man Veränderungsbereitschaft und Offenheit erwarten sollte, die größten Bewahrer zu finden sind. Wenn es um IT-Dienstleistungen, Software-Lösungen oder Consulting im IT-Umfeld geht, sind die Nutznießer und die Menschen, mit denen zukünftige Projekte umgesetzt werden müssen, in der Regel die IT-Leiter beziehungsweise führende Positionen im Bereich Datenverarbeitung. Für die Erstansprache sind diese Damen und Herren aber in neun von zehn Fällen gänzlich ungeeignet. Auch wenn ich mich jetzt bei vielen IT-Abteilungsleitern und CIO's unbeliebt mache: Die Ablehnungsquote ist nirgends so hoch wie dort. Es fällt auf, dass in diesen Positionen offensichtlich viele Bewahrer-Typen sitzen, die den alten IT-Spruch »Never change a running system« sehr streng auslegen. Änderungen ja, aber bitte nur, wenn ich als Chef-IT'ler diese anstoße; wenn ich sage, was gemacht wird und wenn ich entscheide, wer mir dabei als externer Dienstleister helfen kann. Und das ist dann bitteschön einer meiner Buddys, von dem ich weiß, dass er die Dinge genau so macht, wie ich es haben möchte. Man verzeihe mir die Verallgemeinerung, aber meine Erfahrungen sowohl aus Beratungsprojekten als auch in der Zusammenarbeit als Sales-Outsourcing-Dienstleister bestätigen dies leider. Manche Leiter aus anderen Fachabteilungen sind ähnlich gestrickt, aber nicht ganz so extrem. Wie die Ansprache aussehen sollte und wie man gegebenenfalls auch die hartnäckigen Bewahrer dazu bekommt, zumindest einmal über das Angebot nachzudenken, das sehen wir uns in Kapitel 7.2 an.

6.2 Generierung von Kontaktdaten möglicher Neukunden

Ein wichtiger Faktor für die Akquise von Neukunden ist zu wissen, wo die erforderlichen Kontaktdaten der möglichen Neukunden zu finden sind. Für die Adressgenerierung kommen verschiedene Kanäle infrage, wobei zunächst geprüft werden sollte, inwiefern bereits entsprechende Unternehmens- und Kontaktdaten vorhanden sind. In fast jedem Unternehmen, und sei es auch noch so klein, finden sich eine Box mit Visitenkarten, handschriftliche Notizen zu möglichen Kunden oder Excel-Dateien, in die Messekontakte oder Adressen aus Fachzeitschriften eingepflegt wurden. Selbstverständlich sind auch im Mittelstand inzwischen CRM-Systeme weit verbreitet, die mal mehr oder weniger gut gepflegte Adressbestände beinhalten. In jedem Fall sollten die vorhandenen Daten hinsichtlich Aktualität, Vollständigkeit und der Möglichkeit, die Adressen zu sortieren und zu strukturieren, geprüft werden.

Falls keine entsprechenden Adressen vorhanden sind oder das vorhandene Material nicht geeignet ist, bieten sich heutzutage hervorragende Möglichkeiten, an aktuelle Datenbestände zu kommen. Die bekannten Adressenverlage (z.B. Schober, Prodata, Databyte etc.) liefern kostenpflichtig Adressen mit den jeweiligen Ansprechpartnern auf den unterschiedlichen Führungs- und Fachebenen. Leider ist auch hier festzustellen, dass gerade die Ansprechpartner häufig – trotz erheblicher Kosten – nicht aktuell sind. Besser gepflegte Adressen bieten häufig Sales-Outsourcing-Dienstleister, die durch die tägliche Arbeit mit und an den Kunden die jeweiligen Adressbestände auf einem relativ aktuellen Stand halten. Bei einer Zusammenarbeit mit einem Sales-Outsourcing-Dienstleister werden die benötigten Adressen in der Regel mitgeliefert und sind im Preis enthalten.

Dank der Möglichkeiten des Internets kann aber auch jedes Unternehmen die erforderlichen Adressen für Vertriebsaktivitäten recherchieren und zusammenfassen. Nahezu jedes Portal bietet eine Selektionsmöglichkeit nach Branchen, Regionen, Unternehmensgröße etc., sodass man sich mit den entsprechenden Suchbegriffen die passenden Adressen herausselektieren kann.

Hilfreich sind die folgenden Portale:

- Wer liefert was (www.wlw.de)
- XING (www.xing.de)
- Gelbe Seiten (www.gelbeseiten.de)
- Klicktel (www.klicktel.de)
- Das Telefonbuch (www.dastelefonbuch.de)
- Bundes- und Landesverbände, z.B.
  - Verband der Automobilwirtschaft (www.vda.de)
  - Verband der chemischen Industrie (www.vci.de)
  - Verband der privaten Krankenversicherungen (www.pkv.de)
- Etc.

Leider bieten die meisten kostenfreien Portale nicht die Möglichkeit, die selektierten Adressen als Excel-Datei herunterzuladen, sodass man die gefundenen Firmen per Hand in eine entsprechende Excel-Maske, in ein CRM-System oder eine Datenbank übertragen muss. Im Rahmen der Kundenqualifizierung ist dies jedoch bereits ein erster sinnvoller Prozessschritt, der sich unterm Strich auf jeden Fall lohnt und im weiteren Akquiseprozess auszahlt. Denn eines steht ganz eindeutig fest:

> Jede Vertriebsstrategie steht und fällt damit, ob ich als Unternehmen die richtige Zielgruppe für meine Produkte und Leistungen adressiere oder nicht.

6.3 Metaebene – Märkte, Trends und Umfeld

Einer meiner Chefs sagte einmal zu mir auf einer Messe: »Mein Wettbewerb ist mein Feind und mit meinem Feind beschäftige ich mich nicht.« Nun, wie ich später erfahren habe, hat er sich sehr wohl mit seinem Feind, dem Wettbewerb, beschäftigt, denn er hat sein Unternehmen genau an einen dieser Feinde – übrigens genau der, den er damals so vehement abgelehnt hat – verkauft. Ich halte es in Sachen Wettbewerb eher mit dem guten alten preußischen Generalmajor Clausewitz (1780-1831), der gesagt haben soll: »Bevor man in die Schlacht zieht, muss man wissen, wer der Feind ist, was er kann und was er vorhat.«

Der Vorteil im B2B-Geschäft ist die zum Teil deutlich größere Transparenz der Märkte. Dies bezieht sich sowohl auf den möglichen Kundenkreis als auch auf die Wettbewerbssituation. Bevor ich zu einem Erstgespräch in ein Unternehmen gehe, habe ich mich in der Regel schon darüber schlaugemacht, wer denn die direkten Wettbewerber sind, mit denen sich mein Kunde in spe so auf dem Markt herumschlägt. Meistens kann man sich über das Internet schon einen guten Überblick verschaffen. Manchmal ist es aber auch extrem schwierig, weil es keine eindeutige Wettbewerbssituation gibt. Ein Unternehmen, welches Webshops mit Drupal[3] entwickelt, wird nicht eindeutig sagen können, wer seine Wettbewerber sind. Das können in einem begrenzten regionalen Umfeld zwar durchaus wiederkehrend die gleichen Firmen oder Freelancer sein, es ist aber auch genauso gut möglich, dass er seinen Hut bei jedem Projekt mit einem oder mehreren anderen Kollegen in den Ring wirft. Im Gegensatz dazu kann ein Unternehmen wie SIEMENS sehr genau sagen, wer seine Wettbewerber sind, wenn es um den Bau eines Gasturbinenkraftwerks geht. Dafür gibt es nämlich weltweit nur eine Handvoll möglicher Lieferanten, die sich lediglich durch regionale Besonderheiten und zum Teil bewusst geschaffene technische Hürden voneinander unterscheiden.

Meistens liegt die Wahrheit dazwischen und im Gespräch mit meinen Kunden merke ich in der Regel recht schnell, wie stark sich die jeweiligen Entscheider mit dem Wettbewerb auseinandersetzen und welche Bedeutung die Wettbewerbssituation auf den Unternehmenserfolg hat. Auf jeden Fall stelle ich hinsichtlich der Konkurrenzsituation die folgenden Fragen:

- Wer ist Ihr größter Wettbewerber?
- Wie ist Ihr Marktanteil (geschätzt)?
- Wie ist der Marktanteil des größten Wettbewerbers (geschätzt)?
- Wie teilt sich der Gesamtmarkt auf (geschätzt)?
- Was macht Ihr Wettbewerb gut?
- Was könnten Sie von Ihrem Wettbewerb lernen?
- Was könnte Ihr Wettbewerb von Ihnen lernen?

---

3   Ein Open-Source-Content-Management-System, mit dem man Websites entwickeln und pflegen kann.

- Welche Stärken hat Ihr Wettbewerb?
- Welche Schwächen hat Ihr Wettbewerb?

Die Antworten auf diese Fragen geben natürlich einen tiefen Einblick, inwieweit sich mein Kunde bereits mit dem Wettbewerb auseinandergesetzt hat.

Der besondere Nutzen aus diesen Fragen ist aber ein ganz anderer. Wenn ich die Stärken und Schwächen meiner Konkurrenz kenne, dann kann ich diese Informationen natürlich nutzen. Wenn ich weiß, dass mein potenzieller Kunde auf ein besonderes Feature Wert legt, bei dem mein Wettbewerb mir unterlegen ist, dann kann ich dies bei der Preisgestaltung und der späteren Preisverhandlung berücksichtigen. Umgekehrt macht es Sinn, an der Stelle, wo ich Schwächen habe, diese im Kundengespräch möglichst nicht in den Vordergrund zu stellen, sondern besser meine besonderen Stärken zu betonen.

Auf dieser Klaviatur kann man lernen zu spielen. Ich empfehle hier aber, nicht zu sehr in die Details zu gehen, da die Gefahr der Verzettelung und des »Kaninchen-vor-der-Schlange-Effekts« recht groß ist. Wenn man ständig in Ehrfurcht von der Leistung des Platzhirsches erstarrt, anstatt sich auf seine eigenen Stärken zu fokussieren, kann das zu einer Lethargie führen, die für die Existenz des eigenen Geschäfts unter Umständen gefährlich werden kann.

Die Wettbewerbsbetrachtung sollte man demzufolge pragmatisch angehen. Vor größeren Veränderungen oder geplanten Aktionen schaue ich mir die Konkurrenz an, indem ich die oben aufgeführten Fragen beantworte und eine grobe Analyse erstelle. Ansonsten schaue ich von Zeit zu Zeit, also auf Messen, auf der Website oder in Presseportalen, was sich tut. Wer möchte, kann sich auch Google-Alerts einrichten, die über Veränderungen beim Wettbewerb informieren, und darüber hinaus gibt es ja auch noch den berühmten »Buschfunk«, der meist weit vor den öffentlichen Bekanntmachungen über nennenswerte Vorkommnisse bei der Konkurrenz berichtet. Mehr sollte man dazu aber nicht investieren, sondern sich stattdessen auf sein eigenes Business konzentrieren.

Neben der Betrachtung der aktuellen Wettbewerbssituation empfehle ich die Überlegung, welche aktuellen oder zu erwartenden Trends oder Entwicklungen erkennbar sind, die sich auf mein eigenes Geschäft zum einen unterstützend und zum anderen störend auswirken können. An vorderster Stelle ist hier sicherlich die Frage zu stellen, welche technischen Trends oder Entwicklungen zu erwarten sind. Aus dieser Überlegung heraus können zum Beispiel indirekte Wettbewerber erkannt werden, die uns zukünftig das Leben schwermachen können. Ein Beispiel gefällig? Nun, das für fast jedermann verständliche Beispiel bezieht sich auf die fast von der Firmenlandkarte verschwundene Firma Nokia. Nokia hat zwar eine sensationelle Entwicklung durchgemacht und sich vom Hersteller von Gummistiefeln zum Marktführer im Bereich Mobiltelefonie entwickelt. Den von Apple gesetzten Trend der Smartphones hat Nokia aber entweder nicht wahrhaben wollen, unterschätzt oder einfach nicht kommen sehen. Das Ergebnis ist heute für jeden ersichtlich: Smartphones sind allgegenwärtig – Nokia ist nahezu bedeutungslos geworden.

Neben den Gefahren, die von technischen Innovationen oder einfach nur modischen Trends ausgehen, bieten Entwicklungen natürlich auch die Chance, auf fahrende Züge aufzuspringen.

! **Aus dem Vertriebsleben**

Vor einigen Jahren waren wir als Presales-Dienstleister für einen Hersteller von GFK-Formteilen – also werkzeuggebundene Bauteile aus glasfaserverstärkten Kunststoffen – tätig. Der Kundenkreis war vorwiegend im Bereich Camping/Caravan, also den Herstellern von Reisemobilen und Wohnwagen, sowie in einer Nische im Nutzfahrzeugbereich angesiedelt. Bei der Zielgruppendefinition hatten wir die Bau- und Landmaschinenhersteller identifiziert, was durchaus naheliegend war.
Erfreulicherweise hatten wir genau den Zeitpunkt erwischt, an dem sich die gesamte Baumaschinenbranche gerade im Umbruch befand. Baumaschinen waren bis dahin meistens rein auf Funktionalität und besonders auf Zuverlässigkeit, Unempfindlichkeit und Qualität ausgelegt. Aus irgendeiner Ecke kam nun die Forderung, dass auch Bagger, Raupenfahrzeuge und Kräne doch gefälligst schick aussehen sollten. Daraus ergab sich die Tendenz, dass Abdeckschürzen oder Motorhauben, die bisher aus gebogenem und lackiertem Blech gefertigt wurden, nun eine schöne runde und hochglänzende Form haben sollten, was sich besonders gut aus glasfaserverstärktem Kunststoff realisie-

ren ließ. Demzufolge eröffnete sich uns ein riesiger Markt, auf den sich zwar viele Anbieter stürzten, der aber genug Potenzial für alle bot.

Interessanterweise gab es in diesem Umfeld wenige Jahre vorher bereits einen unterstützenden Trend. Die Camping-Caravan-Branche profitierte über viele Jahre hinweg von der Tatsache, dass viele Großunternehmen und öffentliche Arbeitgeber seit Mitte der neunziger Jahre vermehrt von den gesetzlich geschaffenen Möglichkeiten Gebrauch machten, ältere Mitarbeiter in einen vorgezogenen Ruhestand zu versetzen. Die vielen zum Teil staatlich finanzierten Programme ermöglichten es den Firmen und Organisationen, ihre Mitarbeiter teilweise schon mit Anfang Fünfzig nach Hause zu schicken und diesen Leuten dann auch noch mit einem goldenen Handschlag den Weg in den Ruhestand zu versüßen. Demzufolge gab es vermehrt extrem rüstige Jungrentner mit viel freier Zeit und Geld, die die Reisen nachholten, die sie während der Zeit ihres Berufslebens nicht genießen konnten. Dies führte zu einem über viele Jahre anhaltenden Boom in der Camping-Caravan-Branche und einer extrem hohen Nachfrage nach hochpreisigen Wohnmobilen und Wohnwagen. Alle Hersteller von GFK und viele andere Zulieferer konnten von diesem Boom über Jahre hinweg profitieren.

Wir sehen also, dass es durchaus Trends und Entwicklungen geben kann, die nicht unmittelbar auf die jeweiligen Märkte begrenzt sein müssen und trotzdem zum Teil erhebliche Auswirkungen auf die Nachfrage in bestimmten Branchen haben können. Diese Trends beziehen sich natürlich auch auf mögliche rechtliche Veränderungen, also neue Gesetze, Normen oder Vorschriften. Und auch abzusehende Verschärfungen von Umweltrichtlinien oder mögliche gesellschaftliche Veränderungen können relevant werden.

Auch hier sei wieder eindringlich empfohlen: Schauen Sie sich die Situation an, analysieren Sie sie und ziehen Sie die entsprechenden Schlüsse für Ihr Unternehmen. Aber um Himmels willen, übertreiben Sie es nicht. Bedenken Sie, dass nicht alles, was nach einer Wolke aussieht, tatsächlich auch ein Gewitter bringt, und lassen Sie die Kirche im Dorf. Der Aufwand sollte immer im vernünftigen Verhältnis stehen und nicht zum Selbstzweck werden.

7 Auf der Treppe – die Presales-Phase

Nach einigen Seiten Erklärung und Vorbereitung steigen wir nun endlich in den eigentlichen Vertriebsprozess ein und kommen auch gleich zum Herzstück des Ganzen, der Presales-Phase – der Teil des Vertriebsprozesses, mit dem offenbar die meisten Unternehmen mit erklärungsbedürftigen Produkten und Dienstleistungen ihre größten Sorgen haben.

Die Kundenqualifizierung als Methode der Kaltakquise

Um zu verstehen, wie die Kundenqualifizierung als zentraler Bestandteil der Presales-Phase entstanden ist, möchte ich zunächst eine kleine Geschichte erzählen.

Aus dem Vertriebsleben   !

Seit einigen Jahren war ich relativ erfolgreich als Vertriebsberater und Trainer unterwegs. Inzwischen war auch mein zweites Standbein, das Sales-Outsourcing, ohne dass ich es forciert hätte, zu einer festen Größe geworden, was nicht unbedingt meinen Wunschvorstellungen entsprach. Leider war auch das Wort »erfolgreich« ein relativer Begriff geworden, denn ich machte zwar einen ganz passablen Umsatz, aufgrund der hohen Kosten für Mitarbeiter, freie Mitarbeiter, Büro und Reisekosten blieb aber für mich und meine Familie nicht wirklich viel übrig. Ich konnte ganz ordentlich leben, aber es reichte nicht wirklich, um etwas auf die Kante zu legen. Dazu kam, dass ich eigentlich pausenlos unterwegs war und somit die Zeit für Frau und Kinder, geschweige denn für mich selbst, äußerst begrenzt ausfiel. Ich war unzufrieden, unglücklich und mit mir selbst nicht im Reinen.

Mein Geschäftsmodell sah damals wie folgt aus: Ich akquirierte Kunden für Beratungsprojekte, die sich schwerpunktmäßig um das Thema Neukundengewinnung drehten. Im weitesten Sinne ging es aber eigentlich immer darum, dass ein Unternehmen mit erklärungsbedürftigen Produkten und Dienstleistungen ein Problem im Vertrieb hatte. Meistens, wie gesagt, wurden nicht genug neue Kunden gewonnen und meine Aufgabe war es, Konzepte zu entwickeln, mit deren Hilfe die Unternehmen nachhaltig und systematisch neue

Kunden gewinnen konnten. In der Regel lag das Problem darin, dass keine, die falschen oder zu wenig Aktivitäten im Presales unternommen wurden.

Zum Ende des Beratungsprojekts kam es eigentlich fast immer zur gleichen Situation. In der Regel gewannen wir gemeinsam die Erkenntnis, dass ein Presales-Prozess – also aktive Vertriebsmaßnahmen zur Ansprache von potenziellen Neukunden – installiert werden musste. Nun stellte sich aber die Frage, wer die sauber ausgearbeiteten Maßnahmenpläne abarbeiten sollte. Ich selbst hatte das Vertriebskonzept mit der Vorstellung entwickelt, dass ich den Folgeauftrag für die Implementierung und das Training der Mitarbeiter mitnehmen könnte. Stattdessen sagten die Geschäftsführer meistens: »Herr Steitz, es ist ja schön und gut, dass wir jetzt ein Vertriebskonzept haben. Das, was Sie da präsentieren, macht auch alles Sinn, aber gerade diesen Presales-Teil, den können wir nicht machen. Dafür haben wir nicht die richtigen Leute, keine Zeit, keine Kapazität und überhaupt ... Können Sie das denn nicht machen?« So wurde ich quasi von meinen Kunden in das Thema Sales-Outsourcing hineingetrieben.

Zu Beginn war ich alleine unterwegs, d.h., ich akquirierte Beratungs- oder Trainingsprojekte, aus denen in neun von zehn Fällen ein Anschlussprojekt Sales-Outsourcing hervorging. Ich stellte relativ schnell fest, dass dieses Modell durchaus am Markt ankam und so stellte ich meine Akquisitionsbemühungen dahingehend um, dass ich gezielt Sales-Outsourcing akquirierte und Beratung und Training immer mehr in den Hintergrund geschoben wurde.

Natürlich war ich bei diesem Konzept der Flaschenhals. Inzwischen hatte ich zwar eine erste Mitarbeiterin, die für mich Telefonakquise machte, aber die Vororttermine bei den Kunden machte ich natürlich selbst. Ich hatte ständig verschiedene Hüte auf und war mal Vertriebsberater – also ich selbst –, mal Presales-Verkäufer für einen GFK-Hersteller, mal Presales-Verkäufer für einen Engineering-Dienstleister und mal Verkaufstrainer. Ich war ständig unterwegs, denn unser Presales-Konzept sah damals noch das vor, was man zu dieser Zeit eben machte: potenzielle Kunden anrufen, Termine vereinbaren und dort mit einer Präsentation oder entsprechenden Unterlagen die Vorzüge dieses Unternehmens und seiner Leistungen darstellen. Immer mehr stellten wir fest, dass es schwieriger wurde, überhaupt Termine bei den Entscheidern aus den Zielunternehmen zu bekommen. Und wenn wir Termine hatten, hörten sich die Damen und Herren brav an, was wir zu bieten hatten, aber danach passierte immer öfter das Gleiche – **nichts**. Natürlich blieben wir am Ball, vereinbarten Folgetermine und hielten per Telefon und per E-Mail Kontakt, aber die Anfragen kamen immer weniger. Demzufolge wurden weniger Aufträge abgeschlossen, was wiederum zu Einbrüchen bei den Provisionen führte und so weiter und so fort.

Einer meiner damaligen Partner und ich hatten die Situation schon längere Zeit im Auge. Wir befragten die Kunden gezielt, wie sie sich denn die vertriebliche Betreuung vorstellen würden und erhielten zunehmend sich deckende Aussagen, die sich in einem Satz zusammenfassen ließen: Wir wollen nicht ständig Besuche von Verkäufern, die uns erzählen, was sie Tolles zu bieten haben, solange wir keinen konkreten Bedarf haben. An dieser Stelle hakte ich natürlich nach, denn ich war der Überzeugung, dass man sich als Unternehmen doch präsentieren müsste, um für den Fall der Fälle im Kopf des Entscheiders zu sein. Ich war der Meinung, im Regal hinter dem Schreibtisch des Einkäufers würden viele Ordner der Lieferanten stehen und wenn ein Bedarf entsteht oder ein neues Projekt in die Planung geht, dreht sich der Entscheider elegant einmal um die eigene Achse und greift sich zielsicher meinen Katalog. Selbstredend ging ich davon aus, dass sich dieser Entscheider natürlich **meinen** Katalog als Erstes greift und die des Wettbewerbs nur in Ausnahmefällen. Meine Präsentation war ja besonders überzeugend und ich hatte ja einen guten Eindruck hinterlassen.

Bei der Vertriebsarbeit hatte ich schon mehrfach den Eindruck, dass sich meine eigene Vorstellung, die sich durchaus auf Erfahrungen aus der Vergangenheit und vor allem aus dem, was ich bisher über Vertrieb und Verkauf gelernt und gelesen hatte, speiste, nicht mehr so ganz mit der Realität deckte. Immer mehr zeigte sich, dass potenzielle Kunden andere Wege beschritten, wenn es um die Investition in Maschinen oder Anlagen, um die Anschaffung von technischen Gerätschaften, um das Finden eines Automatisierungsdienstleisters oder um die Anschaffung einer neuen Unternehmenssoftware ging. In kürzester Zeit erlebte ich, dass mehrere meiner Kundenunternehmen – alle mit Unterlagen versorgt, teilweise sogar mit Angeboten, und zu denen ich einen dem Potenzial entsprechenden Kontakt hielt – ihre Aufträge an Wettbewerber vergaben. Diese Entscheider hatten genau in dem Moment, als der Bedarf tatsächlich »heiß« wurde, nicht an mich gedacht.

Ich bildete mir ein, und die Erfolge gaben mir dabei durchaus Recht, dass ich als Verkäufer nicht schlecht war. Zu dieser Zeit beschäftigte ich mich auch sehr intensiv mit den psychologischen Aspekten des Verkaufsprozesses und mich faszinierten die Erkenntnisse aus der modernen Hirnforschung zu diesem Thema. Demzufolge widmete ich mich sehr stark der Frage, wie muss man mit Kunden kommunizieren, welche Trigger im Gehirn des Entscheiders muss man ansteuern, um letztendlich den Auftrag zu erhalten. Ich lernte sehr viel darüber, wie man mittels Körpersprache und der richtigen verbalen Kommunikation einen potenziellen Kunden manipulieren und beeinflussen kann. Alles Dinge, die grundsätzlich nicht falsch oder schädlich waren, die aber nicht zu des Pudels Kern vorstießen.

Für mich stand fest, dass der Knackpunkt ein ganz anderer war. Man musste zur rechten Zeit am rechten Ort sein und möglichst schon so etwas wie eine Beziehung zu dem Entscheider aufgebaut haben. Stattdessen verbrachten wir immer noch viel zu viel Zeit auf den Autobahnen der Republik und präsentierten unsere und die Leistungen unserer Kunden bei Entscheidern, die gar keinen Bedarf hatten. Ich hatte mir schon sehr intensive Gedanken dazu gemacht, wie wir unsere Arbeit umstellen mussten, es fehlte nur noch der letzte Anstoß, um den Stein endgültig ins Rollen zu bringen. Dieser Stein des Anstoßes war dann schließlich das, was ich in der Rückschau und bei meinen Vorträgen immer gerne als »mein Greifswald-Erlebnis« bezeichne. Meine damalige Assistentin, die u.a. für die Eigenakquise zuständig war, berichtete voller Stolz, dass sie für mich einen Termin bei einem Maschinenbauer in Greifswald mit »konkretem Bedarf« vereinbart habe. Dieser Termin beinhaltete allerdings einen hohen Aufwand aufgrund der knapp 700 km langen Autofahrt mit notwendiger Übernachtung, dessen Aufwand sich aber durch einen zusätzlich akquirierten Termin rechtfertigen sollte.

Als sich dann der Termin mit »konkretem Bedarf« als typischer »Kaffeetrinker-Termin« herausstellte und dazu noch der zweite platzte, stand ich etwa eine Stunde ziemlich konsterniert ob des erfolglosen Zeiteinsatzes auf einem Parkplatz, ehe ich mich auf den Rückweg machte. Die dann folgende Autofahrt, die aufgrund von langen Staus fast zehn Stunden dauerte, war dafür aber vermutlich eine der kreativsten Zeiten meiner ganzen beruflichen Laufbahn. Als ob sich ein dicker Schleier, der über der ganzen Thematik gehangen hatte, plötzlich in Luft auflöste, erschienen mir einige Dinge, die ich vorher nicht erkennen konnte, jetzt ganz klar. Ich habe mir viele schriftliche Notizen gemacht, einige Nachrichten auf mein damals noch vorhandenes Diktiergerät gesprochen und im Prinzip ist auf dieser Rückfahrt die **Kundenqualifizierung** entstanden.

Mir wurde klar, dass wir einen Vertriebsprozess brauchen, bei dem wir ganz gezielt die Zielgruppe durchkämmen, um die Kunden zu finden, die im Moment gerade Bedarf haben, die Projekte planen und die über entsprechende Budgets verfügen. Maximale Effektivität und Effizienz sollten gewährleistet sein, sodass der Vertrieb seine Zeit nicht mit unnötiger Kilometerfresserei verschwendet, sondern sich gezielt und intensiv um die echten Bedarfsträger kümmern kann. Hierzu sollten gezielt die internetbasierten Businessportale wie XING und LinkedIn und natürlich auch das Telefon genutzt werden, da mithilfe dieser Medien relativ viele Entscheider mit relativ geringem zeitlichen Aufwand kontaktiert werden können.

Kurz vor dieser Aktion hatte ich das Buch »High Probability Selling – Verkaufen mit hoher Wahrscheinlichkeit« von Jacques Werth und Nicholas E. Ruben[4] gelesen, die sehr extrem und sehr »amerikanisch« an das Thema Verkaufen herangingen. Was mir aber sehr logisch erschien, war die These, dass es keinen Sinn macht, zu viel Zeit mit möglichen Kunden zu verbringen, die im Moment auf keinen Fall kaufen werden. Stattdessen sollte man sich darauf konzentrieren, die Kunden zu finden, die sich aktuell mit einer Investitions- oder Kaufabsicht beschäftigen, und diese ohne Druck, aber gezielt in Richtung Kaufabschluss zu führen. Diese Ausgangslage bildet im Prinzip die Grundlage, auf der die Kundenqualifizierung fußt, und führt zwangsläufig zu der Ausgangslage, die ich zur Erklärung immer voranstelle.

> **Wichtig** !
>
> Für jedes Produkt und jede Leistung gibt es zu jedem beliebigen Zeitpunkt in den passenden Zielgruppen mögliche Kunden, die aktuell gerade einen Bedarf haben, die bereits Projekte geplant oder zumindest eine latente Kaufabsicht haben und die auch über das nötige Budget verfügen, um diesen Kauf, diese Investition, diesen Anbieterwechsel zu realisieren. Diese Kunden gilt es zu finden.

Eigentlich ganz logisch und eigentlich scheinbar ganz einfach, oder?

In meinen Vorträgen und Seminaren zeige ich an dieser Stelle immer eine Deutschlandkarte, in der viele kleine Picker stecken. Dieses Bild wäre sicherlich der Traum eines jeden Verkäufers. Wäre es nicht herrlich, wenn wir eine Karte hätten, auf der jedes Mal, wenn ein Kunde einen Bedarf hat, ein Licht aufleuchtet oder eine Markierung gesetzt wird? Wir müssten dann nur noch den Telefonhörer greifen oder uns ins Auto schwingen und den Kunden fragen, was er denn braucht, damit wir ihm ein passendes Angebot erstellen können, das er nicht ablehnen kann.

Nur leider, ein solches Tool gibt es nicht. Natürlich gibt es inzwischen Lösungen, die versuchen, diese Situation darzustellen. Google geht mit seinen

---

4 Jaques Werth, Nicholas E. Ruben, Michael Franz: High Probability Selling – Verkaufen mit hoher Wahrscheinlichkeit: So denken und handeln Spitzenverkäufer! BusinessVillage 2012.

Adwords und auch den Alerts in diese Richtung und auch verschiedene Lead-Agenturen und Softwareentwickler versuchen Lösungen zu schaffen, die potenzielle Bedarfsträger aus den Untiefen der Datenbanken herausfiltern. Diese Lösungen haben aber alle einen entscheidenden Nachteil. Sie setzen voraus, dass ein Kunde in irgendeiner Form bereits dieses Kaufinteresse nach draußen getragen hat und aktiv auf der Suche ist. Als anbietendes Unternehmen ist man in dem Moment eigentlich immer schon zu spät und gezwungen, sich in die Reihe der dann vermutlich bereits recht vielen Anbieter einzufügen. Das erzeugt zwangsläufig einen hohen Preisdruck und verhindert den Aufbau einer langfristigen Kundenbeziehung.

Die möglichen Kunden aber, die eine Idee im Hinterkopf mit sich tragen, die kurz vor der Entscheidung stehen, eine Investition zu tätigen, oder die noch unentschlossen sind, werden in keinem Tool der Welt erfasst. Manche Investitionen werden daher nicht getätigt oder Kunden kaufen bei den ihnen bekannten Anbietern eine Lösung, die eigentlich gar nicht das ist, was sie wollen und was sie tatsächlich brauchen. Einige meiner Verkaufstrainerkollegen vertreten die gleiche Meinung wie ich, manche sehen das auch ganz anders. Ich jedenfalls behaupte, dass man im B2B-Bereich, anders als B2C-Bereich, keinen Bedarf erzeugen kann. Entweder es gibt einen Bedarf oder es gibt keinen. Es ist aber sehr wohl möglich, eine noch nicht ausgereifte oder noch im Hintergrund befindliche Idee, die ohne das Zutun eines B2B-Verkäufers vielleicht gar nicht oder viel später realisiert wird, in die Umsetzung zu bringen. Und das schafft ein guter B2B-Verkäufer mit einem zielführenden Kaltakquiseprozess – der Kundenqualifizierung.

Wir bereits beschrieben, gehen wir davon aus, dass es zu jedem beliebigen Zeitpunkt und für jede beliebige Leistung in der definierten Zielgruppe Entscheider gibt, die Bedarf oder zumindest eine Kaufidee haben, die bereits Projekte aufgesetzt oder geplant haben und die auch das nötige Kleingeld bereitstellen können und wollen, um diese Anschaffung zu tätigen. Als Basis muss ich demzufolge eine klare Zielgruppe definieren und wie das geht, haben wir bereits in Kapitel 6 »Das Loch in der Wand« ergründet. Diese Zielgruppe muss ich nun mit Hilfe eines zielführenden Prozesses so systematisch durchkämmen, dass ich diese Bedarfsträger (Leads) rechtzeitig finde.

Für die Durchführung der Kundenqualifizierung brauche ich ein Hilfsmittel, in dem ich die Kundendaten eintragen und den Prozess abbilden kann. In den meisten Unternehmen gibt es inzwischen Customer-Relationship-Management-Systeme (CRM), die man dafür nutzen kann. Wir nutzen für unsere Arbeit ein webbasiertes Tool namens »Akquisemanager«, was ich sehr gerne weiterempfehle. Es ist sowohl von den vorhandenen Funktionen, der Flexibilität und auch hinsichtlich der Kosten ausreichend und erschwinglich. Da ich mich lange Zeit sehr intensiv mit dem Vergleich von CRM-Systemen beschäftigt habe, kann ich guten Gewissens auch alle anderen am Markt befindlichen Lösungen empfehlen, selbst wenn diese teilweise extrem überdimensioniert und mit vielen aus meiner Sicht unnötigen Funktionen aufgebläht sind.

Wer kein CRM-System hat oder die Anschaffung scheut, kann den Prozess auch in einer Excel-Datei abbilden. Wir haben lange Jahre mit einer Excel-Vorlagemaske gearbeitet, die sowohl für die Datenerfassung, für die Arbeit im Prozess als auch für die Dokumentation und Auswertung absolut ausreichend war.[5] In dieser Datenbank finden Sie

- in einer ersten Spalte die Kundendaten, also Firmenname, PLZ und Ort;
- in einer zweiten Spalte die Namen der Ansprechpartner, deren Funktion und vor allem die Kontaktdaten, wie Telefonnummer und E-Mail-Adresse;
- in einer dritten Spalte das Datum des letzten Kontakts und danach die Statusfelder. In diesen Statusfeldern wird nach jedem Kontakt eine Einstufung vorgenommen. Von dieser Einstufung hängt der nächste Prozessschritt ab, worauf ich gleich noch detaillierter eingehen werde.

Natürlich benötigt man noch ein Freitextfeld, in dem man in Stichworten oder gerne auch in Prosa eintragen kann, was besprochen wurde, welche Verabredungen getroffen wurden und was ansonsten alles wichtig und zielführend ist. Ein ganz wichtiges Feld ist weiterhin die Wiedervorlage. In einem CRM-System kann man automatische Wiedervorlagen definieren, in der Excel-Datei sollte ein Datum eingetragen werden, um an jedem beliebigen Tag die aktuellen Wiedervorlagen zu selektieren und diese zu bearbeiten.

---

5   Wer diese Maske haben möchte, sendet einfach eine kurze E-Mail mit dem Stichwort »Excel-Maske« an votuk@sale-direct.de.

Den Statusfeldern kommt bei der Kundenqualifizierung eine relativ große Bedeutung zu. Ich führe daher die in den meisten Fällen sinnvollen Stati nachfolgend der Reihe nach auf:

Status

Kein Anschluss/nicht erreicht

Unternehmen existiert nicht (mehr)

Falsche Zielgruppe

Kein Bedarf/kein Interesse

Falsche Telefonnummer – falscher Ansprechpartner

Falscher Standort

Erstkontakt nur schriftlich

Machen alles selbst

Erstkontakt

Derzeit schwierige Lage/Krise

Aktuell kein Interesse/kein Bedarf

Interesse Unterlagen gewünscht

Interesse Fachfragen

Lead/Termin

Interesse Angebot gewünscht

Angebotsphase

Kunde

Jeder Kontakt mit einem Ansprechpartner wird mit dem Datum festgehalten und gleichzeitig nimmt man eine Statuseinstufung dieses Kontaktes vor. Habe ich also beispielsweise den Einkäufer eines Unternehmens angerufen, der mir als Ergebnis mitteilt, dass aktuell kein Bedarf besteht, dann vergebe ich den passenden Status, notiere im Freifeld gegebenenfalls noch weitere Details und lege die Wiedervorlage fest.

Ein entscheidender Punkt bei der Kundenqualifizierung ist, dass (fast) jeder Aktivität automatisch eine Folgeaktivität zugewiesen wird und dass auch klar festgelegt wird, in welchem zeitlichen Rahmen diese Folgeaktivität stattfinden soll. Bevor ich näher darauf eingehe, zeige ich diese Folgeaktivitäten und die zeitlichen Vorgaben in der Tabelle:

Status	Folgeaktion	Wiedervorlagetermin	Fort-schritt
Kein Anschluss/nicht erreicht	Erst- oder Folgekontakt	Innerhalb der nächsten 3 Werktage	0%
Unternehmen existiert nicht (mehr)	Datensatzpflege	Keine	0%
Falsche Zielgruppe	Datensatzpflege	Keine	1%
Kein Bedarf/kein Interesse	Folgekontakt	9-12 Monate oder nach Kundenangabe	1%
Falsche Telefonnummer – falscher Ansprechpartner	Adress- oder Ansprechpartnerrecherche	Innerhalb der nächsten 3 Werktage	5%
Falscher Standort	Adress- oder Ansprechpartnerrecherche	Innerhalb der nächsten 3 Werktage	5%
Erstkontakt nur schriftlich	Infos per E-Mail versenden und nachfassen	5-8 Werktage	10%
Machen alles selbst	Datensatzpflege	5-6 Monate oder nach Kundenangabe	10%
Erstkontakt	Folgekontakt	Nach Projektfortschritt	10%
Derzeit schwierige Lage/Krise	Folgekontakt	3-4 Monate oder nach Kundenangabe	20%
Aktuell kein Interesse/kein Bedarf	Folgekontakt	3-4 Monate oder nach Kundenangabe	25%
Interesse Unterlagen gewünscht	Infos per E-Mail versenden und nachfassen	5-8 Werktage	40%
Interesse Fachfragen	Vereinbarung Telefon- oder Besuchstermin, Thema	Direkt	50%

Status	Folgeaktion	Wiedervorlagetermin	Fort-schritt
Lead/Termin	Vereinbarung Telefon- oder Besuchstermin, Thema, Bedarf, geplantes Projekt, Budget erfragen und ggf. weiterleiten an Fachvertrieb	Zu vereinbartem Termin	60%
Interesse Angebot gewünscht	Ggf. Anfrage/Ausschrei-bung, Lasten- oder Pflichtenheft, Pläne, Zeichnungen etc. anfor-dern und sofort weiter-leiten an Fachvertrieb	Direkt zur Angebots-kalkulation und -erstellung	75%
Angebotsphase	Rücksprache bei Fach-vertrieb	3 Werktage nach An-gebotsabgabe, dann je nach Fortschritt	80%
Kunde	Bestandskundenpflege	ja nach Potenzial alle 3, 6 oder 12 Monate	100%

Um den Prozess näher zu erläutern, zeige ich Ihnen zunächst das Ablaufdia-gramm:

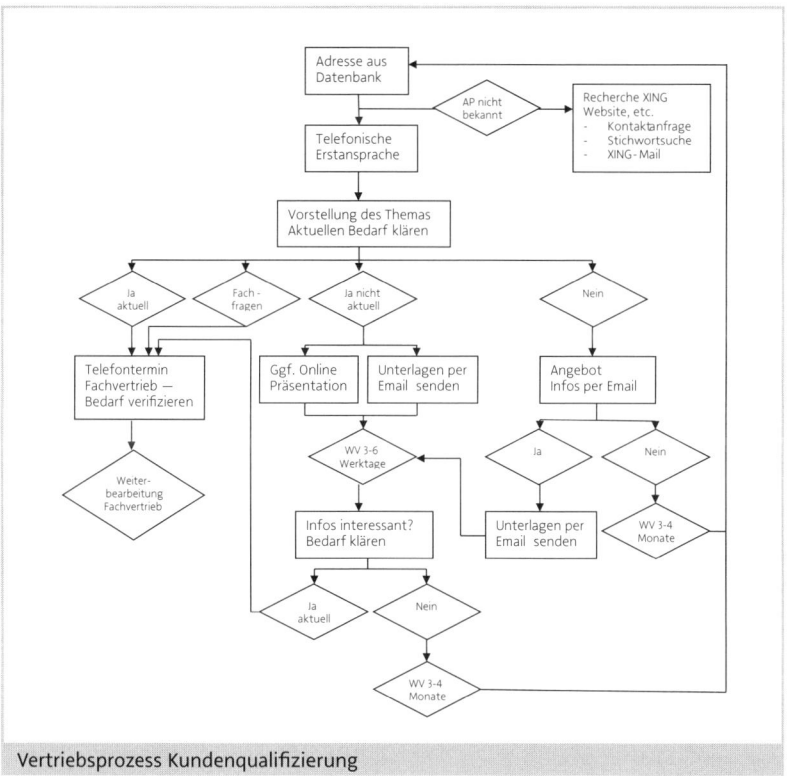

Vertriebsprozess Kundenqualifizierung

7.1 Erste Kontaktaufnahme

Ausgehend von einer Datenbank werden die Kontakte angesprochen – wie, dass sehen wir im nächsten Kapitel. Wir stellen uns vor, beschreiben unsere Leistung und unseren Nutzen und fragen ganz konkret nach aktuellem oder in Kürze zu erwartendem Bedarf. Im Prinzip gibt es nur vier Antwortmöglichkeiten (die sich allerdings in der Praxis noch weiter auffächern). Entweder

- teilt man uns mit, dass überhaupt kein Bedarf und kein Interesse besteht, oder

- dass das Thema grundsätzlich nicht uninteressant ist, aber im Moment kein Bedarf vorliegt;

- man stellt konkrete fachliche Fragen oder
- man fällt uns fast um den Hals und unterstellt uns übersinnliche Fähigkeiten, weil tatsächlich gerade im Moment das Thema brandheiß ist und man sofort näher mit uns reden will.

7.1.1 Aktueller Bedarf

Fangen wir mit dem seltensten Fall an. Wir kontaktieren unseren Ansprechpartner per XING oder per Telefon und er teilt uns tatsächlich mit, dass er gerade dabei ist, eine Projektskizze zu entwerfen, weil er ein Projekt plant. Wenn wir den kompletten Vertriebsprozess abdecken, ist der nächste Schritt ganz klar. Ich hole den Kunden dort ab, wo er steht, und frage ihn, ob er bereits eine Zeichnung, eine Projektbeschreibung oder eine Anfrage hat, die er mir zusenden kann, oder ob er direkt einen Termin für ein klärendes Projektgespräch vereinbaren möchte. Das heißt, wir gehen an dieser Stelle direkt in die Angebotsphase über. Wenn der Vertriebsprozess getrennt ist – also die Presales-Phase und der Fachvertrieb von unterschiedlichen Personen durchgeführt werden – muss an dieser Stelle der Übergang erfolgen. Das bedeutet, der Presales-Agent nimmt den Faden auf, stellt ebenfalls die Fragen hinsichtlich bereits vorhandener Unterlagen und vermittelt entweder einen Telefontermin oder direkt einen Vororttermin für den Fachvertrieb.

7.1.2 Fachfrage

Der Fall, der auch selten, aber doch gelegentlich vorkommt, ist der Status »Fachfrage«. Was heißt das? Wir nehmen Kontakt auf, stellen uns vor, erläutern, was wir anzubieten haben, und der potenzielle Kunde stellt sofort eine tiefer gehende fachliche Frage. Aus den Erfahrungen der letzten Jahre zeigt sich, dass es genau zwei Möglichkeiten gibt, warum ein kalt akquirierter Noch-Nicht-Kunde sofort eine fachliche oder organisatorische Frage stellt: Entweder hat er tatsächlich einen Bedarf bzw. zumindest eine Idee oder – und das ist leider der häufigere Fall – unser Gegenüber ist ein Schlaumeier, der uns testen oder auflaufen lassen will. Um herauszufinden, welchen von beiden ich erwischt habe, bleibt mir nur die Möglichkeit, konkret nachzufragen, und genau das tun wir dann natürlich auch. Wenn es einen konkreten Bedarf gibt, geht es in die Fachvertriebsphase über. Gibt es keinen konkreten Bedarf, weise ich als Presales-Agent darauf hin, dass ich nur für den Presales zuständig bin und dass ich für konkrete fachliche oder technische Fragen gerne an den Fachvertrieb weiterleiten kann. Wenn ich als Fachvertrieb auch gerade Presales mache, wird es gefährlich. Fachvertriebler neigen nämlich dazu, auf fachliche Fragen sofort einzusteigen und schon am Telefon alle Register ihres Wissens zu ziehen. Das führt dann häufig dazu, dass man ins Philosophieren kommt, was für zukünftige Verkaufsgespräche nicht unbedingt förderlich ist.

Was an dieser Stelle aber auch passieren kann, ist, dass das Gegenüber über geschickte Fragen bereits sehr viele Infos über das Leistungsspektrum erfragt, der Fachvertriebler diese Fragen auch alle brav beantwortet und damit alle Pfeile verschießt, die er im Köcher hat. Nicht selten beendet der Entscheider das Gespräch dann mit den Worten: »Vielen Dank für die Informationen, aber das brauchen wir nicht.« Wenn ich als Fachvertriebsmitarbeiter Presales mache und das Gegenüber mir direkt technische oder fachliche Fragen stellt, dann sollte ich an dieser Stelle lediglich fragen, ob es einen konkreten Bedarf gibt und der potenzielle Kunde deshalb diese Frage stellt oder ob er die Frage nur aus Interesse am Thema stellt. Wenn es einen konkreten Bedarf gibt, geht es direkt in den Fachvertrieb über, gibt es keinen konkreten Bedarf, biete ich an, per E-Mail nähere Informationen zu senden. Wie es danach weitergeht, erfahren wir in Kapitel 7.2.

7.1.3 Aktuell kein Bedarf

Relativ häufig kommt es vor, dass wir nach der Kontaktaufnahme die Antwort bekommen: »Grundsätzlich ist das Thema ja ganz interessant, aber aktuell haben wir andere Prioritäten« oder »Ja, das brauchen wir schon, aber aktuell haben wir unsere Partner, mit denen wir zusammenarbeiten.« Je nachdem, was ich anbiete, kann ich an dieser Stelle eventuell als nächsten Prozessschritt eine Online-Präsentation anbieten, was gerade für IT-Softwarelösungen oder unternehmensnahe Dienstleistungen durchaus ein probates Mittel sein kann. In den meisten Fällen werde ich an dieser Stelle aber anbieten, eine E-Mail mit näheren Informationen zu senden. Entweder hänge ich einen Flyer, eine Kurzvorstellung oder ein Whitepaper als PDF-Datei an oder ich verweise über einen Link auf die Website des Unternehmens. Mehr tue ich an dieser Stelle nicht.

98% aller Entscheider stimmen dieser Vorgehensweise zu. Die verbleibenden 2% sind dann meistens der Typ Mensch, den man als Kunden ohnehin lieber dem Wettbewerb wünscht. Wichtig ist an dieser Stelle der nächste Prozessschritt. Wenn ich die E-Mail mit den Unterlagen versendet habe, lege ich automatisch eine Wiedervorlage in drei bis sechs Werktagen an, um nachzufassen. Bei diesem Nachfassen kann sich dann durchaus herausstellen, dass es doch einen Bedarf gibt, was logischerweise dazu führt, dass ich in die Fachvertriebsphase übergehe. Meistens werde ich beim Nachfassen aber die Bestätigung bekommen, dass aktuell kein Bedarf und kein Interesse vorhanden sind. In diesem Fall erfolgt als nächster Schritt die Wiedervorlage in einem mittelfristigen Zeitraum. Ich frage an dieser Stelle dann gerne, wann ich mich am besten wieder melden soll oder welcher Nachfragezyklus meinem zukünftigen Kunden recht wäre. Meistens bekomme ich einen Zeitraum zwischen einem Viertel- und einem halben Jahr genannt. Wenn ich nicht nachfragen möchte, lege ich fest, dass zu diesem Status automatisch eine Wiedervorlage von vier bis sechs Monaten erfolgt und gehe weiter im Prozess.

7.1.4 Grundsätzlich kein Bedarf

Logischerweise ist die häufigste Antwort, die ich bei der Kundenqualifizierung erhalte: »Das brauchen wir nicht« oder »Daran bin ich nicht interessiert«, oder manchmal auch sehr unfreundliche Varianten, wie zum Beispiel: »Kein Bedarf, rufen Sie mich nie wieder an.« Der Umgang mit dieser Antwort fällt den meisten Kundenqualifizierern besonders schwer, egal, ob die Antworten freundlich oder unfreundlich ausfallen. Aber auch hier gibt es wieder einen einfachen und logischen Weg, wie wir mit den Kundenaussagen umgehen.

Wir fragen höflich, ob wir denn trotzdem per E-Mail ein paar Informationen zu uns und unseren Leistungen senden dürfen. Auch bei zunächst recht deutlicher Ablehnung reagieren die meisten kontaktierten Entscheider auf dieses freundliche Angebot sehr positiv, geben bereitwillig ihre E-Mail-Adresse heraus und bedanken sich beim Nachfassanruf für die nette E-Mail und die Unterlagen. Wenn der Entscheider das Angebot ablehnt, er also keine E-Mail mit näheren Infos haben möchte, dann bedanken wir uns freundlich und beenden das Gespräch, ohne in irgendeiner Form weiter nachzuhaken. Auf jeden Fall legen wir aber auch diesen Kontakt auf Wiedervorlage und hier empfehle ich, einen Zeitraum zwischen neun und zwölf Monaten zu wählen. In Seminaren oder Trainings entsteht an dieser Stelle häufig eine Diskussion, weil manche Teilnehmer nicht verstehen können, warum man einen Kontakt, der uns klar und deutlich gesagt hat, dass er keinen Bedarf hat oder nur mit festen Lieferanten zusammenarbeitet, trotzdem nach einem Dreivierteljahr wieder kontaktieren sollte. Nun, es gibt mehrere Gründe dafür.

Als Erstes sollte man sich die Situation einfach aus der Position dessen vergegenwärtigen, der angerufen wird. Ich sitze an meinem Schreibtisch und erledige Dinge, die ich eben so erledigen muss. Das Telefon klingelt und am anderen Ende meldet sich eine Person, die ich nicht kenne, erzählt mir, wer sie ist und was sie macht, und ich soll spontan entscheiden, ob ich das, was sie mir anbietet, brauche. Vielleicht habe ich gar nicht richtig verstanden, was sie gesagt hat, vielleicht bin ich gerade genervt und gebe ihr sogar eine patzige Antwort oder vielleicht habe ich sie sehr gut verstanden, habe aber im Moment wirklich keinen Bedarf und kein Interesse. Um mehr Klarheit zu schaffen oder auch, um erst einmal etwas Zeit zu gewinnen, lasse ich mir eine E-Mail mit Unterlagen schicken, die mir der freundliche Herr oder die nette Dame anbietet. Das Thema, mit dem ich da gerade konfrontiert werde, ist im Moment also alles andere als interessant. Wie sagte mir aber ein Geschäftsführer in der Diskussion nach einem meiner Vorträge so treffend: »Man ist in dieser Position ein ständig Getriebener, der von ständig wechselnden Prioritäten hin- und hergerissen wird.« Das heißt, wenn ein Thema heute nicht interessant ist, dann kann es in drei Monaten schon ganz anders aussehen.

Wichtig !

Ich muss also als B2B-Verkäufer ein so engmaschiges Kontaktnetz aufspannen, dass ich immer wieder im Bewusstsein des Entscheiders auftauche, um zum einen die sich verändernden Rahmenbedingungen angemessen zu berücksichtigen und um andererseits langsam, aber behutsam so etwas wie eine Beziehung zu diesem Menschen aufzubauen. Somit besteht die Kunst durchaus auch darin, einerseits engmaschig genug zu kontaktieren, aber gleichzeitig auf keinen Fall so häufig und penetrant, dass ich dem Entscheider auf die Nerven gehe.

Und noch etwas haben wir in den letzten Jahren sehr deutlich gespürt: Neben den sich ändernden Prioritäten beim Kunden selbst können auch die Positionsinhaber sehr häufig wechseln. Ein Geschäftsführer, der uns heute sagt, dass er nichts von uns wissen will, kann schon in einem Jahr ersetzt worden sein und vielleicht hat der neue Mann oder die neue Frau ganz andere Prioritäten, will frischen Wind in das Unternehmen bringen und braucht genau das, was wir anbieten. Also, auf jeden Fall fassen wir wieder nach, egal, was man uns erzählt.

Es gibt nur zwei Stati, die keine zwingende Wiedervorlage bedeuten. Zum einen, wenn das kontaktierte Unternehmen nicht mehr existiert (logisch), und zum anderen, wenn sich im Gespräch oder durch entsprechende Recherche herausgestellt hat, dass das Unternehmen nicht zu der Zielgruppe gehört. Demzufolge kann man die Kundenqualifizierung auch dazu nutzen, eine Zielgruppe einzugrenzen, die bisher vielleicht noch sehr groß und nicht klar umrissen ist. Einen Anruf kann man immer investieren.

Vorteile der Kundenqualifizierung
Ich denke, Sie haben erkannt, worauf es ankommt und worin sich die Kundenqualifizierung von anderen Kaltakquise-Methoden unterscheidet. Wir akzeptieren alles, was uns das Gegenüber sagt, und versuchen auf keinen Fall über Manipulation oder Überredungskunst doch noch tiefer in ein Gespräch einzusteigen. Ganz im Gegenteil: Mit all jenen, die aktuell nichts von uns wollen und brauchen, mit denen wollen wir uns auf keinen Fall näher beschäftigen. Das würde uns nur davon abhalten, uns intensiv und zielgerichtet mit den tatsächlichen Bedarfsträgern auseinanderzusetzen, die Projekte in Planung und bereits ein Budget aufgestellt haben.

Besonders in Beratungsprojekten, bei denen ich Vertriebsmitarbeiter on-the-job auf die Kundenqualifizierung trainiere, zeigt sich, welchen unschätzbaren Vorteil diese Methodik hat. Weil niemand gezwungen ist, in irgendeiner Form mit Druck, Überredungskunst und Manipulation zu arbeiten, verlieren auch Mitarbeiter, die sich bisher nur unter Androhung schlimmster Strafen zur Kaltakquise überreden ließen, die Angst vor der direkten Kundenansprache. Es zeigt sich immer wieder, dass Ablehnung oder gar rüde Antworten fast nicht vorkommen, da auch wir als Verkäufer sehr zurückhaltend und defensiv auf die Entscheider zugehen. Und das führt wiederum dazu, dass die Verkäufer an dem Thema dranbleiben und nicht ständig nach Ausflüchten suchen, um die Kaltakquise nicht machen zu müssen.

Gerade beim Training-on-the-Job erkennen meine Kunden die wahren Vorteile der Kundenqualifizierung. Mit ein bisschen Übung ist ein B2B-Verkäufer oder ein Presales-Agent in der Lage, rund zehn bis fünfzehn Entscheider pro Stunde anzurufen. Normalerweise liegt die Quote der tatsächlich erreichten Entscheider bei ca. dreißig bis vierzig Prozent, was bedeutet, dass man in einer Stunde zwischen drei und sechs Entscheider direkt am Telefon sprechen kann. Investiert man pro Tag zwei Stunden für die Kundenqualifizierung, bedeutet das, dass ich pro Woche mit mindestens dreißig Entscheidern spreche und mit diesen klären kann, ob es aktuelle Bedarfe gibt. Anfangs werden natürlich noch nicht sehr viele Leads herauskommen, was aber nicht tragisch ist. Nach und nach wird sich die Leadquote erhöhen und das Schöne ist, dass diese Leads dann tatsächlich auch werthaltig sind und ich sofort mit dem Kunden in die Angebotsphase übergehen kann. Dort habe ich in der Regel ein viel besseres Standing, wenn die Anfrage aus der Kundenqualifizierung entstanden ist, da ich aufgrund der systematischen Vorgehensweise und des langsamen Beziehungsaufbaus sehr nah am Entscheider bin.

Und noch einen wichtigen Vorteil bietet die Kundenqualifizierung: Der Vertriebsprozess kann getrennt und von unterschiedlichen Personen mit unterschiedlichen Fähigkeiten durchgeführt werden. In der Presales-Phase, für die Kundenqualifizierung, braucht man kein tiefes fachliches und technisches Wissen. Ganz im Gegenteil, hier kann zu viel Wissen bei der systematischen Prozessumsetzung sogar hinderlich sein. Ich kann also Vertriebsassistenten oder angelernte Kräfte einsetzen, die als Türöffner fungieren und systematisch den Angebotstrichter füllen. Erst in der Fachvertriebsphase braucht es tiefer gehende fachliche und technische Qualifikationen, da der potenzielle Kunde spätestens jetzt natürlich über konkrete projektspezifische Punkte reden möchte.

> **! Wichtig**
>
> Mir ist an dieser Stelle noch ganz wichtig zu erwähnen, dass Transparenz, Offenheit und Ehrlichkeit ganz entscheidende Elemente der Kundenqualifizierung darstellen. Für den Kunden soll jederzeit ersichtlich sein, hier kommt jemand, der mit mir Geschäfte machen will, aber nur dann, wenn es für beide Seiten Sinn macht – niemals Geschäfte um jeden Preis und bei denen einer der beiden Vertragspartner als der scheinbare Verlierer dasteht.

Ich möchte aber nochmals ganz deutlich betonen, dass Kaltakquise als alleinige Vertriebsmaßnahme nicht auf Dauer die gewünschten Erfolge bringen kann, genauso wie alle Marketing- und Vertriebsmaßnahmen verpuffen, wenn diese nicht durch systematische und vor allem kontinuierliche Kaltakquise unterstützt werden. In Verbindung mit abgestimmten Marketingmaßnahmen und eingebunden in ein übergreifendes Gesamtvertriebskonzept ist die Kundenqualifizierung das aus meiner Sicht unübertroffene Vertriebsinstrument.

Wie die konkrete Kommunikation mit den Kunden erfolgen und welche Kommunikationskanäle ein B2B-Verkäufer in der heutigen Zeit nutzen sollte, zeigt das nächste Kapitel an.

7.2 Words don't come easy – die Ansprache

Bevor wir zu der Frage kommen, wie denn die richtige und zielführende Kommunikation bei der Kundenqualifizierung aussehen sollte, möchte ich vorher noch einmal ganz klar die Ziele der Kundenqualifizierung in Erinnerung rufen.

> **! Wichtig**
>
> Bei der Kundenqualifizierung wollen wir gezielt eine Zielgruppe möglichst systematisch und zügig durchkämmen, um die potenziellen Kunden zu finden, die im Moment oder in naher Zukunft einen Bedarf für die angebotene Leistung

haben, die bereits Projekte geplant haben oder zumindest Ideen für Projekte in sich tragen und die schon Budgets bereitgestellt haben oder zumindest bereitstellen wollen.

Ein Kontakt, der diese Voraussetzungen erfüllt, den bezeichnen wir als »Lead«. Und genau diese Leads wollen wir finden, um uns intensiv um deren tatsächlichen Bedarf zu kümmern, natürlich mit dem Ziel, einen Auftrag zu platzieren. All die Firmen, die diese Voraussetzungen nicht erfüllen, werden wir innerhalb des Prozesses weiter bearbeiten, indem wir sie in einen Informations- und Wiedervorlagezyklus überführen, aber zunächst nicht weiter penetrieren. Das bedeutet, dass wir jedes Nein widerspruchslos akzeptieren und keinerlei Bemühungen in irgendwelche Überredungskünste oder Manipulationen investieren. Wer im Moment nicht will oder kann, den wollen wir zunächst auch nicht. Punkt!

Vertriebskanäle
Bevor wir uns den geeigneten »Words« zuwenden, wie sie F. R. David in den frühen 80ern derartig schön schnulzig besungen hat, dass von dieser Single weltweit über 8 Millionen Exemplare verkauft wurden, widmen wir uns noch den Kanälen, die für die sinnvolle Kommunikation genutzt werden können. Wer mich kennt, weiß, dass ich ein leidenschaftlicher XING-ler bin und dass ich dieses Medium sehr intensiv für meine eigene Kommunikation mit Kunden und Interessenten nutze.

7.2.1 XING

XING wurde 2003 unter dem Namen openBC (für open Business Club) gegründet und 2006 in XING umbenannt. Mit mehr als 10 Millionen Benutzern in Deutschland, Österreich und der Schweiz ist XING das größte Online-Business-Netzwerk im deutschsprachigen Raum. XING entwickelte sich zunächst in Richtung eines Sales-Netzwerks, vollzog später aber eine Trendwende hin zu dem Schwerpunkt Personal- und Stellenvermittlung. Was XING trotz oder vielleicht sogar gerade durch die Verschiebung der Schwerpunkte in Richtung HR-Dienstleistungen so interessant macht, ist die Tatsache, dass dort insgesamt mehr als 13 Millionen Fach- und Führungskräfte ihre persönlichen Business-Profile eingestellt haben und somit für jedermann auf der Welt sichtbar und erreichbar sind. Inzwischen wurde XING durch die Übernahme von amiando, einem Onlineticketverkaufs- und Eventorganisationsanbieter aus München, um die Funktionen XING-Events erweitert. Somit können Nutzer direkt ihre Veranstaltungen in XING-Events planen und die komplette Buchungs- und Ticketverkaufsorganisation darüber abbilden.

In meinen Trainings höre ich häufig Aussagen wie:»Ich bin zwar bei XING angemeldet, aber passiert ist darüber bisher noch nichts« oder»Ich weiß nicht, wie ich XING für den Vertrieb nutzen soll«. Klar ist, dass durch die bloße Anmeldung auf XING zunächst einmal tatsächlich nichts oder zumindest nicht viel passiert. Man muss schon aktiv damit arbeiten. Inzwischen gibt es unzählige XING-Seminare von Trainern und Coaches, in denen man lernen kann, wie man XING professionell für seine beruflichen Zwecke nutzt, und auch auf dem Buchmarkt findet man unter dem Stichwort XING jede Menge nützliche, aber leider auch weniger nützliche Literatur.

Ich nutze XING seit mehr als 10 Jahren sehr intensiv und zielorientiert für die Vertriebsarbeit. Sicherlich sind manche Dinge, die ich dort tue, etwas unorthodox und gelegentlich habe ich auch die eine oder andere Funktion etwas zweckentfremdet, aber mir geht es einzig und alleine darum, mit interessanten Menschen innerhalb von XING in Kontakt zu treten. Für den von mir empfohlenen Umgang mit XING gehe ich davon aus, dass Sie eine Premium-Mitgliedschaft abgeschlossen haben, die aktuell für circa EUR 80 pro Jahr zu haben ist. Ich selbst nutze eine Sales-Mitgliedschaft, die es meines Wissens heute in dieser Form nicht mehr gibt. Die meisten Funktionen sind aber auch in der durchaus erschwinglichen Premium-Mitgliedschaft enthalten.

Zunächst einmal halte ich es für extrem wichtig, dass man sein eigenes Profil auf XING so gestaltet, dass man selbst für seine Zielgruppe als interessanter Kontakt wahrgenommen wird. Dazu gehören neben einem professionellen und seriösen Bild – private Urlaubsschnappschüsse, Aufnahmen im Faschingskostüm oder Bilder im Deutschlandtrikot mit aufgemalter Deutschlandflagge auf der Stirn haben hier nichts zu suchen – auf jeden Fall die vollständigen Kontaktdaten, der berufliche Werdegang und die aktuelle Position und Verantwortung.

Wenn man XING für vertriebliche Zwecke nutzen möchte, sollten die Eintragungen unter »Ich suche« und »Ich biete« so gestaltet sein, dass ein Interessent dort leicht überblicken kann, was man von Ihnen kaufen kann oder was Sie kaufen möchten. Viele Mitglieder haben dort Formulierungen stehen, die darauf hinweisen, dass man XING als Karriereplattform nutzen möchte. Das ist in Ordnung und wenn der Schwerpunkt eben in diese Richtung geht, ist daran auch gar nichts auszusetzen. Da es aber in dem Buch, das Sie gerade in den Händen halten, um Vertrieb geht, werden Sie verstehen, dass ich meine Betrachtung eher in diese Richtung lenke. Also, wie nutze ich XING?

Zunächst einmal ist XING eine riesengroße Datenbank zum Finden von Firmen und Entscheidern. Wer gerade beginnt, sich mit XING als Vertriebstool auseinanderzusetzen, sollte einfach einen Test machen. Direkt im oberen Bereich befindet sich ein Suchfenster und daneben ein Pull-down-Button für die erweiterte Suche. Wenn man die Maus dorthin bewegt, geht das Menü auf und man kann zwischen verschiedenen Suchparametern wählen. Klickt man auf »Mitglieder«, öffnet sich ein Fenster, in dem man in verschiedenen Feldern Begriffe eingeben kann.

Nehmen wir an, Ihre Zielbranche ist im Bereich Druck zu finden, Sie wollen ausschließlich die Geschäftsführer der Zielunternehmen ansprechen und Ihr Zielgebiet ist Deutschland. Geben Sie diese Begriffe in den jeweiligen Feldern ein, erhalten Sie eine Auswahl, die bei mir zum Zeitpunkt, da ich diese Zeilen schreibe, 2.657 Treffer ergibt. Grenze ich diese Suche auf der rechten Seite weiter ein, wird es immer spannender. Ich habe festgestellt, dass es sinnvoll ist, sich hauptsächlich mit Mitgliedern zu beschäftigen, die besonders aktiv sind, und außerdem möchte ich nur Unternehmen kontaktieren, die zwischen 200 und 500 Mitarbeitern beschäftigen. Nun werden mir noch 63 Mitglieder angezeigt, deren Profile ich mir dann genauer ansehen kann. Ich zum Beispiel schaue bei den Profilen der Mitglieder sehr genau, was unter der Rubrik »Ich suche« zu finden ist. Steht dort, was nicht selten vorkommt, dass der Geschäftsführer neue Kunden, neue Geschäftsbeziehungen, Vertriebsunterstützung oder einfach nur Vertrieb sucht, dann ist das für mich natürlich ein hervorragender Anlass, um mit diesen Menschen in Kontakt zu treten. Und das tue ich dann in der Regel auch – wie, das hängt ganz davon ab, welche Prioritäten ich gerade habe, wie meine Auftragslage aussieht, wie interessant ich den Kontakt einschätze und manchmal auch einfach nur von meiner momentanen Stimmung.

Wenn ich diesen Menschen anspreche, dann tue ich das in diesem Fall meistens wie folgt: Ich sende ihm eine Nachricht. Dazu gehe ich auf den gelben Button in der rechten oberen Ecke und klicke diesen an. Es öffnet sich ein Fenster, in dem ich einen Betreff und eine Nachricht eingeben kann. Als Betreff wähle ich meistens das, was der Kontakt bei »Ich suche« eingetragen hat. Steht dort, dass er neue Kunden sucht, dann steht im Betreff »Neue Kunden«, hat der Kontakt unter »Ich suche« das Stichwort »Vertriebsunterstützung« eingetragen, dann schreibe ich in das Feld Betreff »Vertriebsunterstützung«. Logisch und einfach, oder? Mein Nachrichtentext sieht dann in etwa wie folgt aus.

Guten Tag Herr …

Wie ich Ihrem Profil entnehme, suchen Sie Vertriebsunterstützung.
Wir sind Vertriebsdienstleister und unterstützen Unternehmen aus der (…)-Branche bei der Neukundengewinnung.
Gerne bespreche ich Ihre konkrete Situation in einem ersten unverbindlichen Telefonat.

Ich freue mich, bald wieder von Ihnen zu hören.

Schöne Grüße
Holger Steitz

Hat der Kontakt in seinem Profil unter »Ich suche« zum Beispiel eingetragen, dass er »neue Ideen im Vertrieb« sucht, dann schreibe ich ihn wie folgt an:

Guten Tag Herr …

Wie ich Ihrem Profil entnehme, suchen Sie neue Ideen im Vertrieb.
Ich bin Vertriebsberater und -trainer und unterstütze Unternehmen aus dem B2B-Bereich bei der Neukundengewinnung und der Optimierung ihrer Vertriebsprozesse.

Wenn Sie einen Ansatz für eine Zusammenarbeit sehen, freue ich mich über Ihre Nachricht.

Schöne Grüße
Holger Steitz

Fällt Ihnen etwas auf? Die Leistungsbeschreibungen sind exakt das, was wir in Kapitel 5 als Leistungsbeschreibungen definiert haben. Das heißt, wir verwenden diese Formulierung immer wieder in nahezu allen Ansprachen. Natürlich variiere ich diese immer ein bisschen und passe sie auch dem Ansprechpartner und dessen Profil an, aber grundsätzlich verwende ich immer wieder fast die gleiche Ansprache. Selbstverständlich habe ich den Text als Textbaustein angelegt und kopiere mir diesen in das Nachrichtenfeld hinein, deshalb auch die Ansprache *»Guten Tag Herr ...«*. Hier muss ich nur den Namen des Kontakts eintragen und gegebenenfalls *Herr* durch *Frau* ersetzen. Bei *»Sehr geehrte(r) Herr/Frau«* muss ich schon mehr ändern und genauer aufpassen, dass ich die Ansprache nicht vermassele. Das kommt nicht gut an ...

Ich denke, das Prinzip ist klar und einfach: Ich schaue, ob unter »Ich suche« etwas steht, was ich auf mich und meine Leistungen beziehen kann, und hier kann man auch ruhig ein wenig um die Ecke denken und einen Zusammenhang konstruieren. Wenn ich etwas gefunden habe, beziehe ich mich auf das, was gesucht wird, und biete mich und meine Leistungen unverbindlich und ergebnisoffen an. In Seminaren werde ich dann immer wieder gefragt, was ich mit denen tue, die sich nicht zurückmelden. Ganz unter uns, die wenigsten melden sich hier zurück. Aber das macht überhaupt nichts. Wenn sich von 50 Kontakten, die ich anschreibe, nur einer zurückmeldet, dann bin ich schon zufrieden, da ich davon ausgehen kann, dass dieser eine Kontakt tatsächlich ein Interesse daran hat, mit mir das Thema näher zu betrachten. Es gab Zeiten, in denen diese Art der Ansprache meine einzige aktive Vertriebsaktivität war. Ich habe mich jeden Tag mindestens eine Stunde hingesetzt und XING gezielt durchforstet. Jeden Tag habe ich 20 Kontakte angeschrieben. In den besten Zeiten meldete sich fast jeden Tag einer dieser 20 angeschriebenen Kontakte und wollte mit mir über das Thema reden. Die Quote bei dieser Art der Kontaktanbahnung liegt etwas über 50 %, sodass von diesen 5 Leads pro Woche jedes Mal zwei bis drei Angebote ausgingen. In den letzten beiden Jahren ist die Rückmeldequote deutlich geringer geworden und liegt aktuell bei etwa 15%. Hier zeigt sich bei meinem Geschäft eine deutliche Abhängigkeit von der aktuellen Konjunktur. Geht es der Wirtschaft schlecht, wird meine Leistung mehr angefragt, läuft die Wirtschaft gut, rückt der Vertrieb in den Hintergrund. Dieses Thema habe ich in einem Blog[6] schon ausführlich diskutiert und es gab dazu viele positive Rückmeldungen.

Also, was mache ich mit denen, die sich nicht zurückmelden? Nichts! Ich habe meine Unterstützung freundlich und unverbindlich angeboten und gehe davon aus, dass die, die sich nicht zurückmelden, aktuell keinen Bedarf haben. Das bedeutet natürlich gleichzeitig, dass ich den gleichen Kontakt mindestens sechs Monate später durchaus wieder ansprechen kann, und das tue ich natürlich auch. Nicht gezielt und über eine standardisierte Wiedervorlage, aber wenn man so systematisch mit XING arbeitet, ploppen die interessanten Kontakte immer wieder auf, sodass man auch gerne immer wieder einen neuen Versuch starten kann.

Neben der gezielten Ansprache von passenden XING-Kontakten aufgrund eines konkreten Aufhängers kann ich einen interessanten Kontakt auch einfach in mein Netzwerk einladen. Dies tue ich ebenfalls wieder relativ systematisch und strukturiert, indem ich gezielt suche oder beim Stöbern Mitglieder entdecke, die aufgrund ihrer Position oder ihres Werdegangs interessant scheinen. Ich gehe also genauso vor wie bei der vorher beschriebenen Suche und selektiere die Menschen, die ich ansprechen will. Einen Kontakt, den ich zu meinem Netzwerk hinzufügen möchte, rufe ich auf und gehe auf den Button »Als Kontakt hinzufügen«. In das sich öffnende Fenster gebe ich folgenden Text ein:

Guten Tag Herr ...

Gerne würde ich Sie zu meinem persönlichen Netzwerk hinzufügen.

---

6   http://www.sale-direct.de/wir-koennen-die-axt-jetzt-nicht-schaerfen/

Ich berate Unternehmen und trainiere Führungskräfte und Verkäufer zu den Themen Neukundengewinnung und erfolgreiche Vertriebsprozesse für erklärungsbedürftige Produkte und Dienstleistungen.

Schöne Grüße
Holger Steitz

Manchem mag diese Vorgehensweise zu platt oder vielleicht auch zu aggressiv erscheinen. Hier und da kommt auch manchmal eine Rückmeldung mit dem Tenor: »Ich vernetze mich grundsätzlich nur mit Menschen, die ich schon persönlich kenne und zu denen ich bereits eine geschäftliche oder private Verbindung habe.« Ja, das kommt vor, ist aber sehr selten. Die meisten, die ich auf diese Art und Weise kontaktiere, machen einfach nur klick und nehmen meine Kontaktanfrage an. Und dass es tatsächlich die meisten sind, sehe ich, wenn ich unter der Rubrik Kontakte auf »Kontaktanfragen« klicke. Dort finde ich die Statistik zu diesem Thema und die besagt, dass genau in dem Moment, wo ich diesen Satz schreibe, 52% Prozent meiner gesendeten Kontaktanfragen angenommen wurden. Ein, wie ich finde, sehr guter Wert, der bestätigt, dass diese Art der Kontaktaufnahme nicht ganz so falsch sein kann.

> **Tipp**   **!**
>
> Als Besitzer eines Smartphones ist es übrigens noch einfacher, sein Netzwerk zu erweitern. Wenn Sie abends gelangweilt vor dem Fernseher liegen und sich Ihr Smartphone greifen, öffnen Sie doch einfach mal Ihre XING-App und scrollen auf der Startseite nach unten. Dort sehen Sie, welche neuen Kontakte Ihre bereits bestehenden Kontakte haben, und praktischerweise ist dort auch wieder der nette gelbe Button zu finden, auf den Sie zum Erweitern Ihres Netzwerks einfach klicken müssen. Sie können noch auswählen, ob Sie eine Nachricht hinzufügen möchten oder nicht, und schicken Ihre Anfrage einfach los. Wie gesagt, die Bestätigungsquote ist relativ hoch und aus meiner Sicht ist genau das ja der Sinn und Zweck einen Businessnetzwerks: die Vernetzung mit interessanten Kontakten, die für Sie jetzt oder in Zukunft nützlich sein können, und natürlich genauso umgekehrt.

Der unschätzbare Vorteil für den Vertrieb ist dabei, dass ein Kontakt, mit dem Sie persönlich vernetzt sind, Ihnen in der Regel seine kompletten Kontaktdaten freigibt. Nicht alle, aber geschätzte 90% aller XING-Kontakte geben Ihnen mit der Bestätigung Ihrer Kontaktanfrage den Zugriff auf ihre geschäftliche Telefonnummer, teilweise mit direkter Durchwahl, meistens auf die Mobiltelefonnummer und oft auch auf die E-Mail-Adresse. Viele unterscheiden inzwischen zwischen privaten und geschäftlichen Daten, geben in der Regel aber auch beides uneingeschränkt frei.

Aus meiner Sicht ist dies einer der größten Vorteile, die XING für die Vertriebsarbeit bietet. Wer viel Telefonakquise macht und häufig in Großbetrieben und Konzernen unterwegs ist, der weiß, wie wertvoll es ist, wenn man die direkte Durchwahlnummer kennt. Auch die E-Mail-Adresse eines Entscheiders ist ein wertvolles Gut, mit dem man sehr sorgfältig umgehen sollte. Deshalb warne ich auch davor, diese Adressen ungefragt in einen Newsletter-Verteiler zu übernehmen, obwohl es viele Berater und Trainer – aber nicht nur die – ungeniert tun.

7.2.2 LinkedIn

Was XING im deutschsprachigen Umfeld ist, ist LinkedIn im internationalen Kontext. Ich muss gestehen, dass ich LinkedIn bei weitem nicht so intensiv und systematisch nutze wie XING, was einfach durch meine Leistungen und meine Zielgruppen bedingt ist. LinkedIn ist wie XING ein webbasiertes soziales Netzwerk zur Pflege bestehender Geschäftskontakte und zum Knüpfen von neuen geschäftlichen Verbindungen. Mit über 400 Millionen registrierten Nutzern in mehr als 200 Ländern ist LinkedIn die derzeit größte weltweite Plattform dieser Art und gehört laut Alexa zu den 20 weltweit meistbesuchten Internetseiten. LinkedIn ist deutlich mehr auf Internationalität ausgelegt, was sich unter anderem dadurch zeigt, dass die Kommunikation zum großen Teil in englischer Sprache stattfindet.

Im Prinzip bietet LinkedIn die gleichen Funktionalitäten wie XING, schränkt aber doch an vielen Stellen einiges ein oder lässt viele Sachen nur dann zu, wenn man dafür bezahlt. Um ähnliche Funktionalitäten wie bei XING zu nutzen, muss man aktuell bei LinkedIn eine etwa fünf- bis sechsmal so teure Mitgliedsgebühr zahlen wie bei XING. Wenn man sehr stark international ausgerichtet ist und die Zielgruppen in Großunternehmen oder in sehr stark spezialisierten Bereichen anzutreffen sind, dann gehört LinkedIn aber sicherlich zum Pflichtprogramm des Vertriebsmitarbeiters.

XING und LinkedIn bieten noch viele weitere Möglichkeiten, die besonders im Rahmen des Presales-Marketings sehr sinnvoll sind. Über die Mitgliedschaft in Gruppen, das systematische und regelmäßige Teilen von Blogbeiträgen oder die Einbindung von Content-Marketing-Kampagnen kann man die Portale ganz gezielt zur Erhöhung des Bekanntheitsgrades und zur Positionierung nutzen. All diese Themen sind jedoch für sich gesehen schon so komplex und umfangreich, dass man dazu eigene Bücher füllen könnte. Daher gehe ich hier auf diese konkreten Möglichkeiten – von denen ich die meisten natürlich aktiv nutze – nicht näher ein. Auch die Organisation und Abwicklung von Veranstaltungen, wie Trainings und Seminare, Vortragsveranstaltungen, Business-Breakfasts oder Kongressen, kann und sollte in der Gesamtgestaltung eines Presales-Konzeptes auf jeden Fall genutzt werden. Aber dies möchte ich ebenfalls nur erwähnen und nicht näher erörtern.

Facebook !

Der Vollständigkeit halber möchte ich an dieser Stelle auch auf Facebook eingehen, aber nur, weil ich immer wieder darauf angesprochen werde. Nach meiner Meinung ist Facebook für den Business-to-Business-Vertrieb nicht notwendig oder, um noch deutlicher zu werden, absolut nicht geeignet. Daher kann ich zu Facebook an dieser Stelle nur eine Empfehlung geben: Finger weg davon, wenn Sie im B2B-Vertrieb unterwegs sind.

XING und LinkedIn sind als Kommunikationskanäle für sich schon sehr mächtig und bieten bereits sehr gute Möglichkeiten der Kontaktaufnahme und -anbahnung. Im Rahmen der Kundenqualifizierung sind sie sowohl als Informations- und Selektionsdatenbank als auch als erster Prozessschritt zu sehen. Denn wenn wir uns den nächsten Kommunikationskanal in der Kundenqualifizierung – das Telefon – ansehen, wird deutlich, wie wichtig gerade XING sein kann.

7.2.3 Telefon

Schauen wir uns in diesem Unterkapitel an, wie eine zielführende Kommunikation in der Kundenqualifizierung über das Telefon aussehen sollte. Wie sicherlich bekannt gilt es hier, verschiedene interne und externe Hürden zu überwinden, um überhaupt zu dem eigentlichen Entscheider vorzudringen. XING und LinkedIn helfen uns heutzutage schon sehr gut dabei, die Entscheider in Unternehmen zu finden und einen Namen zu haben, was an der Telefonzentrale eines großen oder mittelständischen Unternehmens sehr viel wert ist. Das bedeutet aber noch lange nicht, dass ich einfach durchgestellt werde. Deshalb ist es sinnvoll, einen oder besser noch mehrere Wege zu kennen, mit denen ich tatsächlich zu dem Entscheider vordringen kann.

Beginnen wir mit dem Fall, dass wir zwar den Namen des Entscheiders kennen, aber keine Durchwahl haben. Wir rufen bei der Telefonzentrale eines Unternehmens an und gehen wie folgt vor:

»Guten Tag (Hallo) Herr/Frau ... Vorname, Name von der Firma xy ... Verbinden Sie mich bitte mit Vorname, Name.«

Jeder, der schon einmal Telefonakquise gemacht hat, kann bestätigen, dass man in diesem Fall zu, ich würde sagen, 60 Prozent direkt durchgestellt wird. In 40 Prozent der Fälle sind aber meist die Damen an der Zentrale angewiesen, nicht einfach zu verbinden, sondern vorher die gefürchtete Frage zu stellen:

»Darf ich fragen, worum es geht?«

Und schon hier an diesem Punkt machen viele Verkäufer bereits einen Fehler, der den gesamten Prozess zum Erliegen bringen kann. Sie beginnen sehr ausführlich und manchmal schon bis ins Detail zu erzählen, worum es geht. Sie erzählen der Dame an der Zentrale das, was sie eigentlich dem Entscheider erzählen wollten, und wundern sich, dass sie nicht durchgestellt werden. Was passiert dann häufig? Die nette Dame sagt freundlich: *»Einen Moment bitte«*, und nach ein, zwei Minuten meldet sich anstatt des erhofften Ansprechpartners wieder die Dame aus der Zentrale und verkündet:

»Ich habe mit Herrn XY gesprochen und er lässt ausrichten, dass wir nicht interessiert sind.«

Es kann sogar vorkommen, dass die Dame gar nicht erst bei ihrem Vorgesetzten nachfragt, sondern aufgrund der ausführlichen Erklärung Ihren Anruf sofort als Akquiseanruf identifiziert und – weil sie angewiesen ist, derartige Anrufe nicht durchzustellen – eigenmächtig entscheidet, Sie nicht zu verbinden.

Ich empfehle an dieser Stelle wie folgt vorzugehen: Ich nenne ein Schlagwort meines Themas, verpacke es in eine sich wichtig und kompliziert anhörende Worthülse und schleudere dies in einem kurzen Satz wieder zurück, verbunden mit der erneuten Aufforderung, mich doch nun bitte zu verbinden. Beispiele gefällig? Bitte schön:

»Um das Projekt Mobile-Application-Security, speziell die Authentifizierung. Bitte verbinden Sie mich.«

»Um den Prüfvorrichtungsbau, speziell die Sensor-Montagehilfe, bitte stellen Sie mich kurz durch.«

»Um das Softwareentwicklungsprojekt im Bereich Java-JEE. Bitte verbinden Sie mich.«

»Um das Prozessmanagement im Bereich der internen Serviceprozesse, bitte stellen Sie mich kurz durch.«

Wie sage ich nicht nur an dieser Stelle des Prozesses gerne: Weniger ist mehr. Liefern Sie den Damen und Herren an der Zentrale und, wie wir noch sehen werden, auch den gefürchteten Damen im Vorzimmer nicht zu viele Argumente, um Sie abzuwimmeln. Sagen Sie kurz und knapp ein bis zwei Stichworte, die sich für einen Nichtfachmann durchaus etwas zu kompliziert anhören dürfen, und mehr nicht. Erfahrungsgemäß reicht das aus, um dann schon durchgestellt zu werden.

Wer aber glaubt, dass er jede Hürde so einfach überwinden kann, der irrt gewaltig. Schon an dieser Stelle sitzen einige sehr erfahrene und gewitzte

Personen, die sich nicht so einfach ihrem Schicksal fügen, sondern die sich und ihre Aufgabe richtig ernst nehmen. Und so kann es durchaus passieren, dass wir eine weitere Frage zu hören bekommen, die in folgende Richtung gehen kann:

»Kennt er Sie schon?« oder »Hatten Sie schon Kontakt mit Herrn/Frau …?«

An dieser Stelle sei noch einmal darauf hingewiesen, dass wir immer bei der Wahrheit bleiben und dass wir auch Manipulationen und Hütchenspieler-tricks vermeiden wollen. Deshalb bleibt uns in diesem Falle nur, die Wahrheit zu sagen, nämlich, dass wir diesen Menschen zwar namentlich kennen (zum Beispiel über XING), aber dass wir ihn noch nicht gesprochen haben. Mögliche Erwiderungen können demzufolge sein:

»Ich kenne Frau YZ über unseren Kontakt auf XING und möchte für das Projekt Mobile-App-Security einmal kurz mit ihr am Telefon sprechen. Bitte geben Sie sie mir kurz.«

»Ich bin mit Herrn XY auf XING vernetzt. Für die Sensor-Prüfvorrichtungen brauche ich jetzt mal seinen Rat als Produktionsleiter. Stellen Sie mich bitte kurz durch.«

»Ich habe ihn bisher noch nicht gesprochen, aber für die JAVA-JEE-Entwicklung hätte ich gerne seine Meinung als Entwicklungsleiter eingeholt. Verbinden Sie mich bitte mal eben.«

»Wir haben uns schon E-Mails über LinkedIn geschrieben. Wegen dem Internal Service Management würde ich jetzt aber mal gerne direkt mit ihm sprechen. Bitte stellen Sie mich kurz durch.«

Auch hier kann ich wieder nur meine Erfahrungen aus der Praxis zu Rate ziehen, die belegen, dass man mit dieser Vorgehensweise in den meisten Fällen weiterverbunden wird. Die hoffentlich wenigen Fälle, bei denen es trotz dieser Formulierungen nicht gelingt, sollten als Niederlage verbucht werden. Hier bleibt dann noch die Möglichkeit, zu einer anderen Tageszeit anzurufen, in der Hoffnung, dass man dann vielleicht über die Auszubildende oder den Pförtner doch noch mit dem gewünschten Gesprächspartner verbunden wird.

Schauen wir uns den schwierigeren Fall an, bei dem wir den Ansprechpartner überhaupt nicht kennen, und erst über die Telefonzentrale erfragen müssen, wer denn überhaupt unser geeigneter Ansprechpartner ist. Hier empfehle ich folgende Ansprache:

»Guten Tag (Hallo) Frau ... Vorname, Name von der Firma XY . Ich habe eine kurze Frage, die Sie mir bestimmt beantworten können.«

Oder

»Hallo Frau ... Ich brauche mal bitte Ihre Hilfe.«

Wir appellieren an die in jedem Menschen mehr oder weniger angelegte Neigung, einem Menschen, der um Hilfe bittet, diese auch zu gewähren. Gleichzeitig werten wir mit unserer Unterwürfigkeit das Gegenüber auf und zeigen damit unsere ehrliche Wertschätzung. Deshalb werden wir meistens eine Erwiderung wie die folgende hören:

»Gerne, wie kann ich Ihnen weiterhelfen?«

Wer jetzt meint, er müsse nun besondere psychologisch fundierte Fragen stellen, der hat bis hierher nicht richtig aufgepasst. Wir fragen nun einfach kurz und knapp, was wir wissen wollen. Nicht mehr und nicht weniger.

»Wer ist denn bei Ihnen für ...   ... die App-Entwicklung ...

... die Produktionssteuerung ...

... die Datensicherheit ...

... die Kostenoptimierung ...   **... verantwortlich**?

Der aufmerksame Leser hat gemerkt, dass das Wort **verantwortlich** fett gedruckt ist, und Sie werden es sich denken, dass dies einen guten Grund hat. Immer wieder höre ich an dieser Stelle: »Wer ist denn bei Ihnen für dies oder jenes **zuständig**?« Das mag für manche Jacke wie Hose sein, in der Praxis zeigt sich aber häufig sehr wohl ein nicht unerheblicher Unterschied. Mit dem Wort **zuständig** landen wir bei dem Sachbearbeiter, mit **verantwortlich** zumindest bei der Abteilungsleitung, was für den Prozess durchaus nicht ganz unerheblich sein kann. Man muss das nicht überbewerten, aber wenn man im Vorfeld weiß, dass es einen Unterschied machen kann, sollte es ja auch kein Problem darstellen, das eine gegen das andere Wort auszutauschen. Erfreulicherweise erhalten wir auf unsere freundliche Frage meistens eine ebenso freundliche Antwort in dem folgenden Sinne:

»Das ist die Frau ...«

Manchmal werden wir auch einfach weiterverbunden, was eigentlich ganz gut ist. Für den weiteren Prozess wäre es aber besser, wenn wir den Vornamen des Entscheiders kennen. Deshalb sollte man hier, wenn man die Gelegenheit bekommt, noch nachhaken:

»Wie heißt denn Frau ... mit Vornamen?« oder

»Verraten Sie mir auch, wie Frau ... mit Vornamen heißt?«

Ich kann es nicht mit Gewissheit sagen, aber mein Gefühl sagt mir, dass wir in den meisten Fällen einen Ansprechpartner und meistens auch dessen Vornamen genannt bekommen. Leider gibt es auch Unternehmen, die sehr restriktive Bestimmungen haben und diese auch rigoros durchziehen. Das führt dann zu einer wie der folgenden Aussage:

»Wir dürfen keine Namen nennen.«

Oder, was natürlich auch gerade in Großunternehmen vorkommt:

»Das weiß ich nicht.«

Für diesen Fall sollte ich natürlich wissen, welchen Funktionsträger ich sprechen will beziehungsweise welche Position ich mit meinem Thema adressieren möchte. Da wir dies bereits in Kapitel 6 »Das Loch in der Wand« getan haben, können wir sicher sagen:

»Dann verbinden Sie mich bitte mit Ihrem Einkaufsleiter (Geschäftsführer, Produktionsleiter, Kaufmännischen Leiter, Entwicklungsleiter).«

Logischerweise kann sich nun natürlich wiederholen, was wir schon gelernt haben, und die netten Damen und Herren aus der Telefonzentrale fragen uns, worum es geht. Aber darauf sind wir ja vorbereitet und können wieder die passenden Antworten liefern.

»Um das Projekt Mobile-Application-Security, speziell die Authentifizierung. Bitte verbinden Sie mich.«

»Um den Prüfvorrichtungsbau, speziell die Sensor-Montagehilfe, bitte stellen Sie mich kurz durch.«

»Um das Softwareentwicklungsprojekt im Bereich Java-JEE. Bitte verbinden Sie mich.«

»Um das Prozessmanagement im Bereich der internen Serviceprozesse, bitte stellen Sie mich kurz durch.«

Die Frage, ob man uns schon kennt, dürfte eigentlich an dieser Stelle nicht kommen, aber falls sie doch gestellt wird, haben wir die passenden Antworten aus dem vorherigen Abschnitt parat.

Wie uns die Erfahrung lehrt, ist es in vielen Unternehmen mit dem Überwinden der Hürde Telefonzentrale leider meistens noch lange nicht getan. Da wir vorwiegend Führungskräfte oder sogar die Chefs persönlich ansprechen wollen, müssen wir zuerst noch an den Chefsekretärinnen oder den persönlichen Assistenten oder Assistentinnen vorbei, was alles andere als einfach ist. Um zu verstehen, warum diese Damen und Herren von Verkäufern und Telefonakquisiteuren besonders gefürchtet sind und warum man diesen Herrschaften gerne nette Koseworte wie »Wachhunde« oder »Vorzimmerdrache« gibt, sollten Sie bedenken: Zu den originären Aufgaben eines persönlichen Assistenten oder einer Chefsekretärin gehört es, ihren Chef von unnötigen Störungen fernzuhalten und alles, was an den Chef herangetragen wird, durch den Filter »wichtig« oder »unwichtig« zu jagen. Demzufolge sollte man als Verkäufer eine Ablehnung auf dieser Ebene auch auf keinen Fall als Niederlage und schon gar nicht persönlich nehmen. Diese Herrschaften machen auch nur ihren Job und wer auf einer derartigen Position sitzt, der hat in seinem bisherigen Berufsleben noch nicht viele Fehler gemacht. Das Überwinden einer erfahrenen Chefsekretärin ist eine echte Herausforderung für jeden Telefonakquisiteur und sollte durchaus als Königsdisziplin angesehen werden.

Daher muss man an diesem Punkt auch mit sehr viel Selbstsicherheit und noch mehr Transparenz und Offenheit ans Werk gehen. Wer meint, mit der Standardansprache: »Ich hätte gerne Herrn XY gesprochen«, voranzukommen, wird hier meist eines Besseren belehrt, da diese Ansprache sofort den »Um-was-geht-es-denn-Reflex« auslöst. Das ist zwar grundsätzlich nicht tragisch, da wir schon entsprechende Techniken gelernt haben, mit denen wir trotzdem weiter verbunden werden; aber weil wir hier kurz vorm Ziel sind und die Gefahr besteht, dass wir uns eine Tür für immer verschließen, wenn wir falsch vorgehen, ist an dieser Stelle doch etwas Geschick gefragt.

Sie erinnern sich, dass ich bereits auf die Wichtigkeit des Vornamens des Entscheiders hingewiesen habe. Genau jetzt ist der Zeitpunkt gekommen. Für eine persönliche Vorstandsassistentin hört es sich ganz anders an, ob ich nach Herrn oder Frau Schmidt frage oder ob ich Günter Schmidt oder Ute Meier sprechen will. Vor zwanzig Jahren war es üblich, dass man sich lediglich mit seinem Familiennamen vorstellte. Heutzutage ist es zwar gang und gäbe, dass man sich mit Vor- und Nachnamen vorstellt und immer mehr meldet man sich auch am Telefon nicht mehr nur mit dem Nachnamen, sondern stellt den Vornamen automatisch hinzu. In Telefonaten fällt aber nach wie vor auf, dass bei der Vermittlung und der Ansprache nur der Nachname genannt wird, zumindest wenn, wie im Geschäftsleben üblich, eine gewisse professionelle Distanz zwischen den Geschäftspartnern herrscht. Umso mehr impliziert die Nennung des Vornamens eine gewisse Vertrautheit und Nähe zwischen den handelnden Personen, was man sich als Verkäufer zunutze machen kann. Die Ansprache im Vorzimmer des Entscheiders sollte daher in folgendem Stil gehalten werden.

»Guten Tag Frau …   Ist der Günter Schmidt …   … schon wieder zurück?«

… noch im Haus?«

… schon da?«

… wieder in seinem Büro?«

Natürlich könnte man auch sagen:

»Bitte verbinden Sie mich mit Günter Schmidt.«

oder

»Ich hätte gerne mit Eva Meier gesprochen.«

Wir wollen aber auch hier möglichst vermeiden, dass der »Um-was-geht-es-Reflex« ausgelöst wird. Die oben genannten Vorschläge schließen dies zwar nicht komplett aus, aber die je nach Tageszeit oder Situation zu verwendenden Formulierungen können bei der Chefsekretärin möglicherweise den Eindruck erwecken, dass wir schon mit ihrem Chef gesprochen haben und wissen, dass er zu Tisch, im Meeting oder auf dem Golfplatz ist oder war, und deshalb genau diese Frage stellen. Und durch die gewählte Formulierung gelingt es uns immer öfter, dass selbst die gefürchteten »Vorzimmerdrachen« uns ohne weitere Nachfrage tatsächlich mit ihrem Chef verbinden.

Und falls das nicht der Fall sein sollte, dann wissen wir ja, wie wir auf die gefürchteten Fragen antworten können:

»Um das Projekt Mobile-Application-Security, speziell die Authentifizierung. Bitte verbinden Sie mich.«

»Um den Prüfvorrichtungsbau, speziell die Sensor-Montagehilfe, bitte stellen Sie mich kurz durch.«

»Um das Softwareentwicklungsprojekt im Bereich Java-JEE. Bitte verbinden Sie mich.«

»Um das Prozessmanagement im Bereich der internen Serviceprozesse, bitte stellen Sie mich kurz durch.«

Und auch die weitere unangenehme Nachfrage können wir locker umschiffen …

»Kennt er Sie schon?« oder *»Hatten Sie schon Kontakt mit Herrn/Frau …?«*

… indem wir die folgenden Erklärungen liefern:

»Ich kenne Frau YZ über unseren Kontakt auf XING und möchte für das Projekt Mobile-App-Security einmal kurz mit ihr am Telefon sprechen. Bitte geben Sie sie mir kurz.«

»Ich bin mit Herrn XY auf XING vernetzt. Für die Sensor-Prüfvorrichtungen brauche ich jetzt mal seinen Rat als Produktionsleiter. Stellen Sie mich bitte kurz durch.«

»Ich habe ihn bisher noch nicht gesprochen, aber für die JAVA-JEE-Entwicklung hätte ich gerne seine Meinung als Entwicklungsleiter eingeholt. Verbinden Sie mich bitte mal eben.«

»Wir haben uns schon E-Mails über LinkedIn geschrieben. Wegen dem Internal Service Management würde ich jetzt aber mal gerne direkt mit ihm sprechen. Bitte stellen Sie mich kurz durch.«

Wie im gesamten Prozess versuchen wir den erwarteten Verlauf der Entwicklung vorauszuplanen und uns für jede mögliche Situation einen passenden nächsten Schritt beziehungsweise eine passende Erwiderung zurechtzulegen. Jetzt wäre wieder ein passender Zeitpunkt gekommen, an dem Sie sich Ihr Skript für die Zentrale und das Vorzimmer nach den gemachten Vorgaben erstellen. Ich empfehle, dieses Skript in Form eines Ablaufplanes aufzubauen und gebe Ihnen im Folgenden noch drei Beispiele, die Ihnen Ihre Arbeit hoffentlich erleichtern. (Alle Telefonskripte können gerne per E-Mail zugesandt werden, Anfrage über votuk@sale-direct.de.)

Beispiel Telefonskript Vorzimmer/Zentrale (1):

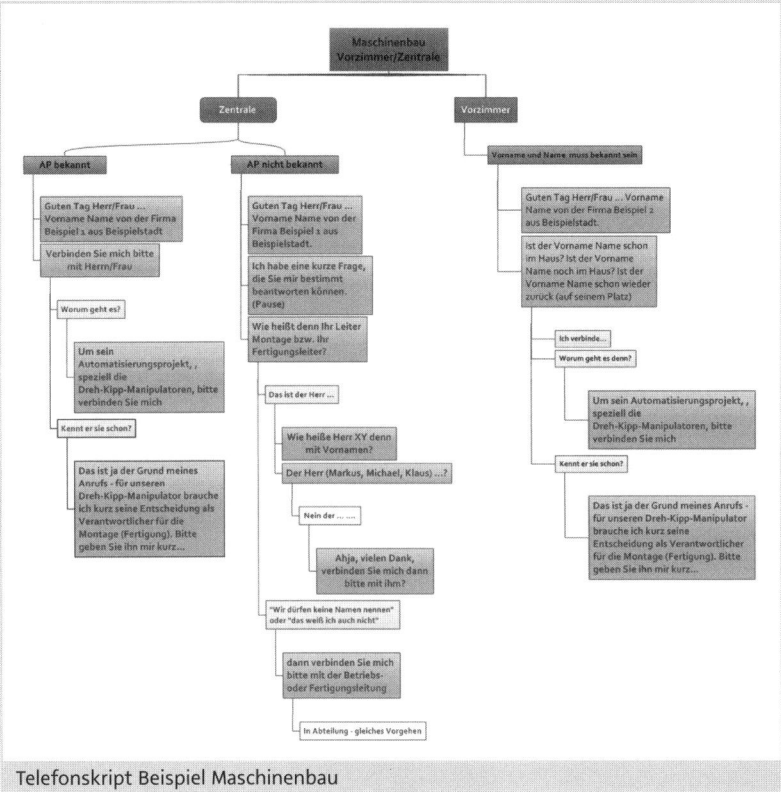

Telefonskript Beispiel Maschinenbau

Beispiel Telefonskript Vorzimmer/Zentrale (2):

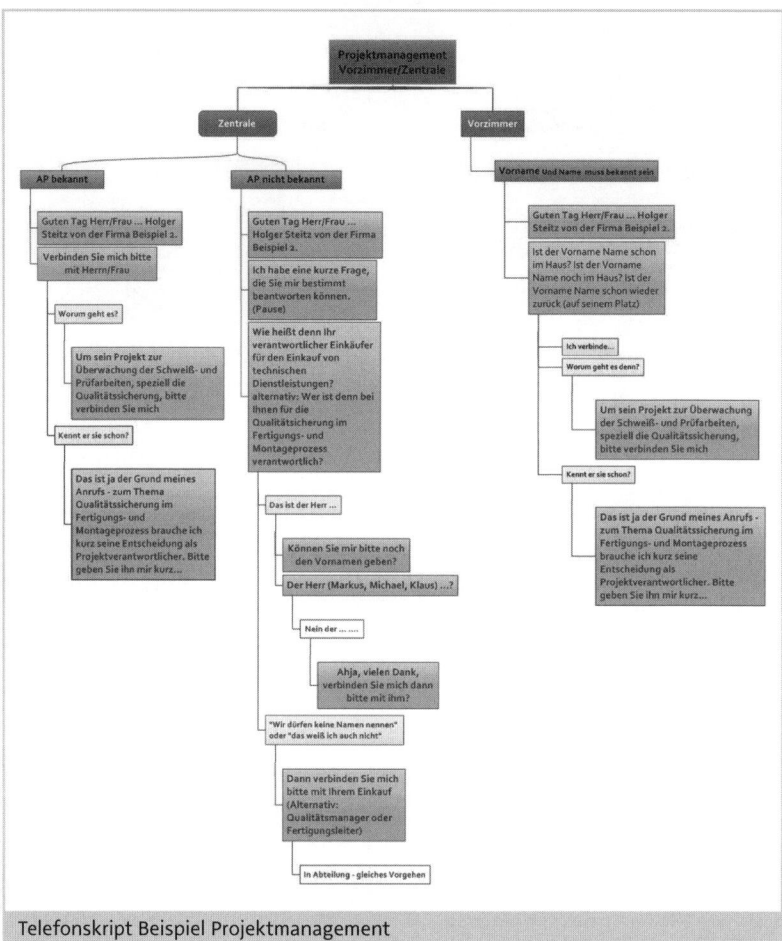

Telefonskript Beispiel Projektmanagement

Beispiel Telefonskript Vorzimmer/Zentrale (3):

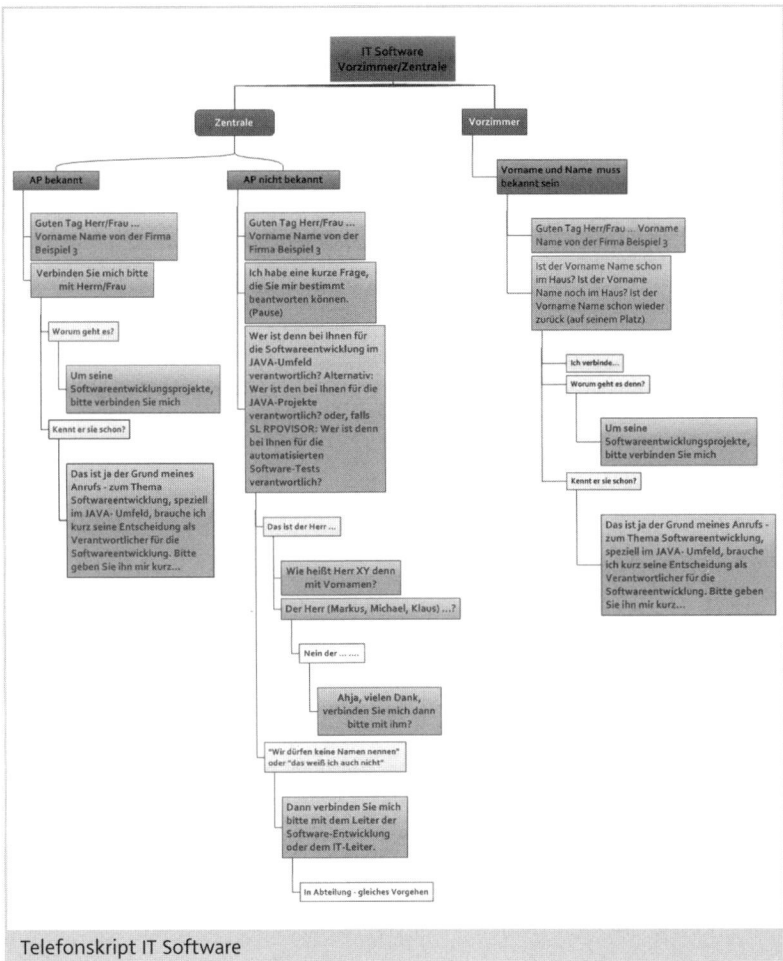

Telefonskript IT Software

Nun kommen wir zu dem Punkt, an dem wir endlich mit dem Entscheider in Kontakt treten – der Moment also, an dem wir die eigentliche Kundenqualifizierung betreiben. Wie der Ablauf sein soll, haben wir im vorherigen Kapitel schon gesehen, jetzt schauen wir uns an, wie genau, also mit welchen Formulierungen und welchen sprachlichen Details wir das tun sollten. Daher steigen wir mit einem Beispiel ein.

»Guten Tag Herr/Frau …. Vorname, Name von der Firma ABC. (Pause)

Ich habe nur eine kurze Frage.

Wir sind Maschinenbauer mit dem Schwerpunkt Vorrichtungen und Montagehilfen, Zuführungen und Prüfvorrichtungen.

(Optional) Mit unseren Lösungen vereinfachen Sie die Prozesse, verkürzen die Produktionszeit und erhöhen gleichzeitig die Qualität.

Inwiefern ist dieses Thema im Moment für Sie von Interesse?«

Wir sehen auch hier, dass wir wieder mit einem Satz kurz und knapp die Leistungsmerkmale beschreiben. Dem kann man noch die Nutzenargumentation hinzufügen, muss man aber nicht. In der Praxis zeigt sich immer wieder, dass gerade diese Erstansprache möglichst kurz gehalten werden sollte. Wir haben nur wenige Sekunden Aufmerksamkeit und je mehr Informationen ich versuche, in diese knappe Zeit hineinzupacken, desto unverständlicher wird es in der Regel. Wenn ich den Prozessablauf gut einrichte, komme ich im weiteren Gesprächsverlauf dazu, noch die Nutzenargumente anzubringen oder die Leistungsmerkmale näher zu erläutern. In der Erstansprache ist weniger mehr wert.

Wichtig ist der Einleitungssatz. Ich beginne immer mit einer Begrüßung. Das hat ganz praktische Gründe. Häufig ist es so, dass die ersten Worte, die ins Telefon gesprochen werden, entweder aus technischen Gründen oder weil der Angerufene den Telefonhörer noch nicht richtig am Ohr hat, nicht verständlich sind. Also stelle ich die Worte, die vermeintlich am Unwichtigsten sind oder die auch bei nicht glasklarer Übermittlung durchaus vom Gehirn eines Menschen vervollständigt werden können. an den Anfang. Nach der Begrüßung nenne ich den Namen des Angerufenen und stelle erst dann mich selbst vor.

Insgesamt rede ich ruhig, langsam und betone sorgfältig. Ich weiß, das ist sehr allgemein gehalten, ich wüsste aber nicht, wie ich das erforderliche Sprechtempo, die Tonlage und die Betonung besser beschreiben sollte. Klar darstellen kann ich jedoch genau, was man nicht tun sollte: Schnellreden, in einer hohen Stimmlage und wie ein Wasserfall, d. h. ohne Pause reden, sind No-Go's. Auch das bei Till Schweiger zum Markenzeichen gewordene Nuscheln ist nur in Liebeskomödien wirklich charmant und angebracht – nicht aber bei der Telefonakquise.

Ein besonderes Augenmerk möchte ich auf den Abschlusssatz beziehungsweise die Abschlussfrage richten. Der erfahrene Verkäufer hat es längst gemerkt. Die Frage ist ganz bewusst als offene Frage formuliert, auf die das Gegenüber nicht einfach mit Ja oder Nein antworten kann. Die Frage beginnt bei mir immer mit meinem Lieblingswort »Inwiefern«. Dieses Wort liebe ich deshalb so sehr, weil ich aufgrund dieses Wortes schon so viele Male Tränen gelacht habe. Es vergeht eigentlich kein Training, egal ob mit meinen Mitarbeiterinnen oder bei meinen Kunden, in denen es nicht irgendjemanden gibt, der sich mit dem Wort extrem schwertut. Ich weiß nicht warum, aber manche Menschen können offensichtlich einen Satz, der mit »Inwiefern« beginnt, in ihrem Hirn nicht verarbeiten. Wichtig ist aber vor allen Dingen, dass die Abschlussfrage offen formuliert ist.

Man stelle sich vor, wir würden die Frage anders, d. h. als geschlossene Frage, formulieren.

»Ist das für Sie von Interesse?« oder

»Sind Sie daran interessiert?«

Der Kunde antwortet mit Nein und das Gespräch ist beendet. Wir wollen zwar durchaus eine klare und deutliche Aussage und auch ein Nein ist ja in unserem Prozess eine Antwort, mit der wir etwas anfangen können. Nichtsdestotrotz wollen wir aber am liebsten mit dem Entscheider, den wir anrufen, in ein »normales Gespräch« einsteigen.

Also, heraus aus der anonymen Atmosphäre zwischen jemandem, der offensichtlich etwas verkaufen will, und jemandem, dem etwas verkauft werden soll, und hinein in ein Gespräch zwischen zwei Menschen auf Augenhöhe. **Auf Augenhöhe!** Ich betone das noch einmal ganz ausdrücklich. Für alle Beteiligten soll jederzeit klar sein, dass hier niemand Geschäfte um jeden Preis machen will, sondern es geht ausschließlich darum, nur dann in einen tiefer gehenden Verkaufsprozess einzusteigen, wenn dies für beide Seiten Sinn macht. Besonders wir als Verkäufer müssen uns dies immer wieder vor Augen halten.

Manchmal ist es für Teilnehmer an meinen Seminaren oder für Beratungskunden, bei denen ich Vertriebsmitarbeiter auf den Prozess trainiere, schwierig, sich gewohnte Verhaltensweisen abzugewöhnen. Immer wieder passiert es, dass Verkäufer, die vielleicht schon mit Trainern zu tun hatten, die noch die hohe Kunst des Überredens und Manipulierens postulieren, an Stellen, bei denen wir bei der Kundenqualifizierung schon in Richtung der momentanen Ausqualifizierung gehen, doch noch Argumente in den Raum werfen wollen oder versuchen, einen Präsentationstermin zu vereinbaren, obwohl kein Bedarf vorhanden ist. Grundsätzlich ist das zunächst nicht tragisch. Aber im weiteren Prozessverlauf merken wir dann häufig, dass uns Fehler aus der Presales-Phase zum Beispiel in der Preisverhandlung wieder einholen. Aber dazu später mehr.

Schauen wir uns ein weiteres Beispiel an:

*»Guten Tag Herr/Frau … Vorname, Name von der Firma ABC. (Pause)
Ich habe eine kurze Frage.
Und zwar sind wir Hersteller für Rohrbearbeitungsgeräte und bieten unter anderem viele Sonderwerkzeuge für die mobile und stationäre Rohrbearbeitung.
Ich wollte mal nachfragen, inwieweit es bei Ihnen aktuell Bedarf für derartige Geräte oder Werkzeuge gibt?«*

Hier habe ich die Nutzenargumentation weggelassen und komme nach der Leistungsbeschreibung gleich zur Abschlussfrage.

Bei diesem Beispiel möchte ich noch auf etwas anderes hinweisen. Den kleinen Satz *»Ich habe eine kurze Frage«* kann man durchaus auch weglassen. Ich bringe ihn aber deshalb sehr gerne, weil er für den Angerufenen von Anfang an klarstellt: Es dauert nicht lange, hier will mich niemand lange aufhalten. Damit verhindere ich die manchmal vorkommende Situation, dass uns der Entscheider, der ja nicht voller Arbeitseifer vor dem Telefon sitzt und auf unseren Anruf wartet, sondern mit irgendwelchen Tätigkeiten beschäftigt ist, sofort ein »Ich habe keine Zeit« entgegenschleudert.

Und außerdem ist es die Wahrheit. Wir wollen ja selbst keine ewig langen Gespräche führen, sondern möglichst schnell herausfinden, ob der, den wir gerade anrufen, ein Lead ist oder nicht. Wenn nicht, gehen wir möglichst schnell weiter. Wenn ja, dann werden wir uns natürlich aufs Intensivste mit ihm auseinandersetzen.

Ein weiteres Beispiel gefällig? Bitte schön:

»Guten Tag Herr/Frau ... Vorname, Name von der Firma ABC. (Pause)
Ich habe eine kurze Frage.
Wir bieten ein Konzept zur Effizienzsteigerung bei der Java-JEE-Softwareentwicklung, speziell im Banken- und Versicherungsumfeld.
Wie interessant ist das im Moment für Sie?

Auch hier wieder der gleiche Tenor: kurze Vorstellung, Darstellung der Leistungsmerkmale und Klärung der Bedarfssituation mit einer offenen Frage. Mehr ist es zunächst nicht und mehr sollten Sie auch in der Ansprache, die Sie verwenden, nicht versuchen unterzubringen. Ich betone nochmals: Weniger ist mehr.

Wie ich im vorherigen Kapitel bereits beschrieben habe, warten wir nun ab, welche Antwort wir erhalten. Ich hatte die mehrheitlich vorkommenden Antwortmöglichkeiten bereits genannt und nachfolgend finden Sie diese und die entsprechenden Entgegnungen nochmals mit gebräuchlichen Formulierungen.
1. **Kunde hat aktuell Bedarf und Interesse.**
2. **Kunde stellt fachliche oder organisatorische Frage.**
3. **Kunde ist überrumpelt und fragt genauer nach.**
4. **Kunde hat keinen Bedarf und kein Interesse.**

Zu 1. Kunde hat aktuell Bedarf und Interesse

»Da rufen Sie genau zum richtigen Zeitpunkt an, wir haben gerade ein Projekt in Vorbereitung.«

Bingo, ein Lead! Genau das haben wir gesucht und nun gilt es, diesen potenziellen Kunden möglichst zu einem tatsächlichen Kunden zu verwandeln. Wie spinnen wir das Gespräch an dieser Stelle weiter? Mögliche Erwiderungen an dieser Stelle sind:

»Prima, wie weit sind Sie denn gerade mit dem Projekt? Sollen wir einen Termin vereinbaren, um die Details durchzusprechen?«

Oder:

»Das trifft sich ja gut. Haben Sie denn schon Unterlagen, die Sie mir schicken können, vielleicht Zeichnungen, ein Lastenheft oder eine Anfrage?«

Oder vielleicht auch:

»Na, da hab ich ja Glück gehabt. Können Sie mir schon nähere Angaben über Termine, Umfang und Ansprechpartner geben?«

Egal, was wir konkret antworten, wichtig ist, dass wir das Gegenüber genau an der Stelle in Empfang nehmen, wo er gerade steht und dass wir sicherstellen, dass der nächste konkrete Schritt erfolgt oder gleich ein Termin vereinbart wird.

Ich mahne aber auch hier gleich wieder zur Besonnenheit. Es kann sich um einen echten und passenden Lead handeln, es kann aber auch genauso gut sein, dass es nur scheinbar ein Lead ist. Um herauszufinden, wie die Situation tatsächlich ist, sollten Sie versuchen, direkt am Telefon nähere Informationen zu erhalten oder wirklich zu schauen, dass Sie vorhandene Unterlagen wie Zeichnungen, Projektpläne oder Anfragen auf den Tisch bekommen, anhand derer Sie genauer beurteilen können, ob das, was hier geplant ist, tatsächlich zu Ihrem Unternehmen und Leistungsportfolio passt.

In unseren Sales-Outsourcing-Projekten haben wir immer wieder Kunden, die von uns verlangen, dass wir direkt einen Termin bei einem potenziellen Lead vereinbaren. Anfangs haben wir das gemacht, mit dem Ergebnis, dass in einem von drei Fällen ein manchmal sogar böser Anruf folgte, warum wir denn einen Termin gemacht haben. Entweder passte es von den Leistungen nicht, es war zu früh oder zu spät, oder es war schon klar, wer den Auftrag bekommen sollte und der vermeintliche Lead wollte nur noch das berühmte dritte Angebot einholen. Seit geraumer Zeit vereinbaren wir keine Termine mehr. Wir versuchen am Telefon, nähere Infos oder Unterlagen zu bekommen. Wenn wir Unterlagen haben, leiten wir diese an den Fachvertrieb weiter, der beurteilen muss, ob es passt oder nicht. Wenn es keine Unterlagen gibt, stellen wir den Kontakt mit dem Fachvertrieb her und vereinbaren zunächst einen Telefontermin. Dann kann der Fachmann mit dem vermeintlichen Lead direkt klären, um was es geht, und selbst entscheiden, wie er weiter damit umgeht.

Wenn der Fachvertrieb selbst den Presales macht, sollte auch dieser sehr behutsam und zunächst etwas zurückhaltend vorgehen. Ich sehe grundsätzlich das Problem, dass ein Fachvertriebler – also ein Vertriebsingenieur, ein Techniker, der Verkauf macht oder einfach ein Fachmann – zu früh in die Fachvertriebsphase übergeht. Daher empfehle ich auch all denen, die fachlich in der Lage wären, die konkreten Fragen am Telefon direkt zu beantworten, den Prozessablauf wie weiter beschrieben einzuhalten. Aber schauen wir uns dazu die nächste Antwortmöglichkeit des Kunden und unseren Umgang damit an.

Zu 2. Kunde stellt fachliche oder organisatorische Frage

»Welche Art von Werkzeugen haben Sie denn im Programm?«

»Mit welcher technischen Lösung arbeiten Sie denn?«

»Welche Programme haben Sie denn im Einsatz?«

»Mit welcher Software arbeiten Sie?«

»Arbeiten Sie mit der Version 2.2 oder 2.3? Ich finde ja die alte Version besser. Was meinen Sie?«

Zur Erinnerung, diese Art von Rückfragen können zwei mögliche Ursachen haben.

- Es stehen Projekte an oder Entscheider hat schon Ideen im Hinterkopf.
- Kunde möchte aushorchen, Know-how testen oder ein Spiel spielen.

Um herauszufinden, was die tatsächliche Ursache ist, bleibt mir auch hier nur die Chance, durch gezielte Fragen tiefer in den Kopf des potenziellen Kunden einzudringen. Also stelle ich konkret die folgende Frage:

»Bedeutet Ihre Frage, dass Sie gerade ein Projekt planen oder dass bereits eine Anfrage gestartet wurde?«

Oder:

»Welche Investition steht denn an?«

Oder:

»Heißt das, dass bei Ihnen aktuell konkrete Aufgaben anstehen?«

Erhalte ich auf meine Nachfrage eine positive Antwort, die darauf schließen lässt, dass es sich um einen Lead handelt, dann gehe ich genauso vor, wie auf den vorherigen Seiten beschrieben. Erhalte ich aber eine Antwort in der folgenden Art:

»Nein, aktuell liegt nichts an, aber ich wollte mal hören, was Sie so machen.«

Oder:

»Ich stelle mir vor, dass Sie xy machen und weil mich das Thema interessiert, wollte ich mal hören, ob ich mit meiner Annahme richtig liege.«

verfahre ich anders. Diese Art von Antworten lassen darauf schließen, dass unser Thema durchaus nicht uninteressant ist, zeigen aber auch, dass derzeit kein konkreter Bedarf vorhanden und vermutlich in nächster Zeit auch keiner zu erwarten ist. Demzufolge stufe ich den Kontakt mit dem Status »Aktuell kein Bedarf/kein Interesse« ein und biete an, dass ich ihn mit Unterlagen versorge. Das heißt, meine nächste Reaktion hört sich wie folgt an:

»Dann würde ich Ihnen gerne vorab ein paar Informationen über uns per E-Mail zukommen lassen. An welche Adresse darf ich diese denn senden?«

99 von 100 Kontakten sind mit diesem nächsten Schritt einverstanden, geben uns ihre E-Mail-Adresse und wir senden wie vereinbart eine E-Mail mit näheren Informationen. Der eine, der das nicht will, zeigt uns deutlich, dass er ein Zeitgenosse ist, mit dem wir besser kurzfristig keine Geschäfte machen. Daher ändern wir den Status auf »Kein Bedarf« oder vielleicht sogar »Falsche Zielgruppe« und gehen weiter unseren Weg.

Zu 3. Kunde ist überrumpelt und fragt genauer nach
Er oder sie reagiert überrascht und stellt eine Frage in der folgenden Art und Weise:

»Sie erwischen mich gerade auf dem falschen Fuß. Wer sind Sie und was machen Sie?«

Oder:

»Entschuldigung, dass ging mir jetzt zu schnell, sagen Sie mir bitte noch einmal, wer Sie sind und was Sie von mir wollen?«

Diese Art von Reaktion ist nur auf den ersten Blick negativ. Bei genauerer Betrachtung sehen wir, dass wir jetzt die große Chance haben, schon im Erstkontakt tiefer gehende Informationen über uns zu übermitteln, und damit gleichzeitig auch die nötige Aufmerksamkeit des potenziellen Kunden haben, um den Grundstein für eine Beziehung zu legen und wertvolle Informationen über ihn zu erhalten. Jetzt muss ich dranbleiben und sollte wie folgt weiter vorgehen:

»Entschuldigung, jetzt habe ich Sie wohl auf dem falschen Fuß erwischt?«

oder

»Bitte entschuldigen Sie. Da war ich wohl wieder mal etwas zu schnell und zu forsch.«

Dann muss ich aber gleich nachlegen und in folgender Form am Ball bleiben.

»Wenn Sie zwei Minuten Zeit haben, erzähle ich Ihnen in Kurzform, wer wir sind und was wir machen. Ist das o. k. oder soll ich mich später wieder melden?«

Wenn er negativ antwortet, also mitteilt, dass er im Moment keine Zeit hat, versuche ich direkt einen Termin für ein Folgetelefonat zu vereinbaren. Ich sage also:

»Dann lassen Sie uns doch gleich einen neuen Telefontermin vereinbaren. Soll ich mich heute Nachmittag um 15.00 Uhr wieder melden oder besser morgen Vormittag gegen 10.00 Uhr?«

Seien Sie an dieser Stelle nicht zu unverbindlich. Wenn Sie nur lapidar sagen: *»Okay, wenn es jetzt nicht passt, dann melde ich mich später noch mal«*, dann bleiben Sie einer von vielen Anrufern. Wenn Sie aber konkret einen Telefontermin vereinbaren, dann zeigen Sie einerseits, dass Sie ernsthafte Vertriebsarbeit betreiben, und leisten andererseits einen ersten großen Beitrag zum Beziehungsaufbau.

Wenn das Gegenüber nicht bereit ist, einen festen Telefontermin zu vereinbaren, oder wenn er den Termin bestätigt, dann aber nicht an den Apparat geht (was durchaus vorkommt), dann wissen wir, was wir von diesem Kontakt zu halten haben. Er wird vermutlich kurz- und wahrscheinlich auch mittelfristig keinen Bedarf haben und nicht zu einem Lead werden. Demzufolge sollten wir ihn im Moment als »Kein Bedarf« einstufen, die Wiedervorlage einrichten und im Prozess weitergehen. Wenn Ihr Kontakt signalisiert, dass er zwei bis drei Minuten Zeit hat und gerne mehr über Sie wissen möchte, dann gilt es tatsächlich, diese Chance zu nutzen. Nun brauche ich eine tiefer gehende Information, die mehr über mein Unternehmen und meine Leistung preisgibt und dem Gegenüber ein gutes Gesamtbild übermittelt. Dies alles kann ein guter Elevator Pitch leisten.

Exkurs: Elevator Pitch
Endlos viele Publikationen findet man, wenn man aktiv nach dem Begriff »Elevator Pitch« recherchiert. Und fast alle sind es sicherlich auch durchaus wert, gelesen zu werden. Da ich Ihnen in diesem Buch aber einen Überblick über den aus meiner Sicht sinnvollen Vertriebsprozess geben will und der

Elevator Pitch auf jeden Fall dazu gehört, kann ich natürlich nicht verweisen, sondern muss diesbezüglich Farbe bekennen – was ich auch gerne tun will.

Der Legende nach wurde der Begriff dadurch geprägt, dass in den USA (wo sonst) irgendein schlauer Mensch gesagt hat, dass man als Businessman eine Kurzdarstellung über sein Unternehmen und dessen Tätigkeitsfeld haben muss. Vorwiegend sollte diese Kurzdarstellung dazu dienen, auf den unvermeidbaren Networking-Partys den Menschen, denen man gerade mit halbvollem Mund am Buffet begegnet, mal eben zwischen Sushi und Chicken Wings zu erläutern, wer man ist, was man tut und welche geschäftlichen Möglichkeiten man für das aktuelle Gegenüber parat hält. Die spezielle Bezeichnung Elevator Pitch – frei ins Deutsche übersetzt mit »Fahrstuhlpräsentation« – kommt wahrscheinlich von der Annahme, dass man in den unzähligen Bürohochhäusern des Landes mit den unbegrenzten Möglichkeiten offensichtlich ständig im Fahrstuhl irgendwelchen interessanten Menschen begegnet und man daher auf dem Weg ins achtunddreißigste oder vierundvierzigste Stockwerk diesem Menschen eine derart spannende Kurzpräsentation halten musste, damit dieser Mensch im besten Fall beim Aussteigen einen Kaufvertrag unterschrieben hat. Im Prinzip ist also ein Elevator Pitch nichts anderes als das, was ich bereits mit allem, was Sie bisher in dem Buch gelesen haben, versucht habe auszudrücken:

Elevator Pitch !

Eine verständliche und einfache Leistungs- und Nutzenbeschreibung, ergänzt und vertieft mit Hintergrundinformationen zum Unternehmen und dessen Leistungen, mit der ein kaufwilliger oder auch nicht kaufwilliger Mensch etwas anfangen kann und die im Idealfall dazu führt, dass ein tiefer gehendes Gespräch zustande kommt, welches die Basis für eine zukünftige Beziehung und Zusammenarbeit darstellt.

Demzufolge bin ich ein überzeugter Anhänger der These, dass ein Verkäufer, ein Berater, ein Coach, ein Projektmitarbeiter, ein Unternehmensinhaber, ein Geschäftsführer, ein Vorstand, ein technischer Servicemitarbeiter und alle, die in irgendeiner Form mit Kunden und potenziellen Kunden in Kontakt kommen, in der Lage sein müssen, eine kurze, aber knackige Unternehmens-, Leistungs- und Nutzendarstellung abzurufen. Ob man diese nun Elevator Pitch nennt oder einen anderen Namen dafür findet, ist völlig egal. Da sich der Begriff Elevator Pitch eingeprägt hat, spricht aus meiner Sicht nichts dagegen, diesen zu verwenden.

Welche Bestandteile sollte ein guter Elevator Pitch haben?
1. Basisinfos zum Unternehmen
2. Leistungs- und Nutzendarstellung
3. Besonderheiten
4. Zielgruppen und Referenzen
5. Aufforderung zur Aktion

Für mein Leistungsspektrum kann das dann wie folgt aussehen:
1. *Mein Name ist Holger Steitz. Ich bin Berater und Trainer für den Vertrieb von erklärungsbedürftigen Produkten und Dienstleistungen. Ich bin seit mehr als zwanzig Jahren im B2B-Vertrieb unterwegs und seit zwölf Jahren als selbstständiger Trainer und Berater tätig.*
2. *Meine Schwerpunkte liegen in der Entwicklung von Vertriebsstrategien und Konzepten zur Neukundengewinnung, der Optimierung von Vertriebsprozessen, dem Angebotswesen und der Preisverhandlung sowie der Leistungsverbesserung von B2B-Verkäufern. Mein Wissen und meine Erfahrung gebe ich auch als Sachbuchautor, in meinem eigenen Blog und auf verschiedenen Online-Portalen weiter.*
3. *Mit meinem Unternehmen, der SALE DIRECT GmbH, biete ich darüber hinaus auch noch aktive Vertriebsunterstützung im Rahmen eines Sales-Outsourcing.*
4. *Meine Kunden sind vorwiegend mittelständische-, aber auch Großunternehmen aus den Bereichen Maschinenbau, Automotive, Automatisierungstechnik, IT-Software und Dienstleistung, Medizin- und Elektrotechnik sowie dem Beratungs- und Dienstleistungssektor.*
5. *Wenn diese Themen für Sie von Interesse sind, würde ich mich über eine Kontaktaufnahme sehr freuen.*

Im telefonischen Kontakt, also in der Kundenqualifizierung, lasse ich den letzten Satz natürlich weg, denn da ist der Elevator Pitch ein Element im Rahmen des Prozesses. Im persönlichen Kontakt passe ich die Branchen gegebenenfalls noch dem möglichen Gegenüber an oder erwähne an dieser

Stelle auch passende, also möglichst bekannte und zum Kontext des Gesprächspartners gehörende Referenzen und übereiche meine Visitenkarte.

Nicht immer ist es notwendig und manchmal auch nicht sinnvoll, den kompletten auswendiggelernten Text abzuspulen. Wenn ich weiß, wer mein Gegenüber ist, wenn ich schon Informationen über ihn habe und mit der Ansprache klare Ziele verfolge, dann gilt es natürlich, den Elevator Pitch so aufzubauen, dass ich meine Gesprächsziele erreiche. Wenn ich zum Beispiel die Information habe, dass der ortsansässige Schaltanlagenbauer gerade am Kränkeln ist und er in einem Umstrukturierungsprozess steckt, und ich den Geschäftsführer des Unternehmens gezielt auf dem Neujahrsempfang anspreche, dann werde ich die Ansprache entsprechend anpassen. Dann weise ich gezielt auf meine Kompetenz zur Umstrukturierung von Vertriebsabteilungen, meine Fähigkeiten, Vertriebsstrukturen zur Optimierung der Neukundengewinnung aufzubauen, und auf meine langjährige Erfahrung in der Elektrotechnikbranche hin und nenne selbstverständlich die passenden Referenzen. Wenn ich einen derartigen Aufhänger habe, versuche ich auch, verbindlicher an das Gespräch heranzugehen, und sehe zu, dass ich mit einem konkreten Telefon- oder Besuchstermin aus dem Gespräch herausgehe. Hier ist Flexibilität und eventuell sogar Vorbereitung gefragt, die sich für die Anbahnung einer zukünftigen Geschäftsbeziehung aber auf jeden Fall auszahlt.

Weitere Beispiele von Elevator Pitches:

Beispiel (1):
Wir sind die ABC GmbH aus Hamburg, ein im Jahr 2004 gegründetes Unternehmen mit aktuell 25 Mitarbeitern.
Wir unterstützen Unternehmen, vorwiegend aus dem Banken- und Finanzumfeld, bei der Entwicklung von Individualsoftware auf Basis der JAVA-Technologie.
Durch unsere langjährige Erfahrung im Banken- und Finanzbereich sind uns die Geschäftsprozesse und die spezifischen Anforderungen, die diese Welt erfordert, bestens bekannt. Wir sind aber nicht ausschließlich in der Finanzbranche, sondern auch in anderen Bereichen, zum Beispiel in der Logistik, tätig und unterstützen unsere Kunden als verlängerte Werkbank für die Software-Entwicklung.

Aus unserer Arbeit in den Kundenprojekten haben wir eigene Produkte entwickelt, wie zum Beispiel den PK PROMOTOR, zum automatisierten Testen und Verwalten von selbstentwickelten Anwendungen, die wir sowohl selbst in den Projekten einsetzen, die wir aber auch als fertige Lösung zum Verkauf anbieten. Zu unseren Kunden gehören zum Beispiel die CPD-bank, die Börner-Kantonalbank oder auch die indische Praga-Gruppe.

Beispiel (2):

Wir sind die PRO Maschinenbau GmbH aus Neuenstadt in der Niederpfalz, ein Unternehmen mit aktuell 225 Mitarbeitern.

Unsere Ursprünge liegen im Bereich Lohnfertigung von klassischen Zerspanungsteilen, in komplexer und aufwändiger Ausführung. In diesem Bereich sind wir nach wie vor aktiv, haben aber unseren Schwerpunkt inzwischen in den Bereich Maschinenbau verschoben.

Hier entwickeln und produzieren wir Montagehilfen und Vorrichtungen oder auch Prüfvorrichtungen und Zuführstationen für Unternehmen aus den Bereichen Automobilzulieferindustrie, Sondermaschinenbau, elektrische und elektronische Baugruppen oder aus der Medizintechnik.

Zu unseren Kunden gehören namhafte Firmen, wie zum Beispiel die IWIS Antriebssystem, CeramTec oder auch verschiedene Sparten innerhalb des SIEMENS Konzerns.

Beispiel (3):

Wir sind die Blümenauer Projektmanagement GmbH aus Bremen, ein im Jahr 2003 von Herrn Mike Jagger gegründetes Unternehmen mit aktuell ca. 70 Mitarbeitern.

Wir sind Projektmanagement-Dienstleister für die Überwachung und Qualitätssicherung im Fertigungs- und Montageprozess von Schweiß- und Prüfarbeiten im Bereich Stahl- und Maschinenbau sowie Industrieanlagen- und Kraftwerksbau.

Unsere Kunden schätzen an unserer Arbeit besonders die Kostenreduzierung bei ihren Projekten, durch die Beschleunigung von Prozessen bzw. das rechtzeitige Gegensteuern bei sich abzeichnenden Problemen und Abweichungen.

Ein großer Vorteil für unsere Kunden ist das tiefgreifende Know-how und die langjährige Erfahrung unserer Mitarbeiter, die zum großen Teil seit mehr als 10 Jahren erfolgreich in Projekten planen, überwachen und unterstützen.

Zu unseren Kunden gehören zum Beispiel Areva Wind, Alstom Power Systems, Hitachi Power oder Voith Hydro.

Jetzt wäre wieder ein guter Zeitpunkt, um das Ganze auf das eigene Business zu übertragen. Keine Angst, die meisten Parameter für einen smarten Elevator Pitch haben Sie schon in den vorangegangenen Kapiteln erarbeitet. Sie brauchen eigentlich nur noch die Infos zum Unternehmen, gegebenenfalls Ihre Zielbranchen und ein paar Referenzen hinzuzufügen, dann sollte das schon passen.

Okay, kommen wir zurück in den Prozess und schauen noch einmal, wo wir gerade stehen. Der von uns angerufene Entscheider hat nachgefragt, wer wir sind, und wollte ein paar zusätzliche Informationen. Die haben wir ihm mit dem Elevator Pitch gegeben und hängen dort natürlich noch eine passende Anschlussfrage an. Zum Beispiel können wir fragen:

»Welche Projekte stehen denn im Moment bei Ihnen an?«

Oder:

»Welche Ansätze sehen Sie denn für eine Zusammenarbeit?«

Antwortet der Entscheider am anderen Ende der Telefonleitung positiv, verwende ich die bereits bekannte Gesprächsfortführung.

»Prima, wie weit sind Sie denn gerade mit dem Projekt? Sollen wir einen Termin vereinbaren, um die Details durchzusprechen?«

»Das trifft sich ja gut. Haben Sie denn schon Unterlagen, die Sie mir schicken können, vielleicht Zeichnungen, ein Lastenheft oder eine Anfrage?«

»Na, da hab ich ja Glück gehabt. Können Sie mir schon nähere Angaben über Termine, Umfang und Ansprechpartner geben?«

Gibt uns unser Gesprächspartner zu verstehen, dass im Moment nichts Konkretes anliegt, bieten wir an dieser Stelle wieder an, dass wir ihn mit Unterlagen versorgen.

»Dann würde ich Ihnen gerne vorab ein paar Informationen über uns per E-Mail zukommen lassen. An welche Adresse darf ich diese denn senden?«

Wir vergeben den entsprechenden Status und fahren im Prozess weiter fort. Aus unserer Erfahrung wissen wir, dass die weitaus meisten Kaltanrufe bei Entscheidern zunächst mit der Antwort enden: »Kein Bedarf« oder »Das brauchen wir nicht«. Im nächsten Kapitel finden Sie, wie Sie bei der Kundenqualifizierung damit umgehen.

Zu 4. Kunde hat keinen Bedarf und kein Interesse

An dieser Stelle möchte ich zunächst noch einmal in Erinnerung rufen, wie sich die Situation in der Praxis darstellt. Wir als Vertriebsmitarbeiter machen gerade Kaltakquise. Wir haben uns bewusst die Zeit eingeplant, alle notwendigen Vorkehrungen getroffen und sind voll im Thema und mit Motivation und Geist bei der Sache. Die Gesprächs- und Verkaufsunterlagen liegen parat, der Kaffee dampft und wir haben soweit es möglich ist alle Störungen und Ablenkungen ausgeschlossen. Dummerweise sitzt aber derjenige, den wir gerade anrufen, nicht tatenlos an seinem Schreibtisch und wartet auf unseren Anruf. Ganz im Gegenteil. Wenn er überhaupt am Schreibtisch sitzt, ist er gerade mit einer Aufgabe und Tätigkeit beschäftigt, die vermutlich auch seine volle Aufmerksamkeit erfordert.

- Vielleicht bearbeitet er gerade seine Quartalsplanung oder er kalkuliert ein Angebot.
- Möglicherweise ist er als Einkäufer gerade dabei, eine Anfrage vorzubereiten oder er sitzt in einem Meeting mit seinen Mitarbeitern.
- Der technische Leiter steht gerade in der Produktion und spricht mit einem Vorarbeiter oder führt gerade eine Besuchergruppe durch das Haus.
- Der IT-Leiter steht im Rechenzentrum und überwacht gerade die Performance seiner Anlage oder liest den Fehlerspeicher aus.
- Der Leiter Human Resources führt gerade ein Personalgespräch und der Leiter Infrastruktur ist gerade dabei, mit einem Haustechniker die nächsten Projekte zu besprechen.
- Mitglieder der Geschäftsleitung oder besonders auch Vertriebsmitarbeiter erreichen wir häufig im Auto, auf Bahnsteigen oder auf Flughäfen.

Wir sollten also immer davon ausgehen, dass unser Anruf nicht unbedingt gelegen kommt. Außerdem sind Kaltanrufe nach wie vor nicht beliebt und manche Entscheider reagieren einfach schon aus Prinzip und reflexartig mit der Antwort: »Kein Interesse«, obwohl vielleicht sogar ein passender Bedarf ansteht. Das bedeutet für uns als Verkäufer zunächst einmal, dass ich nicht davon ausgehen sollte, dass derjenige, den wir anrufen, sofort frohlocken und uns mit offenen Armen in Empfang nehmen wird.

Meistens müssen wir mit einer negativen Reaktion rechnen, was aber überhaupt nichts mit der tatsächlichen Bedarfslage zu tun haben muss. Ebenso wenig hat es damit zu tun, dass das Gegenüber etwas gegen uns persönlich hat. Wieso auch? Das Gegenüber kennt uns ja gar nicht und wenn, dann virtuell über XING oder LinkedIn. Erstaunlicherweise erleben wir bei der Kundenqualifizierung häufig, dass Entscheider zunächst ablehnend reagieren, weil sie unseren Anruf sofort als Akquiseanruf identifiziert haben. Wenn sie dann aber feststellen, dass wir dezent und zurückhaltend sind und nicht mit allen möglichen Tricks und Überredungskünsten versuchen, einen Termin oder sonstiges zu verkaufen, tauen sie auf und werden offener.

> **Aus dem Vertriebsleben**   **!**
>
> Vor kurzem hatte ich ein interessantes Erlebnis. Ich rief bei einem Unternehmen aus der IT-Branche an. Den Geschäftsführer kannte ich, weil wir über LinkedIn miteinander vernetzt waren. Ich rief ihn an, gab mich als einer seiner LinkedIn-Kontakte zu erkennen und sagte, dass ich ja als Vertriebsberater und -trainer tätig sei und dass ich nur mal eben hören wolle, inwiefern das Thema denn im Moment für ihn von Interesse sei. Er gab mir eine ziemlich barsche Antwort und teilte mir kurz und knapp mit, dass er keinen Bedarf habe. Vielleicht kennen Sie das. Man ruft bei jemandem an, der vordergründig zunächst ablehnend ist, aber irgendetwas schwingt in diesem Moment mit. Man fühlt eine gewisse Offenheit und spürt, trotz der ablehnenden Worte, dass da noch etwas ist, was man genauer ausloten sollte. Es ist schwer zu beschreiben, aber manchmal fühlt man einfach, dass das Gegenüber gerade auf Empfang ist.
> Früher habe ich nach einer ablehnenden Antwort richtig Gas gegeben. Dann habe ich sofort versucht, einen Termin zu vereinbaren, oder habe penetrant nachgehakt. Manchmal habe ich sogar gesagt, dass ich das Gefühl habe, dass da doch etwas sein könnte, und habe mir das zarte Pflänzchen genau damit kaputtgemacht.

Auch bei dem Geschäftsführer der IT-Firma hatte ich das Gefühl, dass zwischen den Worten »Kein Interesse« etwas mitschwang. Ich musste kurz meinem Impuls widerstehen, dieses Gefühl zu äußern und tiefer nachzubohren. Stattdessen hielt ich mich stur an den für diesen Fall vorgesehenen Prozessschritt und fragte nett und freundlich, ob ich ihm denn als Erinnerungshilfe einen Link für eines meiner E-Books schicken dürfte. Es entstand eine kurze Pause, nach der mich der Geschäftsführer etwas erstaunt fragte: »Ist das jetzt alles? Als Verkaufstrainer müssen Sie doch jetzt mit der Einwandbehandlung weitermachen und mich dazu bringen, dass wir einen Besuchstermin vereinbaren.« Ich musste kurz schmunzeln. Das, was der IT-Geschäftsführer mir da sagte, hatte ich schon in ähnlicher Form von anderen gehört, manchmal schroff und deutlich als zynische Provokation zu erkennen, manchmal aber auch so wie jetzt, eher offen und fordernd. So, als ob mich das Gegenüber zu einem Spiel auffordern wollte.

Ich hatte die Offenheit erkannt und erklärte mit wenigen Worten, dass ich nicht die Absicht habe, ihn zu irgendetwas zu überreden, sondern ganz im Gegenteil dankbar dafür sei, wenn er mir kurz, ehrlich und ohne Umschweife mitteile, wenn kein Bedarf vorhanden sei. Weiterhin erklärte ich, dass ich weder ihm noch mir unnötige Zeit stehlen möchte. Ich sagte, dass ich mich gerne mit ihm sehr intensiv auseinandersetzen werde, wenn es dafür einen konkreten Anlass – sprich einen Bedarf und ein geplantes Projekt – gebe. Wenn dem aber nicht so sei, würde ich ihn mit Informationen versorgen und ihn ansonsten zunächst in Ruhe lassen. Nach dieser Aussage öffnete sich mein Gesprächspartner noch mehr und teilte mir mit, dass er sehr wohl in den gedanklichen Vorbereitungen für eine Umstrukturierung seiner vertrieblichen Prozesse sei und er sich gerade informiere. Tatsächlich käme mein Anruf wie bestellt, aber er habe nun mal ein Problem mit diesen aufdringlichen Verkäufern, die einfach kein Nein akzeptieren können und mit halbseidenen Tricks zum Ziel zu kommen wollen. Deshalb sage er grundsätzlich erst einmal »Kein Bedarf«. Er wäre ein Käufer und niemand, dem man etwas verkauft. Sie werden sich denken, dass wir nach diesem Telefonat ein persönliches Gespräch geführt haben und dass ich inzwischen mit diesem Unternehmen zusammenarbeite.

Das ist kein Einzelfall und der Ablauf sowie die von dem Geschäftsführer vorgebrachten Argumente unterstreichen die Richtigkeit der Kundenqualifizierung. Wir akzeptieren das Nein unseres Gegenübers, bieten an, Unterlagen oder eine sonstige Erinnerungshilfe zu senden und legen uns den Kontakt auf Wiedervorlage. Was ich manchmal empfehle, ist Folgendes:

Wenn es eine weitere Leistung, ein weiteres Produkt oder vielleicht auch eine aktuelle Sonderaktion gibt, dann wäre nach dem ersten Nein des Kontakts der beste Zeitpunkt, um darauf hinzuweisen. Die Erwiderung könnte demnach wie folgt aussehen:

»Bis zum Ende des Monats bieten wir unseren SL PROMOTOR, unser Testing-Instrument zum Testen von Zeit-, Ressourcen- und Kostenersparnis und Verwalten selbstentwickelter Anwendungen, zu Sonderkonditionen an. Inwieweit wäre das denn interessant für Sie?«

Oder:

»Wie sieht es denn mit der Aufbereitung von Wälzlagern oder Laserbeschriftung aus? Inwiefern gibt es dafür Bedarf, für den wir Ihnen etwas anbieten können?«

Oder:

»Wie sieht es denn aus im Bereich zerstörungsfreier Materialprüfung zur Gewährleistung der Sicherheit von Schweißnähten, Druckbehältern oder Rohrleitungen? Sehen Sie dort einen Ansatz?«

oder

»Wie sieht es denn aus im Bereich Überarbeitung und Änderung von bestehenden Anlagen? Inwieweit gibt es dazu einen Ansatz?«

Falls das Gegenüber auf derartige Angebote positiv reagiert, habe ich einen Aufhänger, mit dem ich weiter im Prozess fortfahren kann. Falls nicht, biete ich, wie bereits mehrfach erwähnt, weitere Informationen per E-Mail an, vergebe einen Status und lege den Kontakt auf Wiedervorlage.

Mehr ist es zunächst nicht: Erstansprache – gegebenenfalls ein weiteres Angebot – Einstufung und Wiedervorlage. Wir versuchen nicht, ein Nein wegzudiskutieren und bleiben auch ansonsten stets locker, freundlich und entspannt. Damit Sie nun auch Ihr Skript für das Entscheidergespräch vorbereiten können, habe ich Ihnen noch ein paar Beispiele angefügt. Sie werden sehen, dass diese alle einem ähnlichen Muster folgen, sodass Sie sich nur daran halten müssen. Viel Erfolg!

Beispiel Telefonskript Entscheider (1):

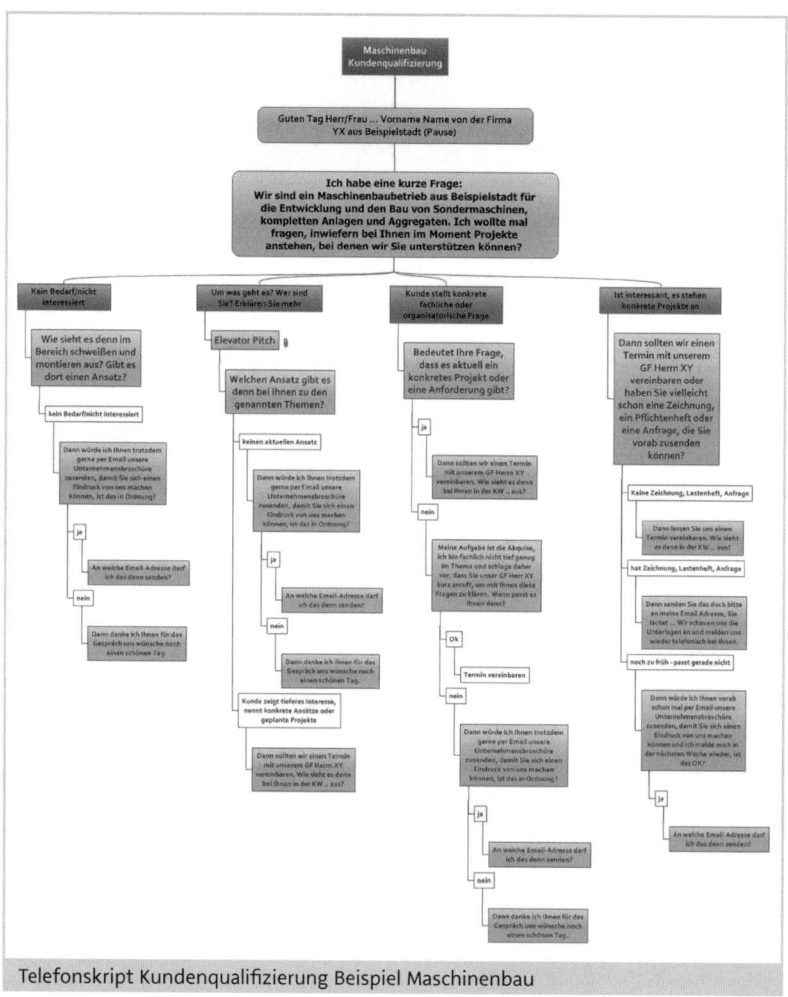

Telefonskript Kundenqualifizierung Beispiel Maschinenbau

Beispiel Telefonskript Entscheider (2):

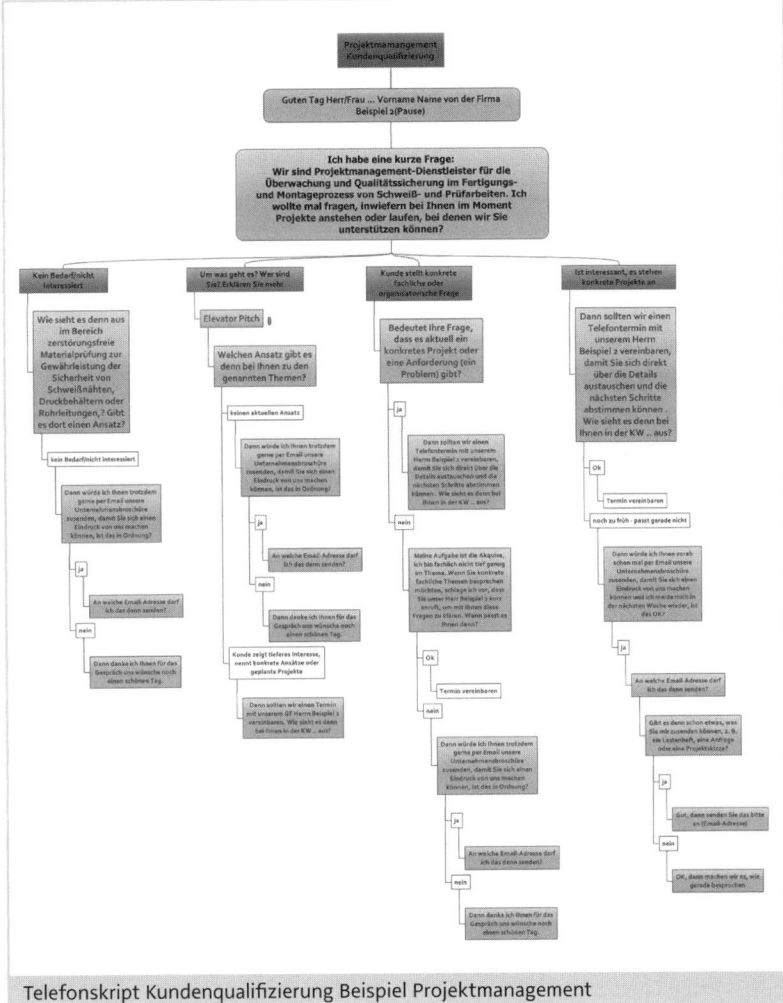

Telefonskript Kundenqualifizierung Beispiel Projektmanagement

Beispiel Telefonskript Entscheider (3):

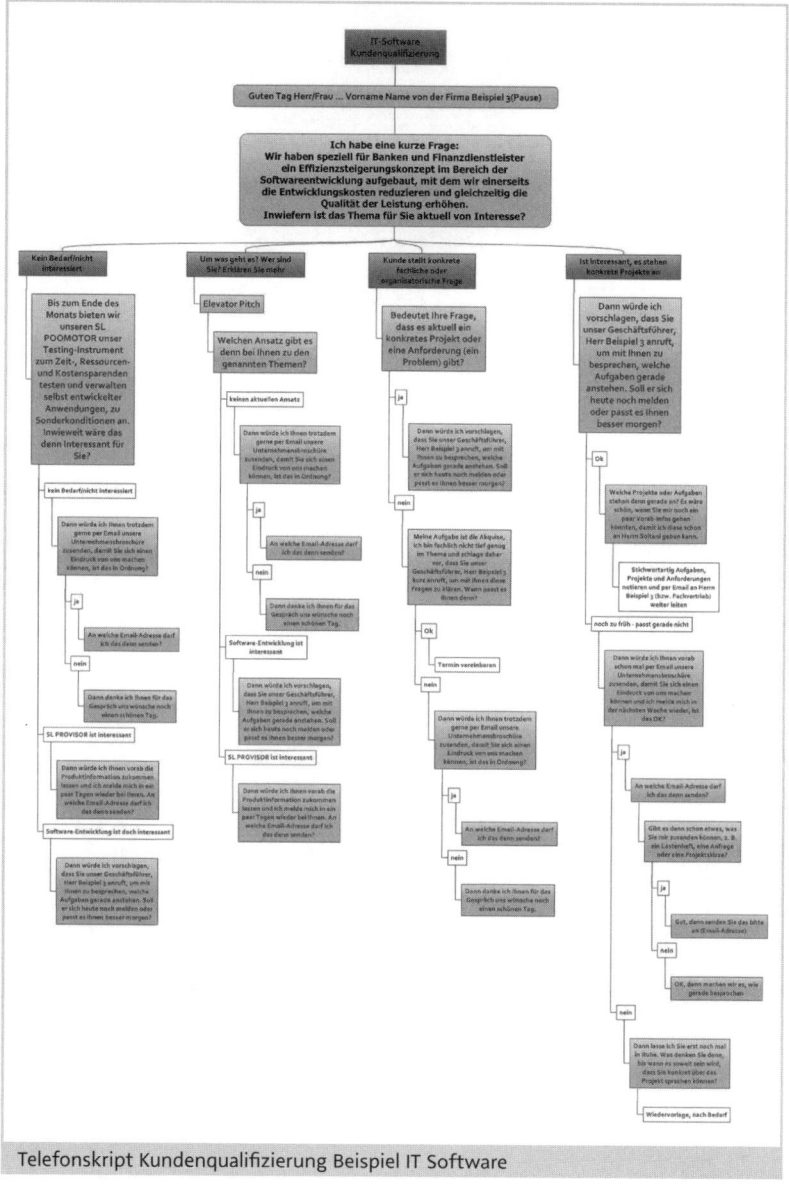

Telefonskript Kundenqualifizierung Beispiel IT Software

7.3 Dranbleiben – der weitere Weg

Wir befinden uns immer noch in der Presales-Phase und bis hierher kratzen wir mit unseren Aktivitäten noch sehr an der Oberfläche. Nun aber geht es darum, wie der Kundenqualifizierungsprozess am Telefon und natürlich auch im persönlichen Kontakt nach der Ansprache weitergehen sollte.

Als Erstes möchte ich auf die leider häufig anzutreffende Situation hinweisen, in der wir den gewünschten Kontakt gar nicht ans Telefon bekommen. Es ist keine Seltenheit, dass wir den Entscheider erst beim fünften oder sechsten Termin erwischen. Manchmal bekommen wir ihn auch gar nicht zu sprechen. Hier stellen mir meine Beratungskunden immer die Frage, wie sie damit umgehen sollen. Sollen sie so oft anrufen, bis sie den Kontakt erreicht haben? Oder maximal 5-mal, vielleicht auch nur 3-mal?

Eine generelle Regelung zu treffen, halte ich für schwierig. Meine Empfehlung geht dahin, dass beim ersten Durchlauf maximal fünf Anwählversuche gestartet werden sollen. Dabei sollte man die Zeiten variieren, also nicht immer nur vormittags anrufen, sondern auch mal nachmittags versuchen. Gerade Führungskräfte der ersten und zweiten Ebene sind manchmal gut am Abend, ab 17:00 Uhr, zu erreichen, während handwerksnahe Entscheider eher in den frühen Morgenstunden vor 8:00 Uhr zu bekommen sind. Wenn ich den Entscheider nach fünf Versuchen nicht gesprochen habe, lege ich den Kontakt auf Wiedervorlage, beispielsweise nach zwei, drei Wochen oder, je nachdem in welcher Zielgruppe ich mich bewege, auch mal nach zwei bis drei Monaten. Ich empfehle dann, bei den Statusbesprechungen die nicht erreichten Kontakte durchzusprechen. Hier entscheiden Führungskraft und B2B-Verkäufer gemeinsam, wie sie mit diesen Kandidaten umgehen: entweder eine neue Anrufrunde starten oder ausqualifizieren, je nach Potenzial und Aufwand.

Schauen wir uns als nächstes die drei Bereiche an, in denen wir eine scheinbar ablehnende Antwort erhalten haben. In den beiden vorherigen Kapiteln habe ich dargestellt, dass man die Antwort aus der Erstansprache zunächst akzeptieren und den jeweiligen Kontakt auf Wiedervorlage legen sollte. Wir haben einigen potenziellen Kunden angeboten, dass wir ihnen Unterlagen oder weitere Informationen zusenden, und gemäß unserem Prozess müssen wir vier bis acht Werktage später wieder nachfassen. Und das tun wir natürlich auch. Wir rufen den Entscheider wieder an und fragen, ob der die Unterlagen erhalten hat ...

Nein! Bitte nicht!

Genau das tun nämlich die meisten Verkäufer und erhalten meistens eine ähnliche Antwort: »*Ich bin noch nicht dazu gekommen*« oder »*Dazu hatte ich noch keine Zeit*« oder eben eine inhaltlich vergleichbare Aussage.

Da das meistens vermutlich nicht einmal gelogen ist, zeigt es, dass der Frageansatz im Rahmen eines zielführenden Akquiseprozesses einfach unpassend ist. Besser wäre es, wenn man beispielsweise fragt:

»*Wie haben Ihnen die Unterlagen, die ich Ihnen geschickt habe, gefallen?*«

oder

»*Inwieweit hat das, was ich Ihnen geschickt habe, Ihre Erwartungen erfüllt?*«

oder

»*Bestimmt wollen Sie, nachdem Sie unsere Imagebroschüre gesehen haben, mehr über uns wissen.*«

Natürlich kann auf all diese Fragen der Entscheider ebenfalls sagen, dass er die Unterlagen noch nicht gesehen hat. Logisch. Was wir aber mit der beschriebenen Art der Fragestellung erreichen wollen, ist, dass wir in ein »normales« Gespräch einsteigen und uns von den üblichen Telefonverkäufern abheben. Es soll gelingen, dem Entscheider zu verdeutlichen, dass es uns mit dem Vertriebsprozess ernst ist. Wir haben keine Zeit zu verschwenden und auch der Versand von Unterlagen – und sei es nur per E-Mail – kostet Zeit und wird nicht aus Spaß an der Freude gemacht.

Selbstverständlich wissen wir, dass ein großer Teil derer, die um Zusendung von Unterlagen bitten, zunächst einfach nur Zeit gewinnen wollen. Sie trauen sich nicht, uns klipp und klar zu sagen, dass sie keinen Bedarf haben, und vertagen das Thema auf später. Da wir den Presales-Part als Prozess sehen, haben wir damit aber kein Problem und stellen uns darauf ein. Also, wenn ich nachfasse, frage ich, wie die Unterlagen gefallen haben, und ich versuche, den Kontakt entsprechend weiter zu qualifizieren. Das heißt, dass ich wieder konkrete Fragen stelle, wie zum Beispiel:

»Sind Ihnen durch das Studium unserer Unterlagen Ideen für ein Projekt entstanden?«

oder

»Inwieweit hat sich die Bedarfssituation inzwischen verändert?«

Meine Fragen richten sich auch jetzt wieder ausschließlich darauf, herauszufinden, ob eine Bedarfssituation vorhanden ist oder nicht. Es kann ja durchaus sein, dass dem Entscheider durch das Studium unserer Informationen tatsächlich Ideen für ein Projekt gekommen sind oder er schon vorher Gedanken im Hinterkopf hatte, die durch unseren Kontakt und den Verweis auf unsere Leistungen konkretere Formen angenommen haben. Derartiges haben wir in der Tat mehrfach erlebt. Wundern Sie sich also nicht, wenn der Unterlagenversand tatsächlich auch mal weiter in Richtung Ziel führt. Wenn dem so ist, tun wir das, was wir im vorherigen Kapitel gelernt haben. Wir nehmen den Faden auf, versuchen herauszufinden, um was es sich handelt, lassen uns nähere Informationen schicken oder vereinbaren einen Vor-Ort-Termin. Eine Antwort, die wir aber nun einmal häufig hören werden, ist unbestritten: »Ich hatte noch keine Zeit, um mir die Unterlagen anzusehen.« Aus meiner Sicht gibt es zwei bis drei Möglichkeiten, mit dieser Standardantwort umzugehen. Eine elegante Lösung ist, dem Entscheider Folgendes anzubieten:

»Haben Sie gerade ein paar Minuten Zeit, dann können wir die Unterlagen gleich zusammen durchgehen. Sie blättern und lesen und ich beantworte Ihnen sofort übers Telefon die auftretenden Fragen. Was halten Sie davon?«

Klar, die wenigsten werden sich darauf einlassen. Aber trotzdem ist diese Vorgehensweise nicht schlecht. Besonders hinsichtlich der Verdeutlichung, dass wir unseren Job und auch unser Angebot sehr ernst nehmen. Manchmal kommt in Seminaren der Einwand, dass man damit sein Pulver für einen möglichen Besuchstermin schon weitgehend verschossen habe. Dem entgegne ich dann aber sehr klar, dass wir bei der Kundenqualifizierung ja ohnehin nur Kundentermine vereinbaren, um den konkreten Bedarf zu verifizieren. Will heißen: Präsentationstermine wie bisher gibt es nicht mehr. Aber dazu später noch mehr.

Eine weitere Möglichkeit mit der Antwort: »Ich habe noch keine Zeit gehabt, die Unterlagen anzusehen«, ist natürlich, dass ich den Kunden frage, wie lange er oder sie noch braucht und wann ich mich wieder melden soll. Oft kommt dann die bekannte Reaktion »Don't call me – I call you« – also: »Sie brauchen sich nicht zu melden, ich melde mich, wenn ich Bedarf habe.« Das ist in Ordnung und sollte auch genauso akzeptiert werden. Status »Aktuell kein Bedarf/Interesse« vergeben und auf Wiedervorlage in vier bis sechs Monaten legen.

Wenn der Entscheider uns aber sagt, dass er noch ein paar Tage braucht und ich mich in einer Woche wieder melden soll, ist das auch okay. Ich lege mir die Sache auf Wiedervorlage und melde mich in einer Woche wieder. Bekomme ich dann aber die gleiche Antwort, dann biete ich an, dass er sich die Unterlagen in Ruhe ansehen und sich bei mir melden soll, wenn er Fragen hat oder ein konkreter Bedarf ansteht. Auch hier vergebe ich den gleichen Status wie gerade beschrieben und lege die Angelegenheit auf Wiedervorlage. Alles andere wäre an dieser Stelle Zeitverschwendung und bringt uns keinen Millimeter im Prozess voran. Daher: Status vergeben, Wiedervorlage anlegen und auf zum nächsten Kontakt.

Was tun wir nun mit all denen, die uns beim Erstkontakt gesagt haben, dass sie keinen Bedarf und kein Interesse haben, oder die, die gesagt haben, dass unsere Leistung durchaus interessant ist, aber im Moment nichts anliegt. Nun, wir haben die ersten für neun bis zwölf Monate auf Wiedervorlage gelegt und die zweiten für vier bis sechs Monate. Das heißt, dass nach dem ersten Kontakt oder dem Nachfassen beim Unterlagenversand eine Wiedervorlage angelegt wurde und diese nun in unserem CRM-System aufploppt, beziehungsweise in unserer Excel-Datei in der Spalte Wiedervorlage mit heutigem Datum angegeben wurde.

Demzufolge ist genau heute der Tag, an dem wir wieder Kontakt aufnehmen. Wie tun wir das? Rufen wir uns noch einmal in Erinnerung, was wir suchen: Wir suchen potenzielle Kunden, die im Moment gerade einen Bedarf für die von uns angebotenen Produkte und Dienstleistungen haben, die bereits Projekte, einen Lieferantenwechsel oder eine konkrete Anschaffung planen und die bereits ein Budget aufgestellt haben. Daran hat sich durch die Zeitschiene nichts geändert. Was sich aber möglicherweise verändert hat, ist die Situation bei unserem potenziellen Kunden. Und genau darauf bauen wir. In Beratungsprojekten erlebe ich immer wieder, wie verblüfft die Vertriebsmitarbeiter meiner Mandanten sind, wenn sie feststellen, wie unterschiedlich die Reaktionen der Entscheider durch die zeitliche Verschiebung ausfallen. Wir stellen immer wieder fest, dass sich viel mehr verändert, als wir selbst für möglich gehalten haben.

- Die Prioritätenlage im Unternehmen hat sich verändert, sodass unser Thema plötzlich brandaktuell geworden ist.
- Die wirtschaftliche Gesamtlage hat sich gedreht oder das Unternehmen selbst ist aufgrund von Eigentümerwechsel, einer wirtschaftlichen Krise oder einer Fusion inzwischen neu ausgerichtet.
- Rechtliche, ökologische oder soziale Rahmenbedingungen haben sich verändert.
- Die Entscheider und Ansprechpartner wurden ausgetauscht.
- Der Entscheider, den wir vor ein paar Monaten auf dem falschen Fuß erwischt haben, ist jetzt einfach besser disponiert und hat ein offenes Ohr.

Sicherlich gibt es noch viele weitere Gründe, die zu einer Änderung der Bedarfssituation in einem Unternehmen führen können und hier sollte man sich einfach überraschen lassen. Letztendlich ist die Ursache für mögliche Veränderungen in unserem Sinne egal. Wir sollten uns dies nur zunutze machen und darauf entsprechend vorbereitet sein. Für uns stellt sich vielmehr die Frage, wie spreche ich denn den Menschen an, mit dem ich vor einem halben oder sogar einem ganzen Jahr das letzte Mal Kontakt hatte? Zwei Vorgehensweisen sind möglich.

Als Erstes kann ich die Wiedervorlage so angehen, als ob es sich um einen Erstkontakt handelt. Tatsächlich ist es häufig so, dass sich der gleiche Mensch, mit dem wir vor vier Monaten bereits ein sehr tiefgehendes Gespräch am Telefon geführt haben, heute nicht mehr an uns erinnern kann. Man sollte demzufolge nicht mit zu viel Euphorie in ein Wiedervorlagegespräch gehen und hoffen, dass das Gegenüber sofort frohlockt und aufschreit: *»Ah ja, ich erinnere mich, schön, dass Sie sich wieder melden.«* Eher sollten wir das Gegenteil annehmen. Meistens wird sich der Entscheider nicht mehr an uns erinnern, was in der heutigen Zeit mit den vielen persönlichen und virtuellen Kontakten und der permanenten Kommunikation über unterschiedlichste Kanäle überhaupt nicht verwunderlich ist. Daher empfehle ich gerade bei den längeren Wiedervorlagen – also bei denen, mit denen wir vor neun oder zwölf Monaten den letzten Kontakt hatten – eine Ansprache wie beim Erstkontakt. Mit der gleichen Ansprache und der gleichen Abschlussfrage. Derjenige, der sich an uns erinnert, wird das vielleicht sogar merken und uns darauf ansprechen, sodass wir durchaus auch zu hören bekommen:

»Wir hatten doch vor einem Jahr schon mal Kontakt.«

Wenn dem so ist, macht das überhaupt nichts. Wir sollten dann nur flexibel reagieren und nachfragen, inwiefern sich denn die Bedarfslage geändert hat – kein Problem für einen guten B2B-Verkäufer. Und wenn der Entscheider gar nicht mehr der ist, mit dem wir den ersten Kontakt hatten, dann müssen wir ohnehin bei null anfangen.

Derjenige, der sich als Wiederholungsanrufer zu erkennen geben will, sollte eine Ansprache nach folgendem Muster wählen.

»Wir haben ja vor einem halben Jahr bereits miteinander gesprochen. Zur Erinnerung, wir bieten … (Leistungs- und Nutzendarstellung). Ich rufe heute an, um mich in Erinnerung zu bringen und um nachzufragen, inwiefern Sie jetzt Bedarf oder Interesse an unserer Leistung haben?.«

Alternativ kann man auch so vorgehen:

»Guten Tag Herr/Frau … Vielleicht erinnern Sie sich an mich, wir hatten vor einem Jahr miteinander gesprochen und ich hatte Ihnen unsere Leistung im Bereich … vorgestellt. Ich wollte mal kurz nachhören, inwieweit es jetzt vielleicht einen Ansatz für eine Zusammenarbeit gibt.«

Die Antwortmöglichkeiten werden sich analog zum Erstkontakt wiederholen und demzufolge wenden wir die gleichen Erwiderungen an. Wir werden auch jetzt nicht versuchen, unser Gegenüber mit mehr oder weniger Manipulation zu etwas zu drängen, was dieser nicht will und was uns im Qualifizierungsprozess nicht weiterbringt. Wir bleiben zurückhaltend und dezent in der Ansprache und vermitteln dem Entscheider, dass wir gerne mit ihm näher in Gespräche einsteigen, wenn es einen konkreten Anlass gibt, ansonsten aber kein Interesse an irgendwelchen Aktivitäten haben, die ihn und uns nur Zeit kosten.

Tipp !

In Seminaren und Trainings kommt hier immer wieder die Frage, wie man reagieren soll, wenn ein Entscheider um einen »Präsentationstermin« bittet. Erstaunlicherweise gibt es immer noch sehr vereinzelt Einkäufer, technische Verantwortliche oder auch Geschäftsleitungsmitglieder, die ihre wertvolle Zeit dafür opfern, sich das Produkt- oder Leistungsportfolio eines Unternehmens präsentieren zu lassen, ohne dass es dafür einen aktuellen Anlass gibt. Die Gründe dafür will ich gar nicht näher beleuchten, hier kann sich jeder seine eigenen Gedanken machen. Es gibt aber durchaus auch Branchen oder Produktbereiche, wo es einfach nach wie vor üblich ist, dass man sich bei einem Unternehmen, mit dem man zusammenarbeiten möchte, erst persönlich vorgestellt haben muss. Deshalb tue ich mich auch schwer damit, einfach zu sagen, dass man diese Bitte grundsätzlich ablehnen sollte.
Natürlich sollte hier vorab eine Kosten-Nutzen-Betrachtung vorgenommen werden und anhand des Zeiteinsatzes und der möglichen Kundenpotenziale entschieden werden. Wenn ich einen Kunden haben will und der Weg nur über einen persönlichen Termin vor Ort führt, dann bleibt mir vielleicht auch gar keine andere Wahl. Ich versuche in einem derartigen Fall – wenn ich vorher geklärt habe, dass es tatsächlich keinen aktuellen oder in Kürze zu erwartenden Bedarf gibt –, den Termin offenzulassen. Das heißt, ich biete an, dass ich mich bei dem Entscheider melde, wenn ich das nächste Mal in der Gegend bin, und vereinbare erst dann einen Termin. Meistens klappt das und dank CRM-System oder sonstiger elektronischer Hilfe ist es auch kein Problem.

Zuallererst aber kläre ich, ob es einen aktuellen Bedarf gibt. Auf die Bitte nach einem Präsentationstermin reagiere ich immer mit der Frage: *»Welche Projekte (Anschaffung, Investition, Maßnahme) stehen denn an?«* Bekomme ich zur Antwort, dass aktuell nichts anliegt, man mich aber vor einer eventuellen Zusammenarbeit sehen will, dann muss ich, wie oben beschrieben, entscheiden. Gibt man mir hingegen auf meine Frage zu verstehen, dass es konkrete Planungen gibt, die in absehbarer Zeit zu Bedarfen führen, dann habe ich ja ein Lead und wie ich damit umgehen muss, haben wir bereits erfahren.

Ich musste hier auch umlernen und tue mich immer noch schwer damit, standhaft zu bleiben, wenn ein potenzieller Kunde mich um einen Vor-Ort-Termin bittet. Während ich früher in diesem Fall reflexartig den Kalender gezückt habe, gehe ich damit heute anders um. Ich stelle immer erst die Bedarfsfrage und oft entsteht über dieses Vorgehen eine Annäherung zu dem Entscheider, die als Basis für eine Beziehung dienen kann. Ich habe ja bereits mehrfach auf die **Ziele der Kundenqualifizierung** hingewiesen, daher nenne ich diese jetzt nur noch in Kurzform. **Bedarf, Projekt, Budget.**

> **!** **Wichtig**
>
> Wichtig ist es, zu erkennen, dass die Kundenqualifizierung ein Prozess ist, der über die Art der Ansprache, die gezielte Weiterführung des Kontakts und die notwendige Kontinuität funktioniert. Es gilt jederzeit, dass wir am Ball bleiben und mit der notwendigen freundlichen Hartnäckigkeit nach Chancen suchen.

Bis hierher habe ich mich ausschließlich auf die Nutzung von XING und LinkedIn und natürlich das Telefon beschränkt und im weitesten Sinne sind das die wirkungsvollsten Instrumente. Ein weiteres Ziel der Kundenqualifizierung ist aber auch, dass ich mich und natürlich mein Unternehmen nach und nach in das Unterbewusstsein des Entscheiders einniste. Über die Zeit sollte es gelingen, dass der Entscheider uns eben doch erkennt, wenn wir ihn nach drei, vier Monaten wieder anrufen und er uns dann langsam, aber sicher auch zuordnen kann.

Das gelingt dadurch, dass ich immer wieder versuche, in ein normales Gespräch einzusteigen, um nach und nach eine gewisse Vertrauensbasis zu schaffen. Besonders gut wird das gelingen, wenn ich in den wiederkehrenden Telefonkontakten mit den Entscheidern immer wieder Fragen einbringe, die dem Gegenüber zeigen, dass ich mich für ihn und seine Situation interessiere. Ich werde immer wieder Stichworte zugeworfen bekommen, die ich aufnehmen und nutzen kann. Typische Stichworte sind:

»Im Moment haben wir andere Prioritäten.«

»Das passt im Moment überhaupt nicht.«

»Wir sind gerade dran, die Messe in Hannover zu organisieren.«

»Wir haben schon einen Lieferanten für diese Produkte.«

»Dafür haben wir seit Jahren einen sehr zuverlässigen Dienstleister.«

»Das wird in unserer Zentrale in XY entschieden.«

»Warum sollten wir denn gerade mit Ihnen zusammenarbeiten?«

»Wir sind im Moment gerade in einem Umstrukturierungsprozess.«

Derartige Aussagen werden von manchen meiner Kollegen als Einwände oder Vorwände bezeichnet. Ich bezeichne sie als Steigbügel. Steigbügel deshalb, weil mir das Gegenüber damit eine Hilfe bietet, im Prozess wieder ein bisschen weiter voranzukommen. Ein großer Schritt vorwärts ist es, wenn ich es schaffe, mit dem Gegenüber auf Augenhöhe zu kommunizieren. Deshalb darf ich die oben aufgeführten Aussagen und alle, die in eine ähnliche Richtung gehen, nicht wie in der Frühphase des Prozesses mit Standardantworten kontern oder versuchen, in eine Argumentationshaltung zu gehen. Stattdessen sollte ich derartige Aussagen immer dazu nutzen, um Beziehungsaufbau beziehungsweise Beziehungspflege zu betreiben.

Was ich dazu brauche, sind Beziehungsfragen. Beziehungsfragen sollen dazu dienen, dem Gegenüber mein ehrliches und aufrichtiges Interesse an seiner Situation zu verdeutlichen, um dadurch Schritt für Schritt eine Beziehung aufzubauen. Schauen wir uns ein paar Beispiele für Beziehungsfragen an:

»Welche Schwerpunkte haben Sie denn im Moment gerade?«

»Was sind denn Ihre aktuellen Haupttätigkeitsfelder?«

»Worauf legen Sie denn bei einer Zusammenarbeit besonderen Wert?«

»Welche Aspekte sind Ihnen denn bei dem Thema XY besonders wichtig?«

»Wie sehen denn Ihre Bestimmungen diesbezüglich aus?«

»Was denken Sie, wie wird das weitergehen?«

»Welche Entscheidungsstrukturen existieren denn bei Ihnen?«

»Wieso glauben Sie, dass damit Ihre Probleme gelöst sind?«

All diese Fragen sollen bewirken, dass unser Gegenüber, der Entscheider, langsam, aber behutsam seinen Panzer ablegt und sich uns immer mehr öffnet. Daher ist es ganz wichtig, dass wir nicht unserem Drang folgen und auf die scheinbare Vorlage des potenziellen Kunden sofort mit einer Aufzählung unserer Nutzenvorteile beginnen. Nehmen wir ein Beispiel: Ich rufe einen potenziellen Kunden an, mit dem ich schon mehrere Kontakte hatte und der nun auf der Wiedervorlageliste aufgetaucht ist.

»Guten Tag Herr Müller. Hier ist Holger Steitz von der Firma SALE DIRECT. Sie hatten mir vor knapp einem halben Jahr gesagt, dass Sie für den Herbst eventuell ein Vertriebstraining planen und ich sollte mich dazu im April wieder melden. Haben Sie sich schon nähere Gedanken zu den Inhalten und dem genauen Termin gemacht?«

Herr Müller antwortet:

»Ach ja, Herr Steitz, ich erinnere mich. Leider muss ich Sie da noch ein bisschen vertrösten. Wir haben zu Jahresbeginn einen kleinen Wettbewerber übernommen und sind gerade dabei, den neuen Produktbereich zu integrieren. Vielleicht melden Sie sich nach den Sommerferien nochmals, dann sind wir wahrscheinlich soweit.«

Mein erster Impuls ist, dass ich meine Kompetenz als Vertriebsberater einbringe, um den Integrationsprozess zu leiten oder zu begleiten. Gleichzeitig wäre es genau der richtige Zeitpunkt, um sich über die zukünftige Vertriebsstrategie Gedanken zu machen. Vor einigen Jahren hätte ich an dieser Stelle sofort die volle Breitseite abgefeuert. Heute gehe ich anders vor:

»Oh ja, das kenne ich, mit derartigen Projekten hatte ich auch schon zu tun. Welche Aufgaben haben Sie denn in diesem Projekt übernommen?«

Herr Müller:

»Ich bin für die Harmonisierung der Produktbereiche verantwortlich und werde zukünftig den gesamten Vertriebsbereich übernehmen.«

Auch jetzt erwacht bei mir der Impuls, darauf hinzuweisen, dass ich ihn gerne bei der Konzeptentwicklung unterstützen könnte oder dass es durchaus sinnvoll wäre, rechtzeitig ein integriertes Trainingskonzept aufzusetzen. Ich widerstehe erneut und antworte:

»Welche Aspekte sind denn aus derzeitiger Sicht für die zukünftige Ausrichtung besonders wichtig?«

Oder:

»Welche neuen Märkte werden Sie mit den neuen Produktbereichen denn abdecken?«

Ich hoffe, Sie erkennen das Muster. Scheinbar gibt es aktuell tatsächlich Themen in dem Unternehmen, bei denen ich als Berater oder Trainer direkt unterstützen könnte. Vielleicht sieht Herr Müller das sogar genauso. Offensichtlich ist aber im Moment kein guter Zeitpunkt, denn sonst hätte er anders reagiert oder hätte mich schon im Vorfeld als Unterstützung herangezogen. Ich habe noch kein Vertrauensverhältnis zu dem potenziellen Kunden und muss erst noch daran arbeiten. Alle Versuche, jetzt meine Leistung anzubieten, würden scheitern. Die gute Nachricht ist aber: Herr Müller wird aktuell auch keinen anderen Vertriebsberater ins Boot holen. So weit hat er bisher noch gar nicht gedacht. Möglich ist, dass die Geschäftsleitung bereits einen Berater in der Hinterhand hat, den Herr Müller an die Seite gestellt bekommt. Wenn das aber so ist, dann habe ich sowieso aufs falsche Pferd gesetzt und sollte mir überlegen, ob Herr Müller überhaupt der richtige Ansprechpartner für mich ist.

Wie dem auch sei. Ich muss zu allererst noch an meiner Positionierung und an der Beziehung zu Herrn Müller arbeiten, bevor ich tiefer eindringen kann. In diesem ganz konkreten Fall versuche ich, durch offene Fragen mein ehrliches Interesse zu zeigen, und vermeide ganz bewusst Angebote und Hinweise über meine zusätzlichen Unterstützungsmöglichkeiten. Das heißt, nachdem ich ihm ein paar ehrliche Fragen gestellt habe, wünsche ich Herrn Müller noch viel Erfolg und bitte ihn, sich zu melden, falls ich etwas für ihn tun kann. Wie gesagt, ohne Hinweis auf meine weiteren Leistungen.

Was ich aber – nachdem ich alle wichtigen Punkte im CRM-System notiert habe – sehr wohl tun werde: Ich schaue in meinem Content-Archiv nach, welche Beiträge ich schon zu dem Thema Integration von Vertriebsorganisationen oder Erschließung neuer Märkte verfasst habe und sende Herrn Müller am nächsten Tag eine E-Mail mit folgendem Inhalt:

Hallo Herr Müller.

Nach unserem gestrigen Telefonat ist mir eingefallen, dass ich zu dem Thema in meinen Newsletter Mai 2016 einen Beitrag zu dem Thema »Integration von Vertriebsorganisationen« veröffentlicht habe. Ich habe Ihnen den Beitrag beigelegt. Vielleicht können Sie daraus ein paar hilfreiche Impulse ziehen.

Schöne Grüße
Holger Steitz

Mit diesem Beispiel möchte ich einen wichtigen Aspekt beleuchten: Die Kundenqualifizierung ist ein zentraler Bestandteil der Presales-Phase und ein ideales Instrument für die systematische Neukundengewinnung für erklärungsbedürftige Produkte und Dienstleistungen. Als alleiniges Instrument ist sie aber nur halb so effektiv. Viel wirkungsvoller wird die Kundenqualifizierung, wenn dazu noch weitere begleitende und parallel laufende Marketing- und Vertriebsmaßnahmen stattfinden.

7.3.1 Unterstützende Marketing- und Vertriebsmaßnahmen

Je nach Branche, angebotener Leistung und Budget sind hier unterschiedliche Maßnahmen zu wählen. Dass heutzutage jedes ernstzunehmende Business-to-Business-Unternehmen über eine professionelle Website verfügen muss, wird niemand bestreiten. Und dass diese Website hinsichtlich der Auffindbarkeit in den gängigen Suchmaschinen entsprechend optimiert sein sollte, ist inzwischen eigentlich auch Standard. Selbst das Thema Google-Adwords hat sich bereits bis in kleinere Unternehmen herumgesprochen. Selbstverständlich ist die Teilnahme an Fachmessen und Kongressen für manche Unternehmen nicht nur unter Marketing-Gesichtspunkten nach wie vor sehr wichtig. Und, last, but not least, mit Anzeigen in Fachpublikationen oder – wie im Mittelstand nach wie vor sehr beliebt – der IHK-Zeitschrift kann man ebenfalls eine breite Kundenschar erreichen.

Während aber all diese Instrumente auf den klassischen Effekt setzen, der da heißt: »Hier bin ich, ich bin toll, kauf bei mir«, ist in den letzten Jahren ein Thema in den Vordergrund getreten:

Content Marketing

Was bedeutet Content Marketing in dem hier beschriebenen Kontext? Nun, es geht kurz und knapp darum, dass ich über mein Fachgebiet regelmäßig und systematisch Content, also **werthaltige** Informationen, innerhalb meiner Zielgruppe streue, und zwar möglichst so, dass diese Inhalte nicht als Werbung oder PR wahrgenommen werden. Das Ziel von Content Marketing ist, dass ich beziehungsweise mein Unternehmen als kompetenter Fachmann oder Fachunternehmen wahrgenommen werde und dass ich mich persönlich als Experte respektive mein Unternehmen sich als Marke etablieren kann. Kunden sollen von mir und den Leistungen meines Unternehmens überzeugt sein und deshalb bei mir kaufen. Ein Content-Marketing-Konzept kann verschiedene Elemente beinhalten. Ich stelle Ihnen einfach einmal vor, wie ich mein System aufgebaut habe.

Zunächst muss ich für Content sorgen. Demzufolge habe ich es mir zur festen Gewohnheit gemacht, regelmäßig, und das heißt in meinem Fall täglich, zu schreiben. Zumindest an jedem Werktag habe ich eine Stunde fest zum Schreiben eingeplant. Egal, ob ich im Büro bin, ob ich ein Training abhalte, ob ich einen Ganztagesworkshop bei einem Beratungskunden oder ob ich gerade ein Coaching durchführe: Eine Stunde am Tag schreibe ich. Was schreibe ich? Entweder schreibe ich, wie gerade, an einem Buch, an einem E-Book oder einem Blogbeitrag. Das Buch ist natürlich eine Herzensangelegenheit, aber ansonsten durchaus auch ein Bestandteil meines Marketing-Mixes. E-Books sind eindeutig Marketing-Instrumente. Ich habe bisher drei E-Books geschrieben, von denen bisher aber nur eines im Umlauf ist. Die anderen beiden liegen in Lauerstellung und können dann zum Einsatz kommen, wenn sich das erste nicht mehr ganz so gut verbreiten lässt.

Ganz wichtige Instrumente im Rahmen des Content Marketings sind die Blogbeiträge. Ein Beraterkollege hat mich gefragt, über was ich denn schreibe: nun, über all das, was mich und meine Zielgruppe bewegt. Es gibt ständig Themen rund um den Vertrieb und den B2B-Vertrieb, über die man etwas schreiben kann. Was bewegt meine Zielgruppe gerade? Welche vertrieblichen Probleme gibt es? Welche Trends entwickeln sich gerade? Wie stehe ich zu einem vertrieblichen Thema? Welchen Tipp kann ich zum Thema XY geben? Und so weiter … Bisher sind mir die Themen noch nicht ausgegangen und ich glaube, das wird so schnell auch nicht passieren.

Ich baue also gezielt einen Bestand von Blogbeiträgen und E-Books auf. Ein weiteres Element meines Content Marketings ist ein hochwertig produzierter Videomitschnitt eines meiner Vorträge und in Planung sind noch weitere Videos und Audio-Formate. Man kann hier durchaus noch weitere Elemente integrieren, aber für meine Zwecke reicht das Genannte schon aus. Was tue ich jetzt mit diesen Inhalten? Zum einen ist auf meiner Website ein Blog integriert, in dem ich ca. alle vier Wochen einen neuen Blogbeitrag platziere. Wenn ich den Beitrag online gestellt habe, teile ich diesen auf XING, LinkedIn und Twitter und gelegentlich auch über Facebook. Interessenten erfahren über XING von meinem Blogbeitrag, klicken auf den Link und landen auf meiner Website. Dort biete ich die Möglichkeit, den Blogbeitrag zu kommentieren oder weiter zu teilen und natürlich gibt es dort auch eine Seite, auf der man mein E-Book kostenlos downloaden kann. Dazu muss der Interessent nur seine E-Mail-Adresse angeben und bestätigen, dass er sich für meinen etwa alle sechs Wochen erscheinenden Newsletter interessiert. Mit dieser Eingabe ist er automatisch in meiner Software für die Erstellung und den Versand meines Newsletters hinterlegt und dieser

Newsletter ist ein weiterer zentraler Bestandteil meines Content-Marketing-Systems.

Neben den Empfängern, die sich über den oben beschriebenen Weg eintragen, sammele ich natürlich gezielt E-Mail-Adressen bei meinen Vorträgen, in den Seminaren sowie über XING und LinkedIn. Ich weiß, dass viele einfach ungefragt ihre XING-Kontakte in den E-Mail-Verteiler aufnehmen. Das tue ich nicht. Ich frage an, ob die jeweilige Person damit einverstanden ist, und nur im positiven Fall landet die Adresse dann im Verteiler.

Ein Kontakt, der sich für den Empfang des E-Books eingetragen hat, erhält am nächsten Tag den Download-Link für das E-Book. Drei Tage nach dem Download wird automatisch eine E-Mail versandt, in der ein Link zu meinem Vortragsvideo auf YouTube enthalten ist. Somit hat man die Möglichkeit, mich auch gleich mal in »Action« zu erleben und erfährt etwas über meine Philosophie und wie ich wirke. Weitere vier Tage nach dem Versand des Video-Links erhält der Empfänger eine weitere E-Mail, in der kurz und knapp steht: »Sie haben ja das E-Book und das Video bekommen und wenn Ihnen das gefallen hat, können Sie mich hier zu Beratungsprojekten oder Trainings ansprechen, und übrigens, die folgende Liste enthält meine nächsten Vorträge und Seminare.« Selbstverständlich alles verlinkt, mit direkten Buchungs- und Kontaktmöglichkeiten.

Regelmäßig – genauer gesagt täglich – poste ich einen Blogeintrag in einer XING- oder LinkedIn-Gruppe. Ich bin Mitglied in circa 100 XING-Gruppen und einigen LinkedIn-Gruppen. Das sind zum einen Gruppen, die etwas mit Verkauf, Sales, Vertrieb oder Marketing zu tun haben, und zum anderen Gruppen, in denen sich Unternehmer, Manager, Gründer und sonstige Entscheider tummeln. Darüber hinaus bin ich Mitglied in der einen oder anderen Regionalgruppe, weil diese in der Regel eine hohe Mitgliederzahl haben. Natürlich ist im letzten Absatz des Beitrags immer ein Link zum kostenlosen Download meines E-Books enthalten, über den dann wieder der E-Mail-Verteiler anwächst. Alle zwei bis drei Tage poste ich in XING und LinkedIn einfach einen kurzen Hinweis, dass ich mein E-Book verschenke und füge den entsprechenden Link bei. Gerade über die vielen Gruppen gibt es einige weitere Möglichkeiten, die ich bisher nicht ganz zielsicher nutze. Hier habe ich noch ein bisschen Nachholbedarf ...

Sie sehen also, alles ist ein großer Kreislauf. Indem ich werthaltigen Content poste, mache ich auf mich aufmerksam, zeige darüber hinaus, wofür ich stehe und baue meinen Expertenstatus aus. Die Posts bringen gleichzeitig Traffic auf meiner Website und vergrößern meinen Newsletter-Empfängerkreis. Über den Newsletter kann ich dann wieder zu meinen Seminaren, Trainings und Vorträgen einladen. Es nimmt daher kein Ende, sondern die Maßnahmen multiplizieren sich gegenseitig.

Kleine oder mittelständische Unternehmen oder auch die »OneWoMan«-Show können das genauso umsetzen wie ein Großunternehmen. Ob man den Content selbst erstellt, so wie ich, oder ob man dafür eine Agentur beauftragt, kann jeder anhand der eigenen Fähigkeiten und Ressourcen selbst entscheiden. Und auch, ob man einen klaren Redaktionsplan erstellt oder ob man die Verteilung der Inhalte nach Gutdünken macht, obliegt jedem selbst. Der Kreislauf und die Kontinuität müssen aber gewahrt bleiben.

! **Wichtig**

Fassen wir bis hierher nochmals kurz zusammen: Die Kundenqualifizierung, wie beschrieben in Verbindung mit begleitenden Marketingmaßnahmen, die auf die entsprechende Zielgruppe und das Leistungsspektrum abgestimmt sind, bilden den integrierten Prozess zum systematischen Finden und Entwickeln von potenziellen Neukunden mit Bedarf, geplanten Projekten und Budget. Damit stoßen wir die Türen auf, erzeugen ein Grundrauschen und sichern so den regelmäßigen Zufluss von Anfragen und zukünftigen Kunden mit Projektideen.

Dafür ist Kontinuität sehr wichtig. Ein Strohfeuer bringt nichts und führt zu den gefürchteten Auftragslöchern. Es muss sichergestellt sein, dass der Prozess kontinuierlich fortgeführt wird. Das, was gerne mal praktiziert wird – Akquise so lange machen, bis Aufträge und Projekte da sind, und dann aussetzen, weil die Mitarbeiter in die Projektarbeit mit einsteigen –, ist demnach tödlich und sollte tunlichst vermieden werden. Wenn man Auftragslöcher vermeiden möchte, aber gleichzeitig auch nicht riskieren will, dass die vorhandene Kapazität nicht ausreicht, weil trotz bereits voller Bücher weitere Anfragen und Aufträge ins Haus kommen, kann man durchaus für einen begrenzten Zeitraum die Schlagzahl der Kundenqualifizierung herunterfahren. Ganz aussetzen sollte man sie aber auf keinen Fall.

7.3.2 Der interessierte Noch-Nicht-Kunde

Wir sind im Prozess so weit fortgeschritten, dass unsere Anfragen zunehmen: Wir bekommen vermehrt Anfragen aus der Kundenqualifizierung und
durch die unterstützenden Marketingmaßnahmen. Diese Anfragen gehen
weiter, sind der Einstieg in den Fachvertrieb, dem wir uns im nächsten Kapitel zuwenden werden. Vorher ist aber noch wichtig zu wissen, wie wir mit
den potenziellen Kunden umgehen, die eine Projektidee haben oder die
bereits glauben zu wissen, was sie wollen und die das Ganze noch nicht
in ein Lastenheft, eine Anfrage, eine Zeichnung oder eine Projektbeschreibung gefasst haben. Also all jene, die man besuchen muss, um ihnen zu
helfen, den Bedarf zu definieren oder zu klären.

Natürlich werden wir uns mit den Entscheidern, die uns sagen:

*»Ja, wir haben ein Projekt geplant und ich würde mich dazu gerne mit einem
Fachmann aus Ihrem Haus beraten, um den tatsächlichen Bedarf herauszuar-
beiten«*

Oder:

*»Wir brauchen dies oder jenes und dazu muss mal ein technisch versierter Ex-
perte von Ihnen zu uns kommen, damit wir das konkret besprechen«,*

tiefer gehend beschäftigen. Wohlgemerkt, ich rede hier nicht von Präsen-
tationsterminen, dazu habe ich ja bereits ein paar Anregungen gegeben.
Die Leute, zu denen wir hier kommen, haben einen Bedarf, planen ein Projekt mit einem bereits definierten Budget. In dem durchzuführenden Besuch geht es also nicht darum, sich gegenseitig zu erzählen, wie toll man
ist, sondern es geht darum, den tatsächlichen Bedarf klar zu definieren.

Bei mir ist das relativ einfach. Wenn ich einen möglichen Kunden habe, der
mich ruft, oder bei dem ich sage, es macht Sinn, sich an einen Tisch zu
setzen, um zu klären, was gebraucht wird, dann reicht meistens schon die
Frage: *»Warum bin ich hier?«* Bei sehr vielen meiner potenziellen Kunden
sprudeln die notwendigen Informationen dann schon fast von selbst und
ich muss nur noch zwischendurch gezielt nachhaken. In der Regel erzählen

mir die Entscheider dann ungefragt etwas zur Firmenhistorie, zu den Produkten und Leistungen, zu den aktuellen Problemen, zu den Auswirkungen dieser Probleme und haben meistens auch schon konkrete Ideen, welche Lösungen gefragt sind.

Dort, wo das nicht der Fall ist, muss ich die passenden Fragen stellen. Wie das aussehen kann, schauen wir uns im Detail an.

In vielen Büchern über Verkauf und Vertrieb finden sich Formeln, nach denen im Kundentermin der Kunde etwa 80 Prozent Redezeit und der Verkäufer demzufolge circa 20 Prozent der Redezeit in Anspruch nehmen sollte. Das kann ich nur unterstreichen! Der Verkäufer, der heute noch zu Kundenterminen kommt und mit irgendwelchen fachlichen Vorträgen versucht, Eindruck zu schinden, hat die Zeichen der Zeit nicht erkannt. Auch PowerPoint-Schlachten haben in einem zielführenden B2B-Vertriebsprozess nichts verloren. Wer vier Stunden Vorbereitung für eine PowerPoint-Präsentation braucht, um in zwanzig Minuten das zu zeigen, was man mit einfachen Worten in fünf Minuten erzählen könnte, der sollte sich überlegen, ob der Verkäuferberuf wirklich der richtige für ihn ist. Ich weiß, das klingt radikal und meinetwegen mag es auch Fälle geben, in denen man Produktfeatures, Anlagenbeispiele oder komplexe Prozesse durch ein paar Folien anschaulicher darstellen kann. Meistens braucht man das aber tatsächlich nicht.

In Trainings höre ich oft, dass man doch zuerst etwas über das eigene Unternehmen erzählen muss, damit das Gegenüber weiß, mit wem er es zu tun hat. Ganz und gar nicht. Wie gesagt, ist mein Einstieg meistens die Frage, warum ich da bin und was der Grund für das Gespräch ist. Zur Erinnerung, wir haben den Kunden qualifiziert und wissen daher, dass es schon ein konkretes Thema gibt. Wenn der Entscheider nun eher introvertiert ist – das merkt man eigentlich relativ schnell –, dann muss ich ihm eben helfen. Ich leite das Gespräch daher meist mit folgenden Worten ein.

»Ja, Herr Müller, wir hatten am Telefon ja schon grob angerissen, um was es geht. Ich habe mich natürlich im Internet über Ihr Unternehmen informiert. Aber vielleicht geben Sie mir einfach noch mal einen Überblick über Ihr Unternehmen, Ihre Leistungen und am besten auch noch etwas über Sie persönlich, damit wir

eine gemeinsame Basis haben. Danach können wir ja zu dem konkreten Thema kommen.«

Damit habe ich meistens den Stein ins Rollen gebracht und jetzt legt der Entscheider los. In meiner inzwischen mehr als zwanzigjährigen Vertriebslaufbahn hatte ich bisher vielleicht neun oder zehn Fälle, die mir gesagt haben, dass sie zuerst etwas über unser Unternehmen und über mich erfahren wollen. Diesen Herrschaften habe ich dann wie folgt geantwortet:

»Das kann ich natürlich gerne tun. Damit ich Sie aber nicht mit Themen langweile, die Sie nicht interessieren, und damit wir die zur Verfügung stehende Zeit optimal nutzen, wäre es tatsächlich besser, wenn zuerst Sie erzählen. Dann kann ich viel gezielter auf die für Sie relevanten Punkte eingehen.«

Spätestens dann waren auch diese Menschen einverstanden und haben angefangen, etwas über ihr Unternehmen zu erzählen. Gerade in den letzten Jahren brauchte ich fast gar nichts mehr von mir, meinen Leistungen und Kompetenzen und von meinem Unternehmen zu erzählen. Das hat zwei Gründe. Erstens sind die Leute in der Regel vorinformiert, haben sich also bereits über die Website und all das, was man so im Netz treibt, ein Bild gemacht. Der zweite Grund ist aber der Entscheidende. Meine Kompetenz, meine fachliche Expertise und mein methodisches Know-how zeige ich dadurch, dass ich im Kundenkontakt die richtigen, und zwar die zielführenden Fragen stelle.

Ich kann es auch hier nicht in Prozentzahlen ausdrücken, aber gefühlt würde ich sagen, dass die Hälfte aller Gespräche nicht geführt werden muss, weil der Entscheider mir durch die Einleitung, all das, was schon im Vorfeld des Termins gelaufen ist und durch gezielte Zwischenfragen die meisten Informationen gibt, die ich brauche, um den tatsächlichen Kundenbedarf zu ermitteln. Es muss mir gelingen, möglichst viele Informationen zu den wahren Hintergründen, den tatsächlichen Motiven und den offenen und versteckten Fallen einer möglichen Zusammenarbeit in Erfahrung zu bringen. Als Hilfsmittel für diejenigen Entscheider, die geführt werden müssen, dient auch hier wieder ein Fragenkomplex. Ausgehend von Orientierungsfragen und Problemfragen bis hin zu Auswirkungs- und Lösungsfragen taste ich mich langsam vor, dokumentiere meine eigene Kompetenz und lege ganz langsam und behutsam die tatsächliche Bedarfssituation offen. Schauen wir uns im Detail an, wie das aussehen kann.

Orientierungsfragen

Wie der Name schon sagt, dienen diese Fragen zur Orientierung über die aktuelle Situation im Unternehmen und die Rolle unseres Gesprächspartners. Wie schon erwähnt, haben wir uns zwar vorinformiert, aber trotzdem stelle ich hier und da noch Fragen zu Themen, die auch auf der Website bereits dargelegt sind, oder ich hinterfrage Dinge, die mir nicht klar sind.

Schauen wir uns ein paar Beispiele für Orientierungsfragen an:

- *»Wann wurde Ihr Unternehmen gegründet?«*
- *»Wer sind Ihre Gesellschafter (Share-Holder)?«*
- *»Was hat denn in den Jahren von 2001 bis 2004 zu dem extremen Wachstum geführt?«*
- *»Wer sind Ihre Hauptwettbewerber?«*
- *»Was ist Ihre Kernkompetenz?«*
- *»Was ist Ihre Aufgabe im Unternehmen?«*
- *»Seit wann sind Sie im Unternehmen?«*
- *»Wer ist denn Ihr heutiger Lieferant für das Thema XY?«*
- *»Seit wann arbeiten Sie schon mit der Firma XY zusammen?«*

Wie gesagt, ich muss hier nicht Dinge wiederholen, die ich schon über die öffentliche Präsentation des potenziellen Kunden erlesen kann. Vielleicht versteckt sich aber in der historischen Entwicklung oder der Gesellschafter- und Eigentümerstruktur eine wichtige Information, die mir im weiteren Verlauf durchaus noch nützlich sein kann.

Nach den Orientierungsfragen gehen wir zügig zu den eigentlich interessanten Fragen über, den Problemfragen.

Problemfragen

Mit Problemfragen dringen wir zu des Pudels Kern vor. Wir lassen uns sagen, wo der Schuh drückt, decken die tatsächlichen Schwierigkeiten und Unzufriedenheiten auf und erhalten erste Hinweise auf den möglichen Bedarf.

Zwei Dinge sollte man bedenken, wenn es um Problemfragen geht. Nicht jeder redet gerne lange und tiefgehend über Probleme. Andere hingegen lieben es, die missliche Situation so umschweifend und treffend wie möglich darzustellen und neigen dabei häufig zur Übertreibung. Daher sollte man nicht zu forsch an die Probleme herangehen: sachte und vorsichtig, ruhig auch noch mal einen Gang zurückschalten und erst, wenn man das Gefühl hat, auf der richtigen Fährte zu sein, kann man gegebenenfalls noch weiter nachbohren.

Beispiele für Problemfragen:

- *»Welche Schwierigkeiten treten beim Einsatz von ... auf?«*
- *»Haben Sie diese Probleme häufiger?«*
- *»Wie beurteilen Sie den Service Ihres bisherigen Lieferanten?«*
- *»Sind Sie mit der derzeitigen Lösung zufrieden?«*
- *»Wo sehen Sie die größten Schwachpunkte des Systems?«*
- *»Wie zeigt sich denn dieses Problem in der Praxis?«*
- *»Was glauben Sie, wodurch dieses Problem entstanden ist?«*

Wie bereits dargestellt, sollte man aufpassen, dass nicht die gesamte Rede des Entscheiders zu einem einzigen Lamento wird. Demzufolge empfehle ich, im Erstgespräch noch nicht ganz so tief nachzubohren.

Wenn man einen guten Überblick über die Problemlage hat, gilt es, überzuleiten zu dem nächsten Fragenkomplex, den Wirkungsfragen.

Wirkungsfragen
Wirkungsfragen ergründen die Folgen der Probleme: negative Folgen, wenn das Problem bestehen bleibt, und positive Folgen, wenn das Problem gelöst wird.

Beispiele für Wirkungsfragen:

- *»Welche Nachteile entstehen Ihnen durch diese Unzuverlässigkeit Ihres Lieferanten?«*
- *»Welche Mehrkosten entstehen Ihnen dadurch?«*
- *»Wirkt sich das negativ auf die Motivation Ihrer Mitarbeiter aus?«*
- *»Das kostet doch sicher eine Menge Geld?«*
- *»Welche neuen Projekte könnten Sie mit dem gesparten Projekt angehen?«*

- *»Wie oft kommt das vor?«*
- *»Stört Sie das?«*
- *»Was befürchten Sie, wenn ... größer wird?«*

Manche meiner Trainerkollegen gehen davon aus, dass man auf Wirkungsfragen verzichten kann. Dem kann ich nicht zustimmen. Ich merke immer wieder, wie wichtig es ist, im Anschluss an die Problembeschreibung konkret nach den Auswirkungen dieser Probleme zu forschen. Der Entscheider kennt sie zwar selber, aber man muss sich an dieser Stelle in die Position des Gegenübers versetzen. Er hat uns seine Probleme dargestellt und während der Beschreibung bzw. der Darstellung der Situation überkommt ihn zwar das Gefühl, dass diese Probleme tatsächlich vorhanden sind, aber meistens neigen die Menschen dann dazu, diese Probleme wieder etwas herunterzuspielen.

Hier greift ein psychologischer Effekt. Wenn man als Entscheider mit einem Außenstehenden über Probleme im eigenen Verantwortungsbereich spricht, entsteht sehr oft ein Gefühl von: »Das hätte ich ja eigentlich schon längst angehen müssen«, oder: »Ich bin verantwortlich für diese Misere.« Der Entscheider entwickelt Schuldgefühle und um diese nicht zu groß werden zu lassen, wird er zum Ende der Problembeschreibung anfangen, zu relativieren und die Probleme wieder etwas kleiner zu reden. Um das zu vermeiden, sollte man ein paar passende Wirkungsfragen zum Schluss hin platzieren, damit dieser Effekt nicht entsteht, sondern die Problemlagen nochmals ganz deutlich und mit zählbaren Größen vor Augen geführt werden.

Als guter B2B-Verkäufer muss ich aber, nachdem ich ganz bewusst das Höllenszenario dargestellt habe, einen Ausweg präsentieren. Deshalb leite ich mit den abschließenden Lösungsfragen schnell wieder in Richtung Himmel.

Lösungsfragen
Lösungsfragen dienen dazu, bei Ihrem potenziellen Kunden den brennenden Wunsch nach einer Lösung zu wecken. Sie verdeutlichen den Nutzen einer möglichen Lösung des Problems und helfen dabei, dass der Kunde die passenden Antworten selbst formulieren und die Lösung dann als die »seine« akzeptieren kann.

Beispiele für Lösungsfragen:

- *»Welchen Wert hätte das für Sie und Ihre Mitarbeiter?«*
- *»Was würde das für Sie bedeuten?«*
- *»Welche anderen Aspekte sehen Sie, die für eine Lösung sprechen?«*
- *»Welche Ersparnis würde Ihnen der Einsatz unseres … bringen?«*
- *»Wären Sie daran interessiert, durch den Einsatz unseres … Ihre Kostensituation zu verbessern?«*
- *»Wie hoch wäre die Einsparung durch einen Wechsel zu uns?«*

Mit diesem Fragenzyklus und besonders mit den abschließenden Lösungs-fragen erreicht man als guter B2B-Verkäufer, dass der potenzielle Kunde unsere Kompetenz beurteilen kann und sich durch die geführten Fragen die Auswirkungen des Nicht-Handelns und die Folgen des Handelns selbst vor Augen hält. Ich muss dann nicht mehr verkaufen. Der Kunde verkauft sich die Lösung selbst und ist anschließend mit sich und mit uns als Ver-käufer höchst zufrieden. Am Ende des Gesprächs mit dem Kunden sollte bei dieser Vorgehensweise ganz klar sein, wie der tatsächliche Bedarf des Kunden aussieht, und wir sollten zumindest schon einen Lösungsansatz oder einen Vorschlag sehen.

Je nachdem, was wir verkaufen, gilt es nun, die konkreten nächsten Schritte zu vereinbaren. In der Regel ist das die Erstellung eines Angebots. Aber auch die folgenden nächsten Schritte können möglich sein:

- Orientierungs- oder Probeangebot
- Muster-Gestellung
- Probearbeiten
- Produktvorführungen
- Nennung von Referenzkunden
- Direkter Kontakt zu Referenzkunden
- Nachhaltiger Auf- und Ausbau der weiteren Beziehung

Spätestens jetzt kommen wir in die Fachvertriebsphase, wobei ich der Mei-nung bin, dass bereits das Erstgespräch, so wie ich es in den vorhergehen-den Zeilen beschrieben habe, in vielen Bereichen tiefes technisches oder fachliches Wissen erfordert. Wenn ich die Wahl habe, ob ich einen Presales-Verkäufer den Erstbesuch machen lasse oder lieber einen Vertriebsingeni-eur, dann entscheide ich mich in der Regel für die zweite Option. Allerdings ist es nicht immer leichter, einen Ingenieur dazu zu bringen, eine derart strukturierte Fragetechnik anzuwenden, als einen Presales-Verkäufer mit dem notwendigen fachlichen Wissen auszustatten, das er für die Bedarfs-ermittlung braucht. Aber wie vieles muss dies von Fall zu Fall und unter Berücksichtigung der handelnden Personen und der näheren Umstände entschieden werden. Auf jeden Fall verlassen wir nun die Presales-Phase und wenden uns dem Angebotsmanagement zu.

8   An der Angel –
Angebotsmanagement

Kommen wir zu einem Thema, das immer wieder zu heftigen Diskussionen führt: das Angebotsmanagement. Was ist überhaupt damit gemeint? Warum widme ich diesem Thema ein eigenes Kapitel? Nun, ich höre immer wieder, dass das Erstellen von Angeboten eine der Haupttätigkeiten von B2B-Verkäufern sei und dass man in die inhaltliche Ausarbeitung schon sehr viel Hirnschmalz und Energie hineinstecken müsse.

Grundsätzlich stimme ich der Aussage zu. Ja, Angebote sind wichtig und es ist auch völlig korrekt, dass dort viel investiert wird. Umso wichtiger ist aber dazu, dass neben den fachlichen und technischen Inhalten auch die Form und vor allem der weitere Umgang mit Angeboten professionell gestaltet werden. Und genau da hapert es in vielen Unternehmen.

Ich ernte in Beratungsprojekten auf diese Aussage hin häufig heftigen Widerspruch und höre mir die Argumente erst einmal an, bevor ich die folgende Frage stelle:

»Was ist das Ziel der Bearbeitung einer Kundenanfrage?«

Meistens höre ich dann Antworten wie:

»Die Erstellung eines für den Kunden verständlichen Angebots«,

oder

»Dem Kunden ein Angebot zu unterbreiten, das er nicht ablehnen kann«, oder, noch besser,

»Die Kalkulation und Ausarbeitung eines technisch und fachlich perfekten Angebots.«

Ob Sie es glauben oder nicht, aber ganz selten sagt jemand das, was ich eigentlich hören will. Die Bearbeitung einer Anfrage hat letztlich nur ein **einziges Ziel: den Auftrag des Kunden zu bekommen**. Im Prinzip ist es ganz simpel und trotzdem erkennt man an den Antworten, wo der entscheidende Fehler liegt. Das Angebot an sich verfolgt keinen Selbstzweck, sondern dient einzig und allein dazu, den Kunden zu bewegen, uns einen Auftrag zu erteilen. Weiter nichts.

8.1 Der Umgang mit den Anfragen

Nachdem wir das geklärt haben, können wir uns den dazu passenden Prozess ansehen. In den meisten Unternehmen gibt es eigentlich nur zwei Situationen: Entweder es gehen zu wenige oder es gehen zu viele Anfragen ein. Genau passend gibt es in diesem Bereich offensichtlich nicht. Wenn zu wenige Anfragen eingehen, lässt das entweder auf eine branchenbezogene bzw. allgemeine Krise schließen oder wir haben nicht genug im Bereich Presales getan. Da Sie aber alle aufmerksam die vorhergehenden Kapitel gelesen und selbstverständlich die nötigen Schritte bereits umgesetzt haben, wird sich an dieser Situation in naher Zukunft etwas ändern.

Wir gehen also davon aus, dass jeden Tag, jede Woche und jeden Monat eine bestimmte Anzahl von Anfragen ins Haus kommt. Das können Anfragen für ganze Anlagen oder Maschinen sein, spezielle Geräte für unterschiedliche Einsatzzwecke, kundenspezifische Sonderlösungen, Ersatz- oder Verschleißteile, Softwarelösungen von der Stange oder individuell auf die Bedürfnisse des Kunden angepasste Pakete. Genauso gut können Anfragen für Dienstleistungen, wie beispielsweise Automatisierungslösungen, Engineering-Leistungen, wie die Planung von Anlagen oder Gebäuden, Beratungs- oder Serviceleistungen oder scheinbar triviale Dienstleistungen, wie Reinigungs- und Instandhaltungsdienste, auf dem Tisch der Verkäufer landen.

Dabei wird es Anfragen geben, die sich auf Standard- oder Katalogware beziehen. Das heißt, man muss lediglich anhand einer vorgegebenen Preisliste die Produkte heraussuchen, mögliche Optionen und Zubehör angeben und bepreisen und das Ganze in ein Angebot übertragen. Andere Anfragen beziehen sich auf speziell angepasste Maschinen, Anlagen, Software, Dienstleistungen oder was auch immer – also all das, was zunächst auf Basis von Größe, Breite, Tiefe, Funktion, Aufgabe, Zielsetzung oder anderen Parametern geplant, entwickelt, kalkuliert und erst dann als Angebot formuliert werden kann. Natürlich unterscheiden sich Anfragen auch aufgrund ihrer Wertigkeit und es leuchtet wohl jedem ein, dass man eine Anfrage über eine kundenindividuelle Softwarelösung mit vielen Schnittstellen und Anpassungen anders bearbeiten muss als eine Standardbuchhaltungssoftware von der Stange. Es gilt also, die Anfragen entsprechend ihrer Prioritäten und Potenziale zu bearbeiten. Leider erlebe ich hier immer wieder, dass Verkäufer wie Roboter an ihrem Schreibtisch sitzen, die Anfragen nach dem Eingangsdatum abarbeiten und keinen Unterschied machen, ob es sich um eine Neuanlage im siebenstelligen Bereich oder um ein Ersatzteil für tausend Euro handelt.

Je nach Größe der Vertriebsabteilung und nach der Anzahl der eingehenden Anfragen kann es Sinn machen, eine Vorprüfung zu installieren. Dort sollten ein oder gegebenenfalls auch mehrere erfahrene Mitarbeiter priorisieren und zur weiteren Bearbeitung, eventuell mit entsprechenden Vermerken versehen, an die Vertriebsmitarbeiter oder die Entwicklungsabteilung weitergeben. Stellt sich die Frage, nach welchen Kriterien man die Prioritäten festlegt? Zunächst sollte man klären, ob mein Unternehmen das, was anfragt wurde, herstellen, leisten und liefern kann oder nicht. Dabei geht es weniger um das technische und fachliche Können, sondern vielmehr um die Frage, ob es wirtschaftlich, organisatorisch und aus strategischen Überlegungen heraus sinnvoll ist, bei dieser Anfrage anzubieten.

Beispiel !

Bei einem Verpackungsmaschinenhersteller geht eine Anfrage für eine Maschine zum Trennen und Sortieren von Kunststoffgranulaten ein. Vermutlich wäre das Unternehmen aufgrund des vorhandenen Know-hows in der Lage, diese Anlage anzubieten. Möglicherweise könnte man aus den Erfahrungen aus der Verpackungstechnik ein paar neue und innovative Aspekte mit einbringen und wäre vielleicht sogar in der Lage, eine technisch und preislich attraktive Lösung zu entwickeln.
Unter normalen Umständen würde man aber wohl von einer Angebotsabgabe absehen, da das angefragte Produkt nicht in das Leistungsspektrum passt und

man für eine derartige Lösung vermutlich unverhältnismäßig hohe Investitionen in Manpower und Produktion tätigen müsste. Wenn die Auftragssituation für Verpackungsmaschinen aber derzeit nicht gut ist und das Unternehmen ohnehin plant, sein Leistungsspektrum zu erweitern, die erforderlichen Investitionen langfristig einkalkuliert sind und der neue Produktbereich zu den strategischen Planungen passt, dann wird man vermutlich anders entscheiden und ein Angebot abgeben.

Ich denke, jeder weiß, was ich mit diesem Beispiel ausdrücken will. Anfragen sollten entsprechend ihrer Wertigkeit und Sinnhaftigkeit geprüft und nach diesen Kriterien weiterbearbeitet werden.

Wer diese Prüfung gerne nach objektiven Kriterien durchführen möchte, kann natürlich eine Checkliste erstellen und verschiedene Parameter bewerten. Mögliche Parameter könnten sein:

- Kunde (mögliche Referenz, Wettbewerbskunde etc.)
- Volumen bzw. Wert
- Potenzial
- Aufwand
- Bonität
- Kommunikation und Erreichbarkeit
- Strategische Überlegungen

Ob man dann diese Kriterien mit hoch, mittel oder niedrig bewertet oder ob man Zahlen oder Prozentwerte vergibt, bleibt jedem selbst überlassen. Mir ist es wichtig zu verdeutlichen, dass man Anfragen nicht blind nach dem Motto »Eine wie die andere und alles nach der Reihenfolge des Eingangs« bearbeitet, sondern dass man diese nach objektiven oder subjektiven Kriterien priorisiert und erst dann zur Angebotsbearbeitung übergeht.

8.2   Das Angebotsvorgespräch

Die nächste Frage, die ich in Seminaren stelle, ist folgende: Wenn ein potenzieller Kunde mit einem konkreten Bedarf bei verschiedenen Anbietern mit vergleichbarer Ausgangslage anfragt, hat wer die größten Aussichten auf Erfolg?

- Der mit dem besten Preis?

- Der mit dem besten Produkt oder der besten Leistung?
- Der, der am schnellsten anbietet?
- Der, der den besten Service anbietet?
- Der mit dem schönsten Angebot?

Meistens kommt die Antwort, der mit dem besten Preisleistungsverhältnis – was zwar nicht falsch ist, aber an dieser Stelle für den Kunden noch gar nicht ersichtlich sein kann. Die Auflösung ist eigentlich ganz einfach und erzeugt wahrscheinlich deswegen meistens ein langgezogenes Stöhnen: Unter den oben beschriebenen Voraussetzungen wird der Anbieter den Zuschlag bekommen, der dem potenziellen Kunden am deutlichsten vermitteln kann, dass er ein ehrliches Interesse daran hat, eine für den Kunden optimale Lösung anzubieten.

Der Auflösung folgt dann meistens ganz automatisch die Frage: »Und wie mache ich das?« Auch das ist wieder scheinbar banal in der Ausführung, aber mit spürbarer Wirkung für das Ergebnis. Um dem Kunden zu verdeutlichen, dass ich größtmögliches Interesse daran habe, die für ihn optimale Lösung anzubieten, muss ich mit dem Kunden rechtzeitig und qualifiziert sprechen. Und zwar bereits vor Abgabe des Angebotes. Ja klar, sagen mir die Teilnehmer in meinen Trainings dann oft. Das muss man ja sowieso, weil die Angaben in den Anfragen meistens nicht ausreichen, nicht detailliert genug sind oder sich teilweise sogar widersprechen. Mir geht es hier aber nicht nur um die Klärung von offenen Fragen hinsichtlich der Technik, der Maße, der Menge oder der Lieferzeiten. Ich meine hier vor allem, dass ich durch ein gezieltes Vorangebotsgespräch den persönlichen Kontakt zum Ansprechpartner meines Kunden herstellen oder vertiefen will. Ich möchte ihm zeigen, dass ich mich intensiv bemühe, ein passgenaues und den Anforderungen des Kunden entsprechendes Angebot zu erstellen. Mein Ansprechpartner soll spüren, da sitzt ein Mensch, der es ernst meint. Der will den Auftrag haben und zwar nicht aus einer spürbaren Not heraus, sondern weil dieser Verkäufer tatsächlich der Meinung ist, dass er die für mich bestmögliche Lösung bieten kann und wird.

Und noch etwas kann ich mit einem Angebotsvorgespräch erreichen: Ich will wissen, mit wem ich es überhaupt zu tun habe. Ist mein Ansprechpartner ein Einkäufer, ein Techniker, ein Mitglied der Geschäftsleitung oder vielleicht sogar ein Auszubildender oder Praktikant, der mit der Einholung von Angeboten beauftragt wurde. aber von der Sache an sich überhaupt nichts versteht? Vor allem aber will ich herausfinden, wie ernst es meinem potenziellen Kunden mit dieser Anfrage überhaupt ist.

- Braucht er nur das berühmte dritte Angebot und ist es eigentlich schon längst klar, wer den Auftrag erhalten soll, oder sind wir der einzige seriöse Anbieter, der überhaupt eine Lösung bieten kann?
- Wird die angefragte Leistung bzw. das Produkt dringend benötigt oder dient die Anfrage nur zur Budgetplanung für die nächsten drei Jahre?
- Legt mein potenzieller Kunde Wert auf eine kostengünstige Standardlösung oder will er eine exakt auf seine Bedürfnisse zugeschnittene, qualitativ hochwertige Sonderlösung?
- Wird die Auftragsvergabe kurzfristig stattfinden oder soll das Projekt erst in ein paar Monaten oder sogar Jahren zur Ausführung kommen?
- Wie werden die angefragten Produkte oder Leistungen eingesetzt?
- Wer entscheidet über die Auftragsvergabe und wer, außer dem Anfragenden, ist ansonsten noch für die Zusammenarbeit und die Auftragsvergabe relevant?
- Wie läuft der Entscheidungsprozess genau ab?
- Worauf legt der Anfragende persönlich besonders großen Wert?
- Gibt es Ausschlusskriterien, die bei der Angebotserstellung zu berücksichtigen sind?

Also alles Fragen, die vermeiden sollen, dass ich über- oder unterqualifiziert anbiete, sondern die Erwartungen des Kunden, meines Ansprechpartners und des Entscheiders möglichst genau erfülle. Als Vorbereitung für die spätere Preisverhandlung empfehle ich im Rahmen des Vorangebotsgespräches auch, den Entscheider darauf hinzuweisen, dass es bei den angefragten Leistungen teilweise erhebliche Unterschiede in Ausführung und Preis geben kann. Dabei soll nicht der Wettbewerb schlechtgeredet, sondern der Entscheider von Anfang an sensibilisiert und zu einem sorgfältigen Leistungsvergleich bewogen werden.

Es gibt aber noch weitere wichtige Punkte, die in einem Angebotsvorgespräch zu klären sind und die ich gerne als die vertrieblichen Fragen bezeichne.

- *»Welches Budget müssen wir bei der Angebotserstellung berücksichtigen?«*

- »*Was brauchen Sie noch, zum Beispiel Zubehör, Verbrauchsmaterial oder Service?*«
- »*Wann soll ich mich nach Angebotsabgabe wieder melden?*«

Gerade bei der ersten Frage gibt es häufig Widerstand, weil einige Verkäufer der Meinung sind, man könne nicht nach der Budgetgröße fragen, und wenn überhaupt, wie solle man eine derartige Frage formulieren. Eine mögliche Formulierung in diesem Zusammenhang kann sein:

»*Wir haben verschiedene Varianten (Pakete, Ausstattungen), welche Budgetgröße sollen wir denn berücksichtigen?*«

Aus meiner Sicht muss man eine derartige Frage auf jeden Fall stellen, um zu vermeiden, dass man das Angebot umsonst erstellt. Ich habe häufig Anfragen für Verkaufstrainings und frage seit einiger Zeit immer, welches Budget denn zur Verfügung steht, da es am Markt offensichtlich Trainerkollegen gibt, die ihre Leistung unter Wert verkaufen und damit die Preise versauen. Wenn ein Unternehmen der Meinung ist, man könne ein qualifiziertes Inhouse-Vertriebstraining über zwei Tage für unter zweitausend Euro einkaufen, dann bin ich definitiv nicht der geeignete Trainer für diese Aufgabe und erspare mir dann auch gleich die Angebotsabgabe.

Also, fassen wir bis hierher kurz zusammen: Eingehende Anfragen sollten priorisiert werden, Anfragen, die nicht passen, sollte man freundlich absagen und bei werthaltigen und wichtigen Anfragen sollte vor Angebotskalkulation und -erstellung ein telefonisches oder gegebenenfalls auch persönliches Vorangebotsgespräch geführt werden[7].

8.3 Erstellung eines qualifizierten Angebots

Wie sieht nun ein qualifiziertes Angebot im Business-to-Business-Umfeld aus? Dazu betrachten wir zunächst einmal die häufigsten Fehler, die bei

---

7   Das Thema Angebotskalkulation und Pricing möchte ich hier nicht aufgreifen, da der Umfang und die Komplexität den Rahmen sprengen würden. Auch dies ist möglicherweise Bestandteil einer weiteren Publikation.

der Gestaltung eines Angebots gemacht werden. Als Erstes ist hier sicherlich zu benennen, dass Angebote oft zu technisch und viel zu kompliziert geschrieben werden. Man sollte immer davon ausgehen, dass derjenige, der das Angebot zur Prüfung auf den Schreibtisch bekommt, nicht unbedingt ein fachlich und technisch hochversierter Experte ist. Das kann zwar sein, muss aber nicht. Ich habe tatsächlich schon Angebote für Schaltschränke, Aluminiumprofile und Softwarelösungen gesehen, die auf den ersten Blick wie die Bedienungsanleitung des Spaceshuttles aussahen und die für einen Normalsterblichen nicht zu verstehen waren.

Eine ebenso häufig vorzufindende Unart ist die Verwendung von nur für Insider und Spezialisten zu verstehenden Abkürzungen oder Ziffern- und Nummernschlüssel. Wie soll ein Einkäufer wissen, was gemeint ist, wenn in einem Angebot 15 Stück UKN-Blöcke, m. 3,8 Gew. u. vz-Besch. angeboten werden und ab der zweiten Zeile eine über eineinhalb DIN-A-4-Seiten folgende technische Beschreibung folgt, die man nur mit einem erfolgreich abgeschlossenen Studium der Chemie oder Metallurgie verstehen kann? Ich plädiere leidenschaftlich dafür, die angebotene Leistung mit einer allgemeinverständlichen Bezeichnung, der Menge, den Maßen und ggf. noch einer einfachen Beschreibung aufzuführen. Nummern sollte man als Identifikationsmerkmal durchaus hinzufügen, aber sich nicht darauf verlassen, dass damit jeder automatisch etwas anfangen kann. Und wenn ein Bauteil verzinkt ist, dann kann man es auch genauso aufschreiben. Wenn tatsächlich technische Erläuterungen oder Materialspezifikationen erforderlich sind, dann kann man diese als Anlage zum Angebot beifügen.

Eher vertriebspsychologische Gründe sprechen dafür, den Preis nicht auf der ersten Seite des Angebots zu zeigen. Allerdings mit einer Ausnahme: Wenn der Preis meinen Hauptnutzen darstellt und ich die Preisführerschaft innehabe, dann kann und sollte ich den Preis so prominent wie möglich, auf der ersten Seite und fett gedruckt präsentieren. Ansonsten aber bitte nicht.

Eine zu kleine Schriftgröße oder verschnörkelte Schriftarten sollten genauso vermieden werden wie handschriftliche Angebote. Ich weiß genau, dass einige jetzt beim Lesen leise schmunzeln, stimmt's? Glauben Sie mir, ich würde es nicht schreiben, wenn ich es nicht schon mehrfach gesehen hätte. Handschriftliche Angebote auf einem neutralen Block, mit einem dick umrandeten Preis oder nur der Preis, der direkt auf das Deckblatt der Anfrage geschmiert wurde. Datum, Stempel und Unterschrift dazu und per Fax zurück an den Kunden. Ja, das kann man auch mal machen, wenn man den Kunden seit Jahren kennt und diese Art der Zusammenarbeit mit beiderseitigem Einverständnis funktioniert. Aber ansonsten geht das gar nicht!

Ein Beratungskunde hatte mir das damit begründet, dass er ja genau wisse, dass der Kunde sowieso nicht bestellt: *»Der holt sich zwar immer wieder ein Angebot, aber bestellt hat er noch nie.«* Ich habe empfohlen, mit dem Kunden ein Gespräch zu führen und ihn zu fragen, was man denn tun müsse, dass er endlich einmal bei dem Unternehmen bestellt. Entweder kann er es sachlich begründen und dann kann ich bei der nächsten Angebotserstellung auch entsprechend reagieren, oder er gibt zu, dass er nur einen Dummy braucht. Dann würde ich ihm aber auch sagen, dass ich dafür in Zukunft nicht mehr zur Verfügung stehe. Spielchen spielen wollen wir nicht.

Wie würden Sie es finden, wenn unter einem Angebot eines Lieferanten der folgende Text zu finden wäre?

»Das vorliegende Angebot gilt nur in Verbindung mit den Normen und Vorschriften des cde-Verbandes und dessen Satzung. Angaben und Hinweise, die diesen Vorschriften widersprechen, führen zu einer sofortigen Auflösung des Vertragsverhältnisses. Im Übrigen weisen wir auf die §§ 45ff des Gesetzes zum Schutz der Persönlichkeitsrechte gewerblicher Mitarbeiter sowie die arbeits- und sozialversicherungsrechtlichen Vorgaben der Länder und des Bundes hin. Sollten neue gesetzliche Vorgaben der Europäischen Union diesen Vorgaben widersprechen, lehnen wir jegliche Haftung für daraus entstehende Schäden ab. Mit der Annahme dieses Angebotes stimmen Sie den genannten Bedingungen zu und verzichten auf jegliche Schadensansprüche aus einer Zusammenarbeit mit der XYZ GmbH & Co. KG.«

Würden Sie dieses Angebot wirklich ohne Weiteres annehmen? Ich hätte bei einem derartigen Abschlusssatz immer das Gefühl, dass ich mir hier ein ganz gewaltig faules Ei ins Nest hole, und würde mir lieber die rechte Hand abhacken lassen, als dieses Angebot anzunehmen. Bei allem Respekt vor

Gesetzen, Vorschriften und Verbandssatzungen, aber was um Himmels willen kann denn aus einer Zusammenarbeit so Schlimmes entstehen, dass ich mit der Unterschrift unter den Vertrag fürchten muss, mit einem Bein im Gefängnis zu stehen? Wenn es denn tatsächlich rechtliche Besonderheiten gibt, dann verweise ich mit einem Satz darauf: »Es gelten die üblichen Vorschriften und Gesetze beziehungsweise unsere AGB's bzw. das HGB.« Alles darüber hinaus wirkt abschreckend und ist unnötig. Wer sich wirklich noch mehr absichern will, der kann die AGB's oder notfalls sogar noch Texte von Gesetzen und Verordnungen als Anlage beifügen. Insgesamt halte ich das alles aber in unserem Wirtschafts- und Rechtssystem für völlig überflüssig und es sollte daher unterlassen werden.

Aufbau des Angebotes
Wie sollte nun ein professionelles Angebot aufgebaut sein, damit es als Visitenkarte des Unternehmens fungiert und uns dem Gewinn des Auftrags ein Stück näher bringt? Selbstverständlich ist es auf dem Briefformular des Unternehmens verfasst und enthält eine persönliche Ansprache. Da ich entweder durch die Anfrage, aber spätestens durch das Vorangebotsgespräch weiß, wer mein Ansprechpartner ist, kann ich auf das »Sehr geehrte Damen und Herren« verzichten. Als nächstes kommt ein kurzer Einleitungssatz, nach folgendem Muster:

»Wie gewünscht, erhalten Sie Ihr Angebot« oder

»Wie bei unserem Gespräch in Bremen vereinbart, erhalten Sie Ihr Angebot.«

Gleich danach gehen wir dazu über, die Kundenprioritäten und die besprochenen Besonderheiten, die wir im Angebotsvorgespräch geklärt haben, aufzuführen. Das kann dann zum Beispiel so aussehen:

»Wir haben bei der Angebotserstellung die in unserem Vorgespräch definierten Prioritäten berücksichtigt:
- *Mittleres Leistungsvermögen der Anlage.*
- *Es werden vorwiegend Aluminium- und Buntmetalle verarbeitet.*
- *Maximales Volumen: 500 Tonnen/Jahr.*
- *Betrieb der Anlage im Zweischicht-Betrieb.*
- *Verschleißteile für die ersten drei Jahre sind im Endpreis mit eingeschlossen.*

■ *Voraussichtliche Inbetriebnahme der Anlage im 2. Quartal 2017.«*

Somit sind die Voraussetzungen nochmals klar und deutlich herausgestellt und der potenzielle Kunde sieht schwarz auf weiß, dass wir uns intensiv mit seinen Anforderungen auseinandergesetzt haben.

Als Nächstes sollte im Angebot nochmals kurz, aber prägnant auf die eigenen Vorteile verwiesen werden. Dieser Teil kann notfalls auch entfallen, aber es kann aus meiner Sicht nicht schaden, wenn ich hier nochmals darstelle, warum wir glauben, der richtige, der beste Lieferant zu sein. Das kann zum Beispiel so aussehen:

»Zu Ihrer Sicherheit nennen wir Ihnen nochmals unsere Vorteile, die Sie bei der Auftragsvergabe berücksichtigen sollten:
■ *Mehr als 50-jährige Erfahrung in der Entwicklung und Herstellung hochwertiger Metallverarbeitungsanlagen.*
■ *35 Servicepartner mit 24/7 Notdienst bundesweit.*
■ *Patentiertes Biege- und Bearbeitungsmodul mit integriertem Ausfallschutz.*
■ *Sichere und einfache Bedienung der Anlagen nach umfangreicher Einweisung.*
■ *12 Monate Garantie und kostenloser Austausch von Verschleißteilen.«*

Das alles sollte noch auf der ersten Seite Platz finden. Ab der zweiten Seite folgt die Auflistung der angebotenen Leistungen und Produkte in der oben beschriebenen Art und Weise. Bei mehreren Positionen weist man die Einzelpreise aus und addiert diese zu einem Gesamtpreis, der am Ende aber nicht unbedingt hervorgehoben dargestellt wird.

Falls erforderlich, kommen zum Schluss noch der Hinweis auf die Gültigkeit des Angebots und schließlich der im Vorangebotsgespräch vereinbarte Wiedervorlagetermin:

»Das Angebot ist bis zum 30.06.2016 gültig« oder

»Wie besprochen, werde ich mich am Freitag, den 13.05.2016, telefonisch bei Ihnen melden.«

Falls Sie, aus welchen Gründen auch immer, Alternativen anbieten wollen oder müssen, weisen Sie natürlich darauf hin. Normalerweise kann dies aber nur der Fall sein, wenn Sie dies mit Ihrem Ansprechpartner im Vorangebotsgespräch ausdrücklich besprochen haben. Das kann dann derart angekündigt werden:

»Wie vereinbart bieten wir Ihnen alternativ zu der angefragten Variante noch unsere Standardanlage mit den im Folgenden beschriebenen Abweichungen an.«

Das war's auch schon. Mehr muss und soll ein qualifiziertes Angebot im B2B-Bereich nicht enthalten. Wie beschrieben, sollten technische Details und Besonderheiten oder rechtliche Aspekte, wenn überhaupt, nur als Anlage beigefügt und ansonsten auf Einfachheit und leichtes Verständnis des Angebots geachtet werden.

8.4   Die Angebotsverfolgung

Gleich zu Beginn möchte ich klarstellen, dass wir von Angebotsverfolgung und nicht von Kundenverfolgung reden. Das heißt, dass zwar der klare Grundsatz gilt:»Kein Angebot ohne Angebotsverfolgung«, das heißt aber auch, dass wir nicht jedes Angebot bis zum Sankt Nimmerleinstag weiterverfolgen müssen. Ganz im Gegenteil. Eines der Ziele der Angebotsverfolgung ist, dem Kunden dabei zu helfen, eine klare und sinnvolle Entscheidung – am besten natürlich zu unseren Gunsten – zu treffen. Das zweite Ziel ist aber, dass wir herausfinden wollen, ob es sinnvoll ist, das Angebot weiterzuverfolgen oder ob wir uns besser sinnvolleren Aufgaben und Projekten zuwenden sollten.

Da die Angebotsverfolgung als Teil des Gesamtprozesses zu sehen ist, gilt es auch hier, die Verantwortlichkeiten und die Prozessschritte zu definieren, also wer macht die Angebotsverfolgung und wann wird nachgefasst? Sinnvollerweise sollte derjenige nachfassen, der das Angebot ausgearbeitet und erstellt hat. In manchen Unternehmen ist der Angebotserstellungsprozess aufgeteilt, sodass die Mitarbeiter, die das Angebot ausarbeiten, nicht die gleichen sind, die es schreiben und dem Kunden übermitteln. Für diesen Fall sollte derjenige nachfassen, der das Angebot geschrieben und unterschrieben hat.

Bei komplexen Anlagen und Projekten werden die Angebotskalkulation, die Ausarbeitung und die Erstellung im Team erfolgen. Dabei können dann durchaus auch unterschiedliche Personen mit den Entscheidern beim Kunden in Kontakt sein. Es muss aber klar geregelt werden, wer die Verantwortung für das Angebot innehat, da dieser Mensch auch dafür verantwortlich ist, dass nachgefasst und dass der Prozess am Laufen gehalten wird. Damit keine Missverständnisse entstehen, muss also klar und unmissverständlich geregelt sein, wer für die Angebotsverfolgung verantwortlich ist und wer diese letztendlich durchführt.

Auch für die zeitliche Abfolge sollten eindeutige Regelungen getroffen werden. Da es hier selbstverständlich je nach Produkten und Leistungen sowie in Abhängigkeit der Branche und den dort üblichen Gepflogenheiten Unterschiede geben kann, sollte man das von Fall zu Fall definieren. Zunächst einmal haben wir bereits im Vorangebotsgespräch den Ansprechpartner unseres potenziellen Kunden gefragt, wann wir uns melden sollen. Demzufolge haben wir einen Termin. Anderenfalls empfehle ich – sofern keine der oben genannten Gründe etwas anderes verlangen – zwei bis vier Tage nach Angebotsversand zum ersten Mal nachzufassen. Alle weiteren Nachfasstermine lassen sich aus den Ergebnissen der Gespräche schließen. Sollten sich aber aus den Gesprächen keine eindeutigen Termine ableiten lassen, dann sollten abhängig vom Wert, dem Potenzial und den Realisierungsterminen Nachfassgespräche in einem Rhythmus von vier bis sechs Wochen eingeplant werden.

Aber warum muss überhaupt nachgefasst werden? Man sollte doch eigentlich davon ausgehen können, dass auch der Kunde ein Interesse daran hat, zügig mit der Entscheidung voranzukommen. Dazu gibt es ein paar nachvollziehbare und objektive Gründe:

- Angeblich gehen circa 3 Prozent aller Angebote tatsächlich verloren. Ich kann das zwar nicht ganz nachvollziehen, aber in Zeiten von hochsensiblen Spam-Filtern habe ich schon mehrfach am eigenen Leib erfahren, dass meine Angebote tatsächlich nicht beim Kunden angekommen sind. In meinem speziellen Fall kommt es allerdings eher vor, dass ich das

Angebot zwar schreibe, im CRM-System auch brav eintrage, aber dann vergesse, die E-Mail auch wirklich zu versenden. Beim Nachfassen höre ich dann häufig, dass das Angebot nicht angekommen ist, und schiebe es auf den bösen Geist im World Wide Web, der Angebote frisst, oder eben auf den Spam-Filter ...

- Ein weiterer wichtiger Grund für das Nachfassen von Angeboten ist, dem potenziellen Kunden zu verdeutlichen, dass wir den Auftrag wirklich wollen. Das ist ein schmaler Grat, denn hier besteht die Gefahr, dass der Kunde aus dem »Wir wollen den Auftrag« interpretiert, wir brauchen den Auftrag, was uns für die bevorstehende Preisverhandlung in eine ungünstige Lage bringt. Deshalb versuche ich immer darzustellen, dass ich den Auftrag zwar haben will, aber auch ganz gut darauf verzichten kann.

- Natürlich kann es im Angebot auch zu Missverständnissen kommen, die ich beim Nachfassen aufklären kann.

- Und schließlich gibt es da noch das Phänomen der sogenannten »Aufschieberitis« oder, wie es wissenschaftlich korrekt heißt, Prokrastination. In der Anfrage steht ein eindeutiger Realisierungstermin, im Angebotsvorgespräch hat uns der Entscheider mitgeteilt, dass es ganz schnell entschieden wird und dann auch zügig losgehen soll, und man hat uns dazu gedrängt, das Angebot noch vor dem Wochenende fertigzumachen, weil man gleich Anfang der nächsten Woche entscheiden will. Und was passiert? Nichts. Wochen vergehen und bei jedem Kontakt hören wir einen anderen Grund, warum es nun doch nicht losgehen kann. Zuerst muss noch eine größere Anlage in Betrieb genommen werden; die Tarifverhandlungen mit dem Betriebsrat ziehen sich noch hin; die Messe muss erst noch erfolgreich über die Bühne gebracht werden; der Geschäftsführer ist jetzt für drei Wochen im Ausland und deshalb kann nicht entschieden werden und und und.

Jeder, der im Vertrieb und Verkauf unterwegs ist, kennt diese Situation. Erfahrungsgemäß hat das meistens tatsächlich den Grund, dass sich die Prioritätenlage verschoben hat. Wer besonders mit mittelständischen Unternehmen zu tun hat, kennt das nur zu gut. Es geht einfach deshalb nicht weiter und wird übrigens auch nicht entschieden, weil es in der Tat im Moment wichtigere Themen gibt. Nicht selten verlaufen dann derartige Projekte einfach im Sande und werden tatsächlich nicht realisiert.

- Selten ist es wohl auch so, dass die Entscheidung zugunsten unseres Wettbewerbers gefallen ist, und unser Ansprechpartner kann oder will uns das einfach im Moment nicht mitteilen. Das ist zwar äußerst unprofessionell und sollte im B2B-Vertrieb eigentlich nicht vorkommen, ist aber leider gelegentlich der Fall. Ich habe mir zur Gewohnheit gemacht, dass ich in einem derartigen Fall einfach sage: *»Sie dürfen mir gerne direkt und ganz offen sagen, wenn Sie mir den Auftrag nicht geben können, ich kann damit umgehen.«* Meistens bekomme ich auf diese Art und Weise dann nähere Informationen und kann auf deren Basis entscheiden, ob ich das Angebot weiterverfolge oder ob ich mich besser sinnvolleren Aufgaben zuwende.

- Es gibt natürlich auch den Fall, dass der Einkäufer ganz bewusst mit der Zeit spielt und Desinteresse vortäuscht, um uns »weichzukochen«. Er will einfach ein bisschen Druck aufbauen und austesten, wie dringend wir den Auftrag haben wollen oder müssen. Das verschafft ihm eine bessere Ausgangslage für die Preisverhandlung und ist bei ausgebufften und erfahrenen Einkäufern ein beliebtes Instrument. Hier heißt es, cool bleiben und auch das Pokerface aufsetzen. Ich drehe den Spieß dann ganz gerne um, indem ich darauf hinweise, dass ich die für das beabsichtigte Vorhaben eingeplante Zeit nur noch für zwei bis drei Tage blocken kann und dass meine Mitarbeiterin schon gefragt hat, ob sie den Termin für einen ihrer Kunden nutzen kann. Das wirkt manchmal Wunder und plötzlich flattert der Auftrag ins Haus.

Häufig werde ich gefragt, wie man denn mit Anfragen von Stammkunden umgehen soll. Ein Teilnehmer in einem offenen Training sagte vor kurzem, dass er fast nur Stammkunden habe und da brauche er keine Angebotsverfolgung zu machen. Ich habe ihn nur gefragt, ob er keinen Wettbewerb habe und ob er sicher sei, dass dieser Wettbewerb nicht vielleicht eine gezielte Offensive fahren würde. Das hat ihn, den erfahrenen Frontkämpfer, nachdenklich gemacht und er versprach mir, sich die Sache noch einmal zu überlegen.

Nachfassen – aber richtig!
Stellt sich nun die Frage, wie denn die wirksame Angebotsverfolgung aussehen sollte. Ich halte nichts davon, die Angebotsverfolgung mit Checklisten durchzuführen, aber wer sich dann sicherer fühlt, kann auch gerne

ein Formular erstellen. Die erste Frage sollte hier sowie im persönlichen Gespräch lauten:

»Wie hat Ihnen denn unser Angebot gefallen?«

Wenn ich richtig gut gelaunt bin und zu dem Entscheider einen guten Draht habe, dann sage ich im Gespräch auch schon mal: *»Ich gehe davon aus, dass Sie von meinem Angebot begeistert sind und mir jetzt sofort den Auftrag erteilen wollen.«* Ja, das ist zugegebenermaßen ziemlich frech und vorwitzig, bringt aber durchaus gute Erfolge.

Was ich **bitte nicht** hören möchte, ist das immer wieder gern genommene:

»Haben Sie das Angebot erhalten?« oder

»Haben Sie schon Zeit gefunden, um unser Angebot zu prüfen?«

Das sind Formulierungen, die jeder benutzt und die genau deshalb so abgedroschen und langweilig sind, dass sie eigentlich niemand mehr hören will. Außerdem wollen wir auch hier vermeiden, dass wir kurz und knapp abgebügelt werden, sondern wollen stattdessen lieber in ein offenes und zielführendes Gespräch übergehen. Mir gefallen daher die folgenden Formulierungen zum Nachfassen am besten:

»Wie hat Ihnen mein (unser) Angebot gefallen?« oder

»Inwieweit haben sich Ihre Wünsche und Vorstellungen widergespiegelt?« oder

»Wie ist der Stand der Dinge?«

Gerne auch einmal frech und selbstsicher wie oben beschrieben, aber bitte nicht langweilig und eintönig. Wie schon beschrieben, kommt natürlich auch hier häufig die lapidare Antwort:

»Ich habe das Angebot noch nicht gelesen« oder

»Bevor wir eine Entscheidung treffen, muss erst noch das Thema XY geklärt werden.«

oder sonst etwas Vergleichbares. Fragen Sie dann bitte nicht, wann Sie sich wieder melden dürfen, denn damit bringen Sie sich sofort wieder in die bittende und unterlegene Position. Und das wollen wir – wie hoffentlich schon klar geworden ist – unter allen Umständen vermeiden. Besser ist es, wenn ich auf die Aussage, dass der Entscheider das Angebot noch nicht gelesen hat, antworte:

»Sollen wir das Angebot gerade zusammen durchgehen?« oder

»Wie kann ich Sie denn im Moment noch unterstützen?«

Was wir hier erreichen wollen ist, dass unser Gegenüber spürt, dass es uns ernst ist und er aus dieser Nummer nicht so einfach wieder herauskommt. Er soll merken, dass wir uns nicht auf die lange Bank schieben lassen und dass er bei der möglicherweise bevorstehenden Preisverhandlung einen mindestens ebenbürtigen Gegner vor sich hat, mit dem es keine einfachen Verhandlungen geben wird. Außerdem merken wir an der Reaktion, wie wichtig, dringend und ernsthaft das Projekt bei unserem potenziellen Kunden tatsächlich ist, und können daraus Rückschlüsse auf die Sinnhaftigkeit der weiteren Nachfassaktivitäten ziehen.

Beim nächsten Nachfasstermin stelle ich übrigens fast immer die gleiche Frage, die auch auf nahezu alle Leistungen, Produkte und Branchen anzuwenden ist:

»Wie ist der Stand?«

Ich brauche konkrete Informationen über den Stand der Entscheidung; gerne auch eine negative Antwort, die ich notfalls herbeiführe. Die bereits erwähnte Aufforderung: *»Sie können mir auch gerne sagen, wenn Sie sich für den Wettbewerb entschieden haben«*, ist mir lieber als ein monatelanges Herumeiern und ständige falsche Hoffnungen. Mit der Frage nach dem aktuellen Stand bekomme ich meistens die Informationen, die mir Aufschluss über den tatsächlichen Stand der Dinge geben. Meistens bekomme ich zudem nähere Informationen darüber, was noch zu klären ist, oder welche meist internen Dinge die Entscheidung verzögert haben. Falls nicht, frage ich auch direkt und offen nach:

»Welche Punkte müssen denn noch geklärt werden?« oder

»Wie kann ich Sie noch unterstützen?«

Natürlich kommt es an dieser Stelle manchmal vor, dass unser vermeintlich zukünftiger Kunde uns mitteilt, dass er sich bei uns melden wird, sobald die Entscheidung gefallen ist. Was wir von einer derartigen Aussage zu halten haben, ist doch klar, oder? Der Kunde wird uns den Auftrag wahrscheinlich niemals geben. Entweder hat er diesen schon an den Wettbewerb vergeben oder das Projekt ist gestorben. Ich halte es in diesem Fall so, dass ich das akzeptiere, mir den Vorgang aber trotzdem noch einmal auf Wiedervorlage lege. Das können vier Wochen sein, es können auch durchaus drei oder sechs Monate sein. Auf jeden Fall investiere ich noch genau einen Anruf, in dem ich auch wieder nur die Frage stelle, wie der Stand ist. An den Antworten des Gegenübers erkenne ich dann sehr schnell, wie sinnvoll eine weitere Angebotsverfolgung in diesem Falle noch ist, und lege den Vorgang anschließend ab.

Nun gibt es natürlich im B2B-Umfeld sehr häufig die Situation, dass ein potenzieller Kunde bei uns anfragt, der unser Produkt in eine eigene Kundenanfrage integriert und der zum Zeitpunkt unseres Nachfassanrufs den Auftrag selbst noch nicht hat. Hier können wir keinen Druck aufbauen, sondern müssen mehr oder weniger darauf vertrauen, dass unser Ansprechpartner mit ehrlichen und offenen Karten spielt. Aber auch hier kann man durchaus wieder mit etwas Geschick die Plausibilität der Aussage unseres potenziellen Kunden testen. Meistens kommt eine Aussage nach dem Motto:

»Ich habe noch nichts von meinem Kunden gehört« oder

»Bisher haben wir von unserem Kunden noch keinen Zuschlag erhalten.«

Hier dann die Frage zu stellen, was man denn glaubt, bis wann der Kunde eine Entscheidung treffen wird, ist etwas einfallslos und führt wieder in die mögliche Endlosschleife. Besser ist es an dieser Stelle, eine Frage zu stellen, mit der man unseren Ansprechpartner dazu bringt, Farbe zu bekennen. Derartige Fragen können sein:

»Welche Punkte müssen bei Ihrem Kunden noch geklärt werden?« oder

»Worauf legt Ihr Kunde besonders Wert?« oder

»Wann wird der Bedarf bei Ihrem Kunden konkret?« oder

»Wie schätzen Sie Ihre Chancen ein?« oder

»Angenommen, Sie bekommen den Auftrag – sind wir dann im Geschäft?«

Die Antworten selbst, aber besonders natürlich auch die Art, wie unser Ansprechpartner antwortet, gibt uns möglicherweise Aufschluss über die tatsächliche Situation und lässt eine Einschätzung darüber zu, wie wir weiterhin mit diesem Angebot umgehen: ablegen oder dranbleiben?

8.5 Die Einwandbehandlung

Zum Abschluss des Kapitels wenden wir uns noch einem Thema zu, welches in jeder ernsthaften Geschäftsbeziehung irgendwann ansteht: die Einwandbehandlung. Im Prinzip ist die Einwandbehandlung gar kein Problem, da es lediglich darum geht, auf sachlicher Ebene die Fragen oder Anmerkungen des Kunden zu beantworten und zu entkräften beziehungsweise Missverständnisse aufzuklären. Das eigentliche Problem bei der Einwandbehandlung ist, zu erkennen, dass es sich um wirkliche Einwände und nicht um Vorwände oder »Abwimmelungsversuche« unseres Ansprechpartners handelt.

Aus dem Vertriebsleben   **!**

Mir selbst ist es schon so gegangen, dass ich wirkliche sachliche Einwände als Vorwände aufgefasst und an dieser Stelle emotionale und daher völlig unangebrachte Antworten gegeben habe. Für ein anstehendes Beratungsprojekt hatte ich ein Angebot erstellt und bei meinem Nachfassanruf fragte mein Interessent nach, wie sich denn der Preis zusammensetzen würde. Er erwischte mich irgendwie auf dem falschen Fuß und so ging ich davon aus, dass er das übliche Spielchen spielen wollte. Mit einem beleidigten Tonfall fragte ich ihn, dass ich ihm im Vorgespräch ja sehr ausführlich meine Vorgehensweise erläutert hätte und dass er doch meine Leistung bitte in der richtigen Weise einstufen solle. Zum Glück hatte mein Kunde schon gedanklich bei mir gekauft und zog mich mit der Erklärung, dass er tatsächlich nur wissen wolle, wie viel Aufwand ich für welche Bereiche geplant habe, in die richtige Richtung.

Inzwischen bin ich vorsichtiger geworden und antworte lieber einmal zu viel sachlich und emotionslos, als gleich mit der emotionalen Keule loszuschlagen. Stattdessen drehe ich den Spieß sogar gerne einmal um und antworte auf eine offensichtlich provokative Frage bewusst ganz sachlich und emotionsfrei. Damit nimmt man dem Entscheider des Kunden den Wind aus den Segeln und zwingt ihn dazu, seine Absichten zu offenbaren, was mir im weiteren Verhandlungsprozess nur nützlich sein kann.

Ganz klar, sachliche und fachliche Einwände und Fragen müssen ernst genommen und sachlich entkräftet werden. Technische Argumente muss man erläutern und die angebotene Lösung gegebenenfalls diskutieren. Organisatorische Fragen sind sachlich zu beantworten und Termine auf Basis der Vorstellungen des Kunden und den eigenen Planungen zu vereinbaren. Wichtig ist natürlich auch, dass die Verantwortlichkeiten von vornherein geklärt werden. Wenn ich es nicht schon im Angebotsvorgespräch getan habe, dann wäre jetzt noch ein guter Zeitpunkt.

! **Wie geht man mit Ausschreibungen um?**

Leider gibt es bei bestimmten Kunden und Kundengruppen gar keine andere Möglichkeit, um an Aufträge zu kommen. Wenn Sie beispielsweise mit öffentlichen Trägern arbeiten, die ihre Projekte immer per Ausschreibung vergeben, dann werden Sie in Schönheit sterben, wenn Sie sich an den regelmäßig stattfindenden Ausschreibungsprozessen nicht beteiligen.

Jeder weiß aber, dass es auch hier auf die entsprechende Vorbereitung ankommt. Wenn ich meine Chancen in der Ausschreibung möglichst hochhalten will, dann muss es mir als Verkäufer gelingen, im Vorfeld den potenziellen Kunden von meinen Produkten und Leistungen zu überzeugen. Nur so habe ich die Chance, dass die Leistungsbeschreibung so ausfällt, dass meine Produkte und Lösungen möglichst gut und passend beschrieben werden.

Da aufgrund von bekannt gewordenen Korruptionsfällen und mit dem Hintergrund der verschärften Corporate-Governance-Richtlinien in den Unternehmen die Möglichkeiten der Manipulation in den letzten Jahren doch deutlich eingeschränkt wurden, sollte man grundsätzlich nicht davon ausgehen, dass bei jeder Ausschreibung Bestechung und Schiebereien im Spiel sind. Bei meiner Recherche habe ich einen Bericht gelesen, nach dem die durchschnittliche Erfolgsquote bei Ausschreibungen in Deutschland bei 4 % liegt. Dieser Wert ist für den einen ein Witz, während ein anderer über diese Quote schon froh wäre. Insofern kann man aus diesem Wert keine generelle Empfehlung ableiten.

Wie bei normalen Anfragen ist es für den Erfolg der Teilnahme wichtig, möglichst viele Informationen über fachliche und technische Details, über organisatorische Besonderheiten und über mögliche Präferenzen und Vorlieben der Entscheider zu bekommen. Demzufolge macht es auch hier wieder Sinn, möglichst frühzeitig und möglichst zielführend mit dem jeweiligen Ansprechpartner bei der ausschreibenden Stelle zu kommunizieren. Erst wenn ich weiß, was der Kunde tatsächlich will, welche KO-Kriterien es gibt und welche zeitlichen und fachlichen Notwendigkeiten existieren, kann ich möglichst wertfrei beurteilen, ob ich den Aufwand, der mit der Teilnahme an einer Ausschreibung verbunden ist, investieren will.

Für einen meiner Kunden habe ich die nachfolgende Checkliste erstellt, mit der man die Chancen der Teilnahme an einer Ausschreibung bewerten kann.

Checkliste Ausschreibungen

Ausschreibende Stelle: .... Planungsbüro: ....

Projekt .... Ansprechpartner ....

Abgabetermin: .... geplanter Termin: .... Dauer: ....

( ) öffentlich   ( ) beschränkt   ( ) freihändig   ( ) GU   ( ) Fachbetrieb

Besonderheiten

....

....

Welche Punkte sind noch zu klären?

1. ....

2. ....

3. ....

Sonstiges:

1. Wie hoch ist der geschätzte Anteil der Eigenprodukte/Fremdprodukte? ... % / ... %

....

2. Wie hoch ist der Aufwand für Subunternehmer?

....

3. Wie hoch schätzen wir die Auftragschancen ein (mit Begründung)? ... %

....

4. Gibt es besondere Risiken:

....

....

5. Gesamtbewertung: ....

....

Nächste Schritte

( ) Angebotserstellung ( ) Absage   Verantwortlich ....

Datum / Unterschrift:

....

Checkliste für Ausschreibungen

Soviel zum Thema Angebotsmanagement. Im nächsten Kapitel geht es nun darum, wie der zielführende Preisverhandlungsprozess ablaufen sollte.

9 Der Preis ist heiß – Preise wirkungsvoll verhandeln

Seit gut einem Jahr war ich alleiniger Geschäftsführer einer elektrotechnischen Fabrik, so der offizielle Namenszusatz des Achtzig-Mann-Betriebes aus Mittelhessen. Ende des letzten Jahres hatte mir der Vorstand unseres Gesellschafters, einer am neuen Markt notierten Industrieholding, mitgeteilt, dass unser Unternehmen verkauft werden soll. Am neuen Markt wurden Technologiewerte gehandelt und unsere Muttergesellschaft versuchte gerade eine Story aufzubauen, die man den Anlegern verkaufen kann. Und eine Firma, die Schaltschränke für die Energieversorgung und Verteilung herstellt, passte da so überhaupt nicht ins Portfolio.

Dass ich Geschäftsführer wurde, war geplant. Nicht geplant war aber, dass ich durch den doch recht plötzlichen Tod meines Vorgängers quasi von heute auf morgen in den Chefsessel katapultiert wurde, was rechtlich zwar keine Probleme machte, aber eine reibungslose umfassende Übernahme der Geschäfte erschwerte. Der Gesellschafter in Frankfurt wollte lediglich alle drei Monate die Quartalszahlen sehen, in das operative Geschäft mischte man sich nicht ein, leistete aber auch keinerlei Hilfestellung. Man hatte mich ins kalte Wasser geworfen und gehofft, dass ich möglichst schnell schwimmen lerne. Nun, ich war schon einige Zeit als Vertriebsleiter im Unternehmen, sodass ich nicht ganz unbedarft war, aber als Geschäftsführer eines mittelständischen Unternehmens, zu dem noch zwei Tochtergesellschaften gehörten, war ich mit meinen 35 Lenzen doch noch recht unerfahren.

Außerdem hatte ich mir nicht unbedingt eine gute Zeit für meinen Geschäftsleitungseinstieg ausgewählt. 1998 wurde der europäische Energiemarkt liberalisiert und uns brach der Markt weg. Wir hatten gerade so die Kurve gekriegt und im letzten Jahr durch Verkehrsleittechnik-Projekte die weggefallenen Umsätze aus dem Energieversorgungsmarkt einigermaßen aufgefangen. Hinzu kam, dass im September 2001 ein paar islamistische Phantasten in die beiden Türme des World Trade Centers in New York und ins Pentagon geflogen waren, was auf die Weltwirtschaft auch nicht gerade beruhigend wirkte.

In den Ausschreibungen der Energieversorger zu Jahresbeginn hatten wir erwartungsgemäß nicht viel bestellen können und so waren auch für das laufende Jahr weitere Kostensenkungsmaßnahmen geplant. Die Stimmung im Unternehmen war alles andere als gut. Durch den angekündigten Verkauf des

Unternehmens musste »die Braut aber dringend geschmückt« werden. Wir brauchten Umsatz und da wir immer noch nicht die passenden Produkte für die Energieversorger hatten, stürzten wir uns weiterhin auf die glücklicherweise zunehmenden Projekte zur Verkehrssteuerung.

Zum Zweck von Preisverhandlungen führte mein Weg in die bayerische Landeshauptstadt zu SIEMENS. Wir hatten ein Angebot an drei verschiedene Generalunternehmen gemacht und dort unsere Leistung als Hersteller und Ausrüster der Steuerschränke unterbreitet. »*Mein lieber Herr Steitz*«, so hatte der Projektleiter aus München mich am Telefon angesprochen. »*Wir haben den Zuschlag für den Teilabschnitt München West/Südbayern gewonnen und wenn Sie den Auftrag von uns haben wollen, dann müssen Sie mit Ihrem Preis aber noch gewaltig nach unten.*« Einerseits rechneten wir uns gute Chancen aus, da unsere Schranksysteme explizit in der Leistungsbeschreibung aufgeführt waren, andererseits handelte es sich um Verteilerschränke aus Kunststoff, die auch andere anboten. Unter anderem eben auch SIEMENS selbst, wenn auch nicht in den geforderten Maßen.

Das Angebotsvolumen lag bei rund 1,3 Millionen, was rund 15 Prozent unseres geplanten Jahresumsatzes entsprach. Es war ganz einfach: Wir brauchten den Auftrag und zwar dringend. Alles andere hätte bedeutet, dass wir in diesem Jahr einen gewaltigen Verlust einfahren würden, und das wiederum hätte unserem Gesellschafter in der momentanen Situation überhaupt nicht gefallen und meine Geschäftsleitungskariere wäre wohl schneller beendet gewesen, als sie begonnen hatte. Demzufolge hatte ich auf dem Weg nach München gehörig »die Hosen voll«.

In der Richard-Strauss-Straße in München erwartete man mich im 8. Stock, in einem offensichtlich provisorischen Büro. Dort saß der Projektleiter mit seinen drei Assistenten an einem langen grauen Tisch und machte ein Gesicht wie Marlon Brando in »Der Pate«. Ich hatte erwartet, dass zunächst noch ein paar technische und organisatorische Dinge besprochen werden sollten, aber der Projektleiter kam sofort zum Punkt: »*Der Betriebsleiter aus unserem Werk in Augsburg will den Auftrag unbedingt haben. Er hat mir ein Angebot gemacht, was trotz unserer internen Verrechnungssätze deutlich unter Ihrem Angebot liegt. Ich bin zwar nicht verpflichtet, bei unserem konzerneigenen Werk einzukaufen, und eigentlich will ich das auch nicht, aber bei dem Preis, den Sie mir angeboten haben, bleibt mir gar keine andere Wahl.*«

Ich war entwaffnet, noch bevor die Schlacht überhaupt begonnen hatte. Der dringend benötigte Auftrag schien mir aus den Händen zu gleiten und vermutlich hatte ich die nackte Angst in meinem Gesicht stehen. »*Also, natürlich wollen wir den Auftrag gerne haben und sofern es keine massiven technischen*

Änderungen mehr gibt, kann ich Ihnen auch noch einen Nachlass von 4% anbieten ...« – eigentlich wollte ich noch ein bisschen ausholen und die üblichen Argumente (Rohstoffpreiserhöhung, Personalkosten etc.) auf den Tisch legen, aber so weit kam ich nicht mehr. Ich wurde einer regelrechten Schimpftirade ausgesetzt und es fielen Begriffe wie *»unseriös«*, *»Zeitverschwendung«*, *»überteuert«* und *»Unverschämtheit«*. Ich weiß nicht mehr genau, wie es weiterging, aber ich glaube, dass mir der Projektleiter irgendwann eine Zahl genannt hatte, zu der er bereit wäre, bei uns zu kaufen, und dass ich mich der Situation ergeben und zugestimmt habe. Wir haben den Auftrag bekommen und in dem Verhandlungsprotokoll, welches mir gleich an Ort und Stelle übergeben wurde, stand schließlich eine Gesamtsumme, die einem Nachlass von fast 15% entsprach. Wir hatten fünf Prozent eingeplant, sodass der Schmerz nicht ganz so groß war.

Auf der Rückfahrt von München zurück nach Hessen durchlebte ich ein Gefühlschaos. Einerseits war ich froh und glücklich, den Auftrag überhaupt bekommen zu haben. Andererseits schämte ich mich vor mir selber, weil ich mich den Forderungen meiner Verhandlungspartner fast widerstandslos ergeben hatte. Ich weiß noch sehr genau, welch ermüdende Diskussionen ich mit unserem Betriebsleiter und unserer Einkäuferin führen musste, weil wir den Nachlass natürlich über Produktivitätserhöhung und günstigeren Einkauf auffangen mussten. Wir haben alle aus diesem Projekt viel gelernt, sowohl was die Optimierung unserer Montageprozesse als auch die neuen Einkaufsquellen angeht. Unterm Strich haben wir das Projekt mit einem Plus abgeschlossen und mit dem Projektleiter von SIEMENS war ich in späteren Jahren sogar freundschaftlich verbunden.

Als wir zwei Jahre später in Hannover beim Bier an der Hotelbar über diese *»Verhandlung«* sprachen, sagte er zu mir: *»Du hättest damals den Auftrag ohne einen Pfennig Nachlass bekommen, weil die Autobahndirektion auf eure Schränke bestanden hat. Als du in unser Büro gekommen bist, habe ich an deinem Gesicht gemerkt, dass du unter Druck stehst, und dann habe ich das natürlich ausgenutzt.«*

Direkt nach dem Erlebnis in München habe ich begonnen, mich intensiv mit dem Thema Preisverhandlung auseinanderzusetzen. Ich habe Seminare besucht, viele Bücher zu dem Thema gelesen und natürlich in ganz vielen praktischen Übungseinheiten in realen Kundensituationen meine Vorgehensweise verfeinern müssen. Heute macht mir zu diesem Thema so schnell niemand mehr etwas vor und wie ein wirkungsvoller Preisverhandlungsprozess aussehen sollte, das können Sie auf den folgenden Seiten lesen. Ich werde den

Prozess so umfänglich beschreiben, wie es in diesem Rahmen möglich ist. Das Thema Preisverhandlung nimmt in meinen Seminaren fast einen kompletten Tag ein, sodass ich hier nicht auf alle Facetten des Prozesses eingehen kann.

Eigentlich könnte das Leben doch ganz einfach sein. Gerade im B2B-Bereich, wo meistens Menschen agieren, die nicht in direktem eigenen Interesse handeln, wäre es doch auch ganz leicht möglich, dass derjenige, der anfragt, einfach das Angebot annimmt, welches den günstigsten Preis für die scheinbar günstigste Leistung anbietet. Die lästigen Spielchen und das zum Teil recht unwürdige Gefeilsche könnte man doch einfach ersatzlos streichen … Natürlich ist das völliger Quatsch, denn neben der Realitätsferne des von mir dargestellten Szenarios gibt es selbstverständlich auch einige sachliche und taktische Gründe, die für Preisverhandlungen sprechen bzw. diese überhaupt erst erforderlich machen.

- Aus meiner Sicht ist der wichtigste Punkt im B2B-Vertrieb, dass der Kunde einfach dazu gezwungen ist. günstig einzukaufen. Entweder liegt sein vorgegebenes Budget unterhalb des angebotenen Preises oder er wurde selbst von seinen Kunden im Preis gedrückt. (Genauso wie es mir bei meinen Verhandlungen in München gegangen ist.) Der Einkäufer ist demzufolge kraft seiner Position mehr oder weniger verpflichtet, so günstig wie möglich einzukaufen.

- In vielen Unternehmen ist es inzwischen üblich, dass sich die Gehälter der Einkäufer an den Erfolgen ihrer Einkauftätigkeit orientieren. Der Einkäufer erhält ein Grundgehalt und der variable Anteil richtet sich danach, wie hoch die Einsparung für den jeweiligen Bereich in dem laufenden Jahr ist. Einkäufer werden zudem in vielen Unternehmen ganz bewusst nur für zwei bis drei Jahre auf ihrer Position belassen. In dieser Zeit gibt man ihnen die Vorgabe, jedes Jahr 15 bis 20 Prozent günstiger einzukaufen als im Vorjahr und schon hat man ein wunderbares Druckszenario geschaffen.

- Manchmal erweisen sich die Entscheider, die schon einmal übervorteilt wurden, als besonders hartnäckige Verhandler. Glauben Sie mir, ich bin kein angenehmer Verhandlungspartner, wenn ich selbst auf der Einkäuferseite sitze, und das liegt nicht nur an meinem München-Erlebnis, sondern auch daran, dass ich schon mehrfach das subjektive und objektive Gefühl hatte, übervorteilt worden zu sein. Früher war ich, sehr zum Leidwesen meiner Frau, ziemlich leichtgläubig. Inzwischen ist in mir ein grundsätzliches Misstrauen erwachsen und ich gehe mit der Einstellung »Wenn ich nicht verhandle, bin ich ja blöde« bei jeder größeren Anschaffung an den Start. Egal ob im geschäftlichen oder privaten Kontext.

Ein wichtiger Aspekt also, warum man sich auf Preisverhandlungen entsprechend einstellen und vorbereiten sollte, ist die Tatsache, dass der Einkäufer oder der verantwortliche Entscheider nicht mit offenen und ehrlichen Karten spielt. Er blufft. Und genau das ist es, was das ganze Thema so komplex und anspruchsvoll macht. Aber dazu gleich noch mehr.

Auch wenn der Einkäufer gar nicht vorhat, den bisherigen Lieferanten zu wechseln, oder wenn er schon genau weiß, wem er den Auftrag erteilen will, wird gerne geblufft. Mit einem niedrigeren Angebot in der Hinterhand verbessert man als Einkäufer seine Position bei der Verhandlung mit dem Wunschlieferanten. Schon mancher Verkäufer ist mit stolzgeschwellter Brust aus Preisverhandlungen herausgegangen, weil er als günstigster Anbieter davon ausgegangen ist, dass er den Zuschlag erhält, um kurze Zeit später mit der Aussage enttäuscht zu werden, dass der Stammlieferant auf den günstigen Angebotspreis eingestiegen ist. Als Erklärung verweist der Einkäufer gerne noch auf die guten Erfahrungen, die man ja mit dem bisherigen Lieferanten gemacht hat, und beruft sich meistens noch auf die Entscheidung eines Vorgesetzten, der als Zünglein an der Waage schließlich den Ausschlag gegeben hat. Dass von vornherein klar war, wie das Spiel laufen sollte, wird natürlich verschwiegen.

- Es geht aber bei Preisverhandlungen nicht nur um taktische und egoistische Erwägungen der Entscheider auf Seiten des einkaufenden Unternehmens. Nicht selten sind es ganz sachliche Überlegungen, die zu Diskussionen und Verhandlungen führen. Der potenzielle Kunde ist ganz einfach noch nicht von den sachlichen, technischen und preislichen Vorteilen des vorliegenden Angebots überzeugt. Das dazu passende Stichwort ist das Preisleistungsverhältnis.
- Und schließlich sollte nicht vergessen werden, dass auf beiden Seiten des Verhandlungstisches Menschen sitzen. Demzufolge spielen immer auch persönliche Sympathien und Antipathien, versteckte oder offen dargebotene Vorbehalte gegen Personen, Produkte und Überzeugungen sowie die aktuelle Stimmungslage der Verhandlungspartner eine Rolle.

All dies gilt es zu bedenken, wenn man sich vergegenwärtigt, dass nach einer Untersuchung aus dem Jahr 2008 achtzig Prozent aller Preisnachlässe im B2B-Umfeld unnötigerweise oder viel zu früh gegeben wurden. Die Verkäufer gingen davon aus, dass ein oder mehrere inhaltlich vergleichbare Wettbewerbsangebote vorlagen, und stimmten deshalb voreilig den zum Teil viel zu hohen Nachlassforderungen der vermeintlichen Kunden zu. Unbewusst setzten diese Verkäufer eine Abwärtsspirale in Gang, an dessen Ende sich nur die Entscheider des einkaufenden Unternehmens als Sieger fühlen konnten. Die Verlierer saßen auf der Anbieterseite. Diese mussten entweder damit klarkommen, dass sie trotz intensiver Verhandlungen den Auftrag nicht erhielten, oder aber zwar den Zuschlag bekamen, dafür allerdings so hohe Preisnachlässe in Kauf nehmen mussten, dass keine vernünftigen Deckungsbeiträge mehr erwirtschaftet werden konnten. Neben den wirtschaftlichen Auswirkungen blieb immer auch ein ungutes Gefühl bei den Verkäufern hängen.

Es gibt also klar widerstrebende Interessen. Der Einkäufer will möglichst günstig einkaufen und zwar bei dem Anbieter, den er bevorzugt, und der Verkäufer will den Auftrag und dass zu einem möglichst hohen Preis. Konkretisieren wir die Ziele der Verkäufer noch etwas mehr, dann lassen sich vier Punkte herausstellen:

- Die Erhöhung der eigenen Glaubwürdigkeit (Wir stehen zu unserer Leistung und zu unserem Preis)
- Die Reduzierung der Nachlassforderung des Kunden
- Die Auftragserteilung bzw. der Vertragsabschluss
- Das Gefühl, dass keine Seite verloren hat (Win-Win-Situation)

Danach ergibt sich die einzuschlagende Verhandlungsstrategie eigentlich fast von selbst. Als erfolgreicher B2B-Verkäufer muss ich es schaffen, die vorliegenden oder vielleicht auch nur scheinbar vorliegenden Angebote hinsichtlich der Vergleichbarkeit zu testen und den tatsächlichen Wert, den Nutzen der eigenen Leistung, möglichst optimal darzustellen. Wenn mir das gelingt, kann ich die Bedingungen der Zusammenarbeit – die Preise und Konditionen – richtig, also deckungsbeitragsbezogen, verhandeln.

Letztendlich stellt sich auch der Preisverhandlungsprozess als ein logisch aufeinander aufbauender Fragenkomplex dar, den man zwar nicht bis ins Letzte vorhersehen, aber doch ganz gut standardisieren kann. Bevor ich den

10-stufigen Prozess vorstelle, möchte ich auch zunächst wieder ein paar Beispiele dazu bringen, wie man es besser nicht machen sollte.

- Auf die Aussage des Einkäufers, dass wir zu teuer sind sollte man nicht vorschnell erwidern, dass das nicht sein kann. Tue ich es trotzdem, unterstelle ich dem Kunden unterschwellig, dass er mich anlügt. Damit verbessere ich meine Verhandlungsposition natürlich nicht gerade und außerdem riskiere ich, dass ich mir den mutmaßlich ja zunächst einmal neutralen und offenen Entscheider des einkaufenden Unternehmens gleich zu Beginn der Verhandlungen zum Feind mache.

- Auch mit der gerne vom Verkäufer verwendeten Formulierung »*Möglicherweise vergleichen Sie Äpfel mit Birnen*« ist eine, in diesem Falle sogar recht eindeutige, Unterstellung verbunden. Wenn ich diesen Ausspruch bringe, zweifle ich ganz klar die Kompetenz des Entscheiders an, was wir im Sinne einer weiterhin neutralen Verhandlung und dem Aufbau einer unbelasteten Kundenbeziehung tunlichst vermeiden sollten.

Bleiben Sie entspannt. An dieser Stelle bringt es uns überhaupt nichts, wenn wir uns von den teilweise ja bewusst provokativen Äußerungen des Einkäufers zu unüberlegten Aussagen hinreißen lassen.

Wichtig   **!**

Der Profi vermeidet extreme Reaktionen und hat seine Emotionen im Griff.

Zeigen Sie, dass Sie Ihr Handwerk verstehen, und demonstrieren Sie bewusst Gelassenheit und Selbstsicherheit. Das stärkt Ihre eigene Position und bringt eher Ihr Gegenüber in Verlegenheit.

Wenn ich in Seminaren nach der passenden Erwiderung für die Aussage »*Sie sind zu teuer*« frage, wird immer wieder gerne das beliebte »*Qualität hat eben seinen Preis*« genannt. Selbst, wenn das genau den Kern der Sache trifft, bringen Sie sich mit dieser Aussage auch wieder nur in unnötige Bedrängnis. Unterschwellig schwingt in dieser Aussage nämlich auch wieder mit, dass ich meinem Verhandlungspartner Inkompetenz unterstelle. Was halten Sie hingegen davon, wenn wir den Kunden gleich mit qualitativen Argumenten versorgen? Dann bleiben wir schön sachlich, verweisen darauf, dass wir gute

Qualität zu einem angemessenen Preis angeboten haben, und müssten damit doch auf der richtigen Spur sein, oder?

Grundsätzlich könnte man das tun und auf die Aussage *»Sie sind zu teuer«* mit einer Aussage nach folgendem Muster antworten:

»Wir gehören in diesem Segment nicht zu den billigen Anbietern, dafür bieten wir aber folgende Vorteile ...«

Wer das so macht, kennt allerdings die meist darauffolgende Kundenerwiderung:

»Das sagen Ihre Wettbewerber auch.«

Rumms! Aufgelaufen! Alles, was Sie jetzt noch nachschießen, wirkt wie der verzweifelte Versuch, sich für eine Verfehlung zu rechtfertigen, die man gar nicht begangen hat. Es führt genau zum Gegenteil, wir werden mit jedem weiteren Wort unglaubwürdiger und stärken die Argumente der Konkurrenz. Okay, was könnte man also dann einem Einkäufer erwidern, der uns die Aussage:

»Vielen Dank für Ihr Angebot, aber Sie sind leider zu teuer. Wir haben günstigere Angebote vorliegen«,

entgegenschleudert?

Weiterer Vorschlag:

»An welchen Preis haben Sie denn gedacht?«

Gar nicht schlecht, aber viel zu früh. Das ist in der Tat eine Frage, die ich irgendwann im Prozess stellen muss, nur jetzt noch nicht. Wenn ich diese Frage gleich zu Beginn stelle, mache ich mich als Verhandlungspartner sofort absolut unglaubwürdig. Mir ist sehr bewusst, dass viele Verhandlungen in dieser Art und Weise ablaufen und dass genau deshalb die üblichen Verhandlungsprozente in den Kalkulationen enthalten sind, die dann sofort wieder als großzügiger Nachlass angeboten werden. Letztendlich habe ich das über viele Jahre auch so gemacht und ganze Branchen arbeiten heute noch nach diesem System. Jeder kennt das Prozedere, jeder schimpft und zetert darüber, aber keiner traut sich, das altbekannte Spielchen anders zu spielen. Zur Erinnerung. Wir wollen den Auftrag, wir wollen unsere Glaubwürdigkeit behalten oder sogar stärken und wir wollen die Nachlassforderung des Kunden senken. Um diese Ziele zu erreichen, ist noch etwas ganz Entscheidendes zu beachten: das richtige Timing.

Ich muss die richtigen Schritte in der richtigen Reihenfolge gehen. Je schneller ich das Signal gebe, dass Preisnachlässe möglich sind, desto höher werden die Nachlassforderungen des Kunden ausfallen. Also, lassen Sie sich Zeit. Bleiben Sie cool und gelassen. Gehen Sie in aller Ruhe einen Schritt nach dem anderen. Zeigen Sie Ihrem Verhandlungspartner, dass er es mit einem echten Profi zu tun hat, der zu seinem Angebot steht und der notfalls auch bereit ist, auf einen nicht lukrativen Auftrag zu verzichten. Verhandeln Sie stets auf Augenhöhe und genießen Sie, dass Sie ab sofort einen Verhandlungsprozess beherrschen, bei dem Sie stets Herr der Lage sind. Ja, ich weiß, so langsam möchten Sie nun endlich wissen, wie Sie vorgehen sollen. Also, Trommelwirbel … hier nun der professionelle und zielführende Preisverhandlungsprozess für Investitionsgüter, erklärungsbedürftige Produkte und Dienstleistungen in 10 Schritten:

1. **Schritt:**
   Vergleichbarkeit testen
2. **Schritt:**
   Verunsicherung
3. **Schritt:**
   Inhaltlicher Vergleich
4. **Schritt:**
   Fragen zur Produktqualität und Leistung
5. **Schritt:**
   Ernsthaftigkeitstest und Abschlussvorbehalt
6. **Schritt**
   Grenzen setzen — Vorstellungen erfragen
7. **Schritt:**
   Rückversicherung
8. **Schritt:**
   Entweder — oder?

9. **Schritt:**
   Gegenleistung aushandeln
10. **Schritt:**
    Last Call Versprechen

Schauen wir uns die einzelnen Schritte im Detail an.

9.1 Vergleichbarkeit testen

»Das ist doch ganz klar«, höre ich in Vertriebstrainings zum Thema Preisverhandlung sehr oft, wenn ich als erste Erwiderung auf die berühmte Aussage *»Zu teuer«* vorschlage, dass man zunächst die vorliegenden Angebote inhaltlich vergleichen sollte. Hier kommt dann auch gerne immer wieder die Äpfel-und-Birnen-Metapher zum Einsatz. Auch wenn man ohne jegliche Vorkenntnisse den gesunden Menschenverstand befragt, wird dieser sehr schnell zu der Erkenntnis kommen, dass es Sinn macht, so vorzugehen. Also dann, stellen wir doch einfach die entsprechende Frage:

»Womit vergleichen Sie?« oder

»Im Vergleich wozu sind wir denn zu teuer?«

Sicherlich werden Ihnen noch weitere mögliche Fragen dazu einfallen, die Sie dem potenziellen Kunden an diesem Punkt nennen können.

Ich habe die Erfahrung gemacht, dass mancher Entscheider auf Kundenseite über eine derartige Frage überrascht ist. Viele rechnen ganz offensichtlich damit, dass der Verkäufer sofort nach den Nachlassforderungen fragt. Im persönlichen Gespräch kann man die Überraschung förmlich sehen, am Telefon spürt man meistens auch ein kurzes Zögern, was für mich schon sehr vielsagend sein kann. Auf jeden Fall zeigt man mit diesem Einstieg in die Verhandlung, dass man nicht bereit ist, kampflos auf Prozentpunkte zu verzichten. Und mit der Zeit bekommt man vielleicht auch ein Gefühl dafür, ob die Aussage *»Zu teuer«* einfach reflexartig getroffen wurde, ob das Budget tatsächlich nicht ausreicht oder ob der Einkäufer blufft.

Antwortet der Kunde also mit der Aussage:

»Ich vergleiche Ihr Angebot mit gar nichts. Unser Budget passt aber einfach nicht zu Ihrem Angebotspreis«,

dann habe ich als Verkäufer natürlich nur wenige Reaktionsmöglichkeiten. Als Erstes muss ich dann die Frage stellen, wie hoch das angesetzte Budget ist. Bei unseren Sales-Outsourcing-Projekten kommt es schon einmal vor, dass Kunden mit völlig falschen Vorstellungen auf uns zukommen. Man hat vielleicht darüber nachgedacht, für die Neukundenakquise eine 450-Euro-Kraft einzustellen, und hat auch nur diesen Betrag dafür budgetiert. Meistens kann ich das schon im Vorfeld klären, manchmal wird diese Vorstellung des Kunden im Vorgespräch aber nicht deutlich. Wenn dieser dann ein Angebot von uns bekommt, in dem die Konzeptentwicklung, die Kontaktrecherche, die Projektleitung, das Reporting und noch einige zusätzlichen Leistungen mehr enthalten sind, was demzufolge deutlich höher liegt als die budgetierten EUR 450 plus die Pauschalversteuerung, dann liegen wir nun einmal weit auseinander. Ich kann dann nur noch versuchen, den Kunden dazu zu bringen, dass das Budget erhöht wird, was selbstverständlich nicht in jedem Fall möglich ist.

Wenn der Unterschied zwischen dem veranschlagten Budget und unserem Angebot nicht zu hoch ist, kann ich die angebotenen Leistungen reduzieren. Ich frage dann ganz konkret, auf welche Bestandteile der angebotenen Produkte oder Leistungen der Kunde verzichten kann oder ob es andere Möglichkeiten der Reduzierung gibt, die wir uns zum Ende des Kapitels noch näher ansehen werden. Wenn das Budget und unser Angebot aber sehr weit auseinanderliegen und es auch keine Möglichkeit der Budgeterhöhung oder Leistungsreduzierung gibt, dann wird aus dem Geschäft vermutlich nichts werden.

Der häufiger vorkommende Fall ist sicherlich der, dass unser Kunde sagt, dass er günstigere Wettbewerbsangebote vorliegen hat. Wenn dem so ist, muss ich direkt zur nächsten Stufe des Preisverhandlungsprozesses übergehen, der Verunsicherung.

9.2 Verunsicherung

Der Entscheider unseres potenziellen Kunden teilt uns also mit, dass er günstigere Wettbewerbsangebote vorliegen hat. Selbstverständlich muss er davon ausgehen, dass die angebotenen Leistungen gleich, also vergleichbar, sind, da er ja überall das Gleiche angefragt hat. Wie wir aber aus der Erfahrung wissen, bietet nicht unbedingt jeder Anbieter das Gleiche an. Für fast jedes Investitionsgut, jedes erklärungsbedürftige Produkt und auch für jede Dienstleistung gibt es unterschiedliche Varianten, Ausführungs- und Ausrüstungsmöglichkeiten sowie unterschiedliche Leistungsumfänge.

Nicht immer ist das in den Angeboten klar und deutlich zu erkennen und recht häufig fehlt dem Einkäufer auch das notwendige Know-how, um die vorliegenden Angebote wirklich entsprechend der beschriebenen Leistung zu vergleichen. Manchmal ist es dem Einkäufer auch egal. Er hat ein vorliegendes Problem beschrieben und unterschiedliche Anbieter haben unterschiedliche Lösungsmöglichkeiten angeboten. Wie die jeweiligen Anbieter das realisieren, ist dem Einkäufer zunächst einmal einerlei. Er sieht für sich als Entscheidungskriterium die große, doppelt unterstrichene Zahl am Ende des Angebots und sonst nichts.

Es ist demnach unsere Aufgabe als Verkäufer, den Entscheider darauf hinzuweisen, dass es zum Teil erhebliche Unterschiede geben kann, die sich auf den Preis und das Endergebnis auswirken können. Und das tun wir zunächst ganz neutral. Nachfolgend ein möglicher Dialog:

Kunde: *»Wir haben günstigere Angebote von Ihren Wettbewerbern vorliegen.«*
Verkäufer: *»Dann gibt es möglicherweise Unterschiede bei den angebotenen Leistungen.«*
Kunde: *»Das glaube ich nicht, weil wir ja überall das Gleiche angefragt haben.«*
Verkäufer: *»Sie wissen, dass es gerade bei ... zum Teil erhebliche Unterschiede geben kann, die sich natürlich auch auf den Preis auswirken.«*

Der Hinweis, dass es möglicherweise Unterschiede bei den angebotenen Leistungen gibt, und die positiv formulierte Verunsicherung sollen den Entscheider dazu bringen, dass er sich genauer mit den Wettbewerbsangeboten beschäftigt.

Wir haben immer im Hinterkopf, dass es möglich ist, dass gar kein Wettbewerbsangebot vorliegt und der Einkäufer blufft. Daher sollten wir stets darauf achten, ob lange Gesprächspausen, stockende Antworten oder widersprüchliche Aussagen von unserem Gesprächspartner kommen. Der Verlauf des Preisverhandlungsprozesses ist aber unabhängig von der Glaubwürdigkeit unseres Gegenübers zu sehen und führt uns aus der Verunsicherung direkt zu der nächsten Stufe, dem inhaltlichen Vergleich.

9.3 Inhaltlicher Vergleich

Beim inhaltlichen Vergleich gilt es wieder, auf die Art der Fragestellung zu achten. Wir sind in einer Verhandlung und sollten daher alles vermeiden, was die Verhandlung abreißen lässt. Insofern sind geschlossene Fragen wie die folgenden nicht zu empfehlen:

»Haben Sie die Angebote denn wirklich genau verglichen?« oder

»Hat der Wettbewerb denn auch die erste Wartung mit eingerechnet?« oder

»Hat der Wettbewerb denn auch an die Beschichtung der Anschlüsse gedacht?«

Als Verkäufer muss ich mir natürlich im Vorfeld, und zwar am besten schon vor dem Angebotsvorgespräch, darüber Gedanken machen, was mögliche Unterscheidungsmerkmale in den Wettbewerbsangeboten sein könnten. Jeder erfahrene Verkäufer kennt die Vor- und Nachteile der eigenen Produkte und Leistungen im Vergleich zu den wichtigsten Wettbewerbern. Nicht zuletzt dazu haben wir uns im Rahmen der Vorbereitung mit dem Wettbewerb beschäftigt. Ideal ist es, wenn ich als Verkäufer weiß, dass ein Wettbewerber bestimmte Forderungen aus der Anfrage gar nicht, nur unzureichend oder mit Verschleierung und Vortäuschung realisieren kann. Dann kann ich spätestens beim inhaltlichen Vergleich Fragen stellen, die genau diese wunden Punkte in den Wettbewerbsangeboten aufdecken. Aber auch, wenn ich gar nicht weiß, wer der Wettbewerb ist, gegen den ich antrete und was dieser angeboten hat, kann ich mit den richtigen Fragen meine Glaubwürdigkeit erhöhen und testen, ob der Einkäufer blufft. Die Fragen beziehen sich natürlich in diesem Fall auf unsere eigenen Vorteile und bekannten Fallstricke zu den angebotenen Leistungen. Schauen wir uns ein paar Beispiele an:

»Welches Konzept hat der Wettbewerb angeboten?«

oder

»Welche Betriebskosten und Verbrauchsmaterialien sind im Preis des Wettbewerbs enthalten?«

oder

»Wie stellt der Wettbewerb sicher, dass nach jedem Teilabschnitt ein Testing des Paketes erfolgt?«
oder

»Welche Zahlungsbedingungen hat der Wettbewerb angeboten?«

oder

»Welche Transportverpackung hat der Wettbewerb angeboten?«

Hier wäre es jetzt nicht schlecht, wenn Sie sich ein Fragenset zu den von Ihnen angebotenen Produkten und Leistungen erstellen würden. Überlegen Sie sich, welche Differenzierungsmerkmale und vor allem welchen Nutzen Sie bieten, und wenn Sie wissen, wo die Schwachstellen der Wettbewerber liegen, beziehen Sie diese in Ihre Überlegungen mit ein. Ihren Nutzen haben Sie ja schon ermittelt, sodass Sie dies nur in Fragen übertragen müssen.

Als Anregung führe ich Ihnen einige meiner Fragen auf, die ich verwende, wenn es um Sales-Outsourcing-Angebote geht. Mein Wettbewerb an dieser Stelle ist meistens kein weiterer Anbieter, sondern eher die Option, einen eigenen Mitarbeiter neu einzustellen oder einen vorhandenen Mitarbeiter für das Presales abzustellen. Mein Fragenset sieht wie folgt aus:

- *»An welchen Punkten machen Sie die Vergleichbarkeit fest?«*
- *»Welche tatsächlichen Kosten rechnen Sie bei dem angestellten Mitarbeiter mit ein?«*

- *»Wer übernimmt die Steuerung und Kontrolle des Mitarbeiters?«*
- *»Welche Ziele werden Sie definieren?*
- *»Wie stellen Sie das Reporting sicher?«*
- *»Wie führen Sie den Soll-Ist-Vergleich durch?*
- *»Wie stellen Sie sicher, dass der Mitarbeiter nicht nach der Anlaufphase die Neukundenakquise vernachlässigt und mehr und mehr Administrationsaufgaben übernimmt?«*

Wie gesagt, überlegen Sie sich, mit welchen Fragen Sie den Entscheider bei dem potenziellen Kunden zum Nachdenken bewegen. Legen Sie den Finger in die Wunde. Mit dieser Vorgehensweise erreichen wir drei wichtige Ziele:

1. Wir erhöhen unsere Glaubwürdigkeit und zeigen, dass wir wissen, worauf es ankommt.
2. Durch die gezielten Hinweise auf mögliche Unterschiede reduzieren wir die Nachlassforderung des Entscheiders.
3. Wir testen, ob der Entscheider/Einkäufer blufft.

Wenn er blufft, erkennen wir das spätestens jetzt.

Ich werde in Seminaren häufig gefragt, ob man denn den Einkäufer bitten darf, die Wettbewerbsangebote einzusehen oder diese sogar direkt mit dem eigenen Angebot zu vergleichen. Grundsätzlich halte ich diese Bitte für legitim. Man muss nur aufpassen, dass man damit den Einkäufer nicht in Verlegenheit bringt. Wenn ich das Gefühl habe, dass mein Gegenüber blufft und ich ihn dann noch bitte, die Angebote des Wettbewerbs mit dem eigenen Angebot zu vergleichen, dann überführe ich ihn mit dieser Aktion ja quasi der Lüge und werde mir den Entscheider damit natürlich zum unerbittlichen Feind machen. Im Sinne einer angestrebten Zusammenarbeit ist in diesem Fall von einem direkten Vergleich abzuraten.

Wenn ich aber das Gefühl habe, dass tatsächlich ein oder mehrere vergleichbare Angebote vorliegen und dass mein Ansprechpartner möglicherweise aufgrund des fehlenden Know-hows gar nicht in der Lage ist, die Angebote sachlich und fachlich zu vergleichen, dann biete ich meine Hilfe an. Ich lasse mir in diesem Fall auch schon einmal ein Wettbewerbsangebot zuschicken, natürlich mit abgedecktem Firmennamen und auch mit abgedeckten Preisen. Meine Kunden gehen überraschend oft auf dieses Angebot ein, was mir zum einen Informationen über meinen Wettbewerb beschert und zum anderen ein hervorragendes Mittel ist, um das vorliegende Angebot dann wirklich auch in meinem Sinne auseinanderzunehmen. Man kann diesen Vorschlag oder diese Bitte auf folgende Art und Weise anbringen:

»Wissen Sie was, Herr XY. Lassen Sie uns die beiden Angebote doch mal nebeneinander legen und wir schauen mal, wo mögliche Unterschiede sein können. Den Firmennamen und die Preise können Sie gerne abdecken.«

Nach dem inhaltlichen Vergleich stellen wir wahrscheinlich fest, dass es tatsächlich Wettbewerbsangebote gibt, und kommen zu einem der folgenden Schlussfolgerungen:
1. Unser Preis ist höher und durch eine bessere, höherwertigere oder umfangreichere Leistung gerechtfertigt.
2. Die von uns und vom Wettbewerb angebotenen Leistungen sind tatsächlich vergleichbar und wir sind trotzdem teurer beziehungsweise der inhaltliche Vergleich ist nicht möglich.

Im ersten Fall ist das weitere Vorgehen wieder relativ einfach: Entweder reduziere ich die Leistung oder der Kunde akzeptiert den durch die höhere Leistung gerechtfertigten höheren Preis. Im zweiten Fall ist die Sachlage etwas komplizierter. Die meisten Verkäufer knicken hier ein und fragen den Kunden nach seinen Nachlassforderungen oder bieten sogar von sich aus einen Nachlass an. Der Profi – und das sind Sie ja spätestens, nachdem Sie dieses Buch bis hierher gelesen haben – zeigt jetzt erst seine wahren Qualitäten und geht zur qualitativen Argumentation über.

9.4 Qualitative Argumentation

Wenn ich davon ausgehen muss, dass die vorliegenden Angebote inhaltlich vergleichbar sind, und mein Angebotspreis über dem des Wettbewerbs liegt, dann muss ich als erfolgreicher Verkäufer in der Lage sein, die eigene Leistung so positiv wie möglich darzustellen. Hier kommen dann wieder die Leistungsbeschreibung und die Nutzenargumentation zum Tragen, die ich schon längst entwickelt habe, weil ich sie im gesamten Prozessverlauf immer wieder brauche, und die ich auch jetzt wieder heranziehe. Ich muss nun allerdings noch den Zusammenhang zu den Informationen aus der Anfrage und den relevanten Punkten aus dem Angebotsvorgespräch herstellen und mich gezielt auf die für den Kunden wichtigen Nutzenargumente beziehen. Rufen wir uns diese Nutzenargumente nochmals in Erinnerung:

- Kostenreduzierung
- Erhöhung von Umsatz/Ertrag/Gewinn
- Zeitersparnis
- Investitionssicherheit – Zukunftssicherung
- Erhöhung der Produktivität
- Vereinfachung der Prozesse
- Höhere Qualität
- Benutzerfreundlichkeit (Usability)
- Übertragung von Verantwortung
- Erhöhung der Sicherheit
- Vermeidung von Stress und Ärger
- Statuserhöhung
- Macht- oder Ansehenszuwachs

Da ein direkter Einstieg in die qualitative Argumentation wieder den Anschein erwecken könnte, dass wir um den Auftrag betteln oder dass wir in eine Rechtfertigungshaltung gehen, stellen wir vor der eigentlichen Argumentation erneut gezielte Fragen, wie zum Beispiel die folgenden:

»Wie wichtig ist für Sie die Investitionssicherheit?«

»Welchen Stellenwert nimmt bei Ihrer Entscheidung die Benutzerfreundlichkeit ein?«

»Welche Wertigkeit nimmt bei Ihrer Auftragsvergabe die Erhöhung der Produktivität ein?«

»Inwiefern ist bei der Entscheidung für die Auftragsvergabe die mögliche Zeitersparnis wichtiger als der Endpreis?«

oder

»Warum legen Sie auf XY so einen besonderen Wert?«

Ich bringe mir und dem Kunden selbst noch einmal in Erinnerung, was denn eigentlich die wichtigen Kriterien für die Auftragserteilung waren und vermutlich auch immer noch sind. Wenn ich bis hierhin einen guten Job gemacht habe, dann kann ich mir die Informationen aus dem Angebotsvorgespräch wieder zur Hand nehmen, denn dort habe ich hoffentlich die Frage gestellt, welche Kriterien für die Auftragserteilung neben dem Preis noch wichtig sind. Mit der qualitativen Argumentation müssen wir es schaffen, dass wir unsere Vorteile, die Nutzenargumente und die wichtigen Entscheidungskriterien des Kunden so zusammenfassen, dass wir dem Kunden eine einleuchtende Begründung dafür liefern, warum er trotz des höheren Preises bei uns kaufen soll.

Ich gebe Ihnen erneut ein paar Beispiele für gelungene qualitative Argumentationen, verbunden mit dem Hinweis, dass Sie diese wieder als Vorlage nutzen sollten, um Ihre eigene Argumentation vorzubereiten:

»*Aufgrund der hohen Fertigungstiefe können wir eine hohe Qualität unserer Anlagen wirklich gewährleisten. Ihre Vorteile liegen damit in der Langlebigkeit der Anlage. Das bedeutet für Sie eine echte Investitionssicherheit und einen hohen Wiederverkaufswert. Und das waren letztendlich genau die Anforderungen, die wir aufgrund der Vorgespräche definiert haben.*«

Oder:

»*Aufgrund unserer langjährigen Erfahrung im Bereich Vertriebsoptimierung (Neukundengewinnung, Preisoptimierung) können wir gewährleisten, dass wir die Inhalte des Trainings (der Beratung) exakt auf die Anforderungen Ihrer Branche und Ihres Unternehmens ausrichten können. Das bedeutet für Sie eine echte Investitionssicherheit, eine Verbesserung der Marktposition und letztendlich mehr Umsatz und mehr Gewinn zur Sicherung Ihres Unternehmenserfolgs. Und das waren letztendlich genau die Anforderungen, die wir aufgrund der Vorgespräche definiert haben.*«

Ich gehe davon aus, dass Sie Ihre eigene qualitative Argumentation vorbereitet haben und dass diese so variabel gehalten ist, dass Sie sie auf die jeweiligen Leistungen und Produkte anpassen können.

Nun müssen wir aber davon ausgehen, dass unser Kunde trotz unseres bisher sehr professionellen Vorgehens daran festhält, dass er einen Preisnachlass haben möchte. Bisher ging es noch darum zu hinterfragen, ob denn ein vergleichbares Wettbewerbsangebot vorliegt. Nachdem dies geklärt ist, ist unsere vorrangige Aufgabe, unsere eigenen Leistungen so positiv wie möglich darzustellen. Jetzt beginnt die eigentliche Verhandlung und hier müssen wir Farbe bekennen. Aber auch der eigentliche Verhandlungsprozess kann wieder so gestaltet werden, dass er für unsere Marge nicht zu belastend wird. Wir starten in die Verhandlung mit dem Ernsthaftigkeitstest und dem Abschlussvorbehalt.

9.5   Ernsthaftigkeitstest und Abschlussvorbehalt

Wir haben unsere qualitativen Argumente dargestellt und der Kunde signalisiert einen gewissen Grad an Zustimmung. Erfahrungsgemäß kann dann aber trotzdem eine Aussage der folgenden Art kommen:

»Wir sind von Ihrer Leistungsfähigkeit und Ihrem Angebot überzeugt, aber wenn Sie den Auftrag haben wollen, müssen Sie uns beim Preis noch etwas entgegenkommen.«

Ich kann jetzt natürlich standhaft bleiben und dem Kunden sagen, dass kein Preisnachlass möglich ist:

»Wir haben aufgrund Ihrer Anfrage einen fairen und nachvollziehbaren Preis ermittelt und daher kann ich am Preis leider nichts mehr tun.«

Die wenigsten Verkäufer trauen sich das und ich muss zugeben, dass ich mich damit auch schwertue. Umso erstaunter bin ich dann, wenn ich – zum Beispiel, weil ich gerade sowieso keine Kapazität habe und nicht unbedingt neue Aufträge brauche – genauso vorgehe und trotzdem den Auftrag bekomme. Ich habe noch keine Quote gemessen, aber ich würde sagen, dass ich bei der Hälfte der Fälle den Auftrag bekomme, auch wenn ich keinen weiteren Nachlass gewähre.

Meine Vermutung geht dahin, dass dies auch in der Art der Kommunikation und dem selbstbewussten Auftreten begründet ist. Jeder Verkäufer kennt das. Wenn man gelassen und relaxt in eine Verhandlung geht, weil man den Auftrag nicht unbedingt haben will oder muss, bekommt man eher den Zuschlag, als wenn man den Auftrag dringend braucht. Auch wenn man die scheinbare Gelassenheit noch so gut spielt, das Gegenüber merkt es offensichtlich.

Die meisten Verkäufer wollen an dieser Stelle aber auf Nummer Sicher gehen und bieten den ohnehin im Vorfeld bereits eingeplanten Nachlass an. Das kann dazu führen, dass ich den Auftrag bekomme. Es kann aber genauso gut sein, dass der potenzielle Kunde mit diesem Nachlass zu unserem Wettbewerb rennt, der uns seinerseits unterbietet, und wir gehen trotzdem leer aus.

! **Achtung**

Bevor wir in die Diskussion um Prozentpunkte einsteigen, muss für beide Seiten klar sein, dass alle Nebenkriegsschauplätze geklärt sind. Ist das nicht der Fall, muss ich damit rechnen, dass mein Kunde mir zu dem vereinbarten Preis zusagt und im Nachhinein doch noch mit irgendwelchen Forderungen daherkommt. Das ist zwar aus meiner Sicht sehr unfair und ein Kunde, der so mit mir umgeht, wird nicht lange mein Kunde bleiben, aber es kommt immer wieder vor. Gerade letztlich hatte ich mich am Telefon scheinbar mit einem Kunden geeinigt und ihm den unterschriftsreifen Vertrag zugesandt, als er mich per E-Mail kurz und knapp darüber informierte, dass man nicht bereit sei, Reisekosten zu zahlen. Wohlgemerkt waren die Konditionen für die Reisekosten im Angebot aufgeführt und wir hatten sogar – wenn auch am Rande – darüber gesprochen.

Daher sollte man, bevor man in die eigentliche Verhandlung einsteigt, immer erst die Frage stellen:

»Welche Punkte müssen denn außer dem Preis noch geklärt werden, damit wir den Auftrag heute fix machen?«

Der erfahrene Verkäufer hat es schon gemerkt: In dieser Frage stecken zwei Dinge. Zum einen stelle ich tatsächlich ganz implizit die Frage nach möglichen offenen Fragen, um dann im weiteren Teil des Satzes – scheinbar wie beiläufig – eine abschlussvorbereitende Bemerkung einzubauen. Ich zeige ganz deutlich, dass für mich der Abschluss heute auf dem Programm steht und fordere dazu eine Stellungnahme des potenziellen Kunden ein. Noch deutlicher wird es mit der folgenden Frage:

»*Können Sie sich denn, abgesehen vom Preis, überhaupt vorstellen, dass wir zusammenkommen?*«

Wenn es außer dem Preis noch weitere Punkte gibt, die geklärt werden müssen, dann kann ein Einkäufer nach dieser Frage eigentlich nicht mehr guten Gewissens ausweichen. Und mit dieser Frage erzwingen wir quasi eine verbindliche Zusage:

»*Wenn wir uns beim Preis heute einig werden, schließen wir dann heute noch ab?*«

Der potenzielle Kunde kann nur noch Ja oder Nein sagen. Antwortet er ausweichend oder mit negativer Tendenz, dann müssen wir davon ausgehen, dass der Kunde keine ehrlichen Kaufabsichten hat. Vielleicht kann er sich unser Produkt oder unsere Lösung einfach nicht leisten und traut sich nicht, das offen zuzugeben, oder er nutzt unser Angebot wirklich nur als Alibi, um seinen favorisierten Anbieter unter Druck zu setzen. Ob wir dieses Spiel dann weiter mitspielen, müssen wir selbst entscheiden. Man sollte aber bedenken, dass es uns nichts bringt, wenn wir, nur um unserem Wettbewerber und dem vermeintlichen Kunden eine Lektion zu erteilen, an dieser Stelle einen besonders hohen Nachlass gewähren. Irgendwann kommt es zur gleichen Situation, nur mit anderen Vorzeichen, und dann sind wir die Dummen.

Wenn aber der potenzielle Kunde auf unsere abschlussvorbereitende Frage positiv antwortet, dann haben wir einen großen Schritt in Richtung Auftragsabschluss getan. Auch wenn damit natürlich keine rechtliche Verpflichtung verbunden ist, so wird ein Entscheider, der die Frage bejaht, ob wir heute noch abschließen, falls wir uns beim Preis einig werden, eine moralische Verpflichtung eingehen, die er in unserem Kulturkreis nur noch mit sehr schlechtem Gewissen wieder lösen wird.

Da wir als Verkäufer nun einen Ball zugeworfen haben, wird ein erfahrener Einkäufer uns an dieser Stelle vermutlich zwar eine Zusage geben, diese ist dann aber meistens nochmals mit einer klaren Forderung verbunden.

»Wenn wir uns beim Preis einig werden, können wir heute noch abschließen. Aber dann müssen Sie sich wirklich noch deutlich bewegen.«

Oder:

»Ja, das können wir, aber dann erwarte ich von Ihnen noch einen Nachlass von mindestens fünf Prozent.«

Nun müssen wir als Verkäufer wieder klar zeigen, dass wir zwar verhandlungsbereit sind, uns aber nicht erpressen lassen. Das heißt, wir müssen Grenzen setzen.

9.6 Grenzen setzen – Vorstellungen erfragen

Ich muss als Verkäufer standhaft bleiben und auf folgende Weise reagieren:

»Ich will den Auftrag ja gerne mit Ihnen machen, weil ich sicher bin, dass Sie mit uns zufrieden sein werden, aber ich habe wirklich Grenzen, über die ich nicht gehen kann.«

Der potenzielle Kunde muss jetzt aufpassen, dass ihm die Sache nicht entgleitet und er mit seinen überhöhten Forderungen den Bogen nicht überspannt. Wenn er jetzt zu massiv drängt, muss er fürchten, dass wir ihm als Lieferant abspringen. Die Verhandlungspositionen, die sich scheinbar in Richtung des Lieferanten verschoben hatten, gleichen sich nun wieder an. Ich mache mit meiner Antwort ganz deutlich, dass mein Preis nicht durch Würfeln zustande gekommen ist. Stattdessen steigere ich nochmals meine Glaubwürdigkeit und zeige, dass ich ein echter Profi bin.

! **Wichtig**

Ein echter Profi wird niemals – ich betone **niemals** – von sich aus einen Nachlass nennen.

Warum? Nun, das ist eigentlich ganz logisch. Vielleicht gehen die Vorstellungen meines potenziellen Kunden dahin, dass er einen Nachlass von zwei bis drei Prozent erwartet und ich biete ohne Not fünf Prozent an. Damit verschenke ich Marge. Oder ich biete drei Prozent Nachlass an und mein potenzieller Kunde denkt, wenn drei Prozent möglich sind, dann gehen auch fünf Prozent. Das kann zu weiteren harten Verhandlungen führen, in dessen Verlauf wir wieder um unsere Glaubwürdigkeit und unseren Preis kämpfen müssen.

Ich werde also die Nachlassvorstellungen des Kunden erfragen und am besten tue ich dies, indem ich das deutliche Setzen von Grenzen mit dem Erfragen der Nachlassvorstellungen des Kunden verbinde. Das kann dann zum Beispiel so aussehen:

»Herr …, ich möchte wirklich gerne mit Ihnen ins Geschäft kommen, weil ich fest davon überzeugt bin, dass Sie mit … sehr zufrieden sein werden. Aber es gibt Preisgrenzen, die ich nicht überspringen kann. Wo liegen denn Ihre Vorstellungen?«

Daraufhin wird mir der Einkäufer oder Entscheider des potenziellen Kunden in der Regel seine Nachlassforderung nennen. Aber Sie werden es sich denken: Darauf gehen wir natürlich nicht ohne Weiteres ein, sondern müssen uns diesbezüglich erst rückversichern.

9.7 Rückversicherung

Jeder, der selbst schon einmal auf der Seite des Einkäufers gesessen hat, kennt diese Situation.

Beispiel   **!**

Im letzten Jahr habe ich zusammen mit meiner Frau im Möbelhaus unseres Vertrauens eine neue Couchgarnitur für unser Wohnzimmer gekauft. Wie heutzutage auch im Consumer-Bereich üblich, habe ich selbstverständlich nach einem Rabatt gefragt. Der Verkäufer war offensichtlich gut geschult, denn er spielte mit mir eine Zeitlang Pingpong und stellte dann im Verlauf der Verhandlung auch die Frage nach meinen Nachlassforderungen. Ohne vorhe-

---

rige Absprache und ohne, dass ich mir dazu im Vorfeld konkrete Gedanken gemacht hatte, antwortete ich, dass ich mit 10 Prozent Nachlass einverstanden wäre. Der Verkäufer des Möbelhauses spielte sofort das richtige Spiel und verfiel in ein lautes Wehklagen, an dessen Ende er schließlich mitteilte, dass er das nicht alleine entscheiden könne und sich dazu erst bei seinem Verkaufsleiter rückversichern müsse. Soweit so gut. Was aber überhaupt nicht gut war, war die schauspielerische Leistung des Verkäufers. Die war nämlich derartig aufgesetzt, durchschaubar und übertrieben, dass es einem die Schamesröte ins Gesicht trieb. Hier wäre weniger eindeutig mehr gewesen.

Klar ist, dass man als gut geschulter Verkäufer niemals sofort den Nachlassforderungen des Kunden nachkommen wird, auch wenn der Kunde uns zwei Prozent Nachlassforderung nennt und wir bis zu fünf Prozent locker mitgehen könnten.

Wir gehen niemals sofort auf die Nachlassforderung des Kunden ein!

Stattdessen werden wir an dieser Stelle immer das tun, was auch der Möbelverkäufer aus Mittelhessen getan hat, wenn auch mit etwas weniger Theatralik. Wir halten Rücksprache mit unserem Vorgesetzten, und das kann ganz praktisch so aussehen:

»Herr ..., 2% Nachlass kann ich Ihnen spontan nicht zusagen, da ich Ihnen schon einen fairen Preis angeboten habe. Ich möchte mich zunächst noch mit meinem Verkaufsleiter (Geschäftsführer, Chef) rückversichern. Aber angenommen, ich setze den Preis für Sie durch, machen wir dann gleich den Auftrag perfekt?«

Sie sehen, wir haben auch hier wieder direkt die abschlussvorbereitende Frage angehängt, sodass wir gleich noch den Vertragsabschluss moralisch absichern.

Nun weiß ich, dass es genügend Freelancer und »OneWoMan«-Shows und natürlich auch Geschäftsführer oder Verkaufsleiter gibt, die sich bei niemandem absichern können und müssen. Aber auch die können Rücksprache halten und zwar mit sich selbst.

»Herr …, 2% Nachlass kann ich Ihnen spontan nicht zusagen, da ich Ihnen schon einen fairen Preis angeboten habe. Ich möchte das noch einmal in Ruhe durchrechnen. Ist es in Ordnung, wenn ich mich in fünf Minuten dazu wieder bei Ihnen melde?«

In der persönlichen Verhandlung beim Kunden oder im Rahmen eines Pitches kann ich selbstverständlich ebenfalls um eine kurze, fünfminütige Unterbrechung bitten, um das Angebot noch einmal durchzurechnen oder Rücksprache mit meinem Vorgesetzen zu halten. Das wird einem niemand verwehren, ich habe das zumindest noch nie erlebt.

Wie gehen wir aber mit den Einkäufern und Entscheidern um, die sofort massiv und mit Nachdruck völlig unrealistische oder überzogene Nachlassforderungen stellen? Hier muss ich dem potenziellen Kunden ganz massiv die Grenzen aufzeigen und das tue ich auf der Stufe »Entweder – oder«!

9.8 Entweder – oder?

Ich habe viele Jahre im Anlagen- und Projektgeschäft gewirkt und dort war es durchaus üblich, dass die Einkäufer – beziehungsweise waren es meistens Projektleiter oder technische Leitungsfunktionen – sehr resolut, hemdsärmelig und forsch auftraten. Ähnlich wie der Projektleiter bei unserem Verkehrsleittechnikprojekt in Südbayern wird gleich losgepoltert und mit total überhöhten und unrealistischen Forderungen erpresst und gedroht. Was ich aber spätestens nach meinem miserablen Auftritt in München gelernt habe, ist, dass man gerade in diesen Situationen besonders ruhig, gelassen und souverän bleiben muss. Wenn ein wütender Einkäufer uns mit den Worten:

»Ich erwarte einen Nachlass von mindestens 10 %, ansonsten gebe ich den Auftrag Ihrem Wettbewerb«,

überfährt, sollte man ganz sachlich und relaxt antworten:

»Bei 10 % Nachlass müsste ich leider auf den Auftrag verzichten.«

Ich habe diese Situation in den letzten 15 Jahren mehrmals erlebt und durchgespielt und kann Ihnen nur empfehlen, genießen Sie den Triumph, wenn Sie spüren, dass ein aufgeblasener Einkäufer oder Projektleiter bei diesem Satz in sich zusammenfällt. Ein Einkäufer, der in der beschriebenen Weise vorgeht, ist sich seiner Sache sehr sicher und rechnet nicht mit einer derartigen Antwort. Er wird sofort zurückrudern und, wenn er noch die Fassung wahren kann, von sich aus einen niedrigeren Prozentsatz nennen. Tut er das nicht, kann ich noch hinzufügen:

»Ich würde ungern auf den Auftrag verzichten und kann Ihnen 3 % Nachlass anbieten. Wenn wir damit nicht zusammenkommen, kann ich höchstens noch versuchen, mit unserem Vertriebsleiter Rücksprache zu nehmen.«

Sie sehen also, es gibt immer mehrere Möglichkeiten, die einzelnen Stufen miteinander zu kombinieren und mit der Zeit wird man darin sehr geschickt. Unser eigentliches Ziel sollte aber immer sein: »Quid pro quo« (lat. »dieses für das«). Also keine Leistung ohne Gegenleistung!

9.9 Gegenleistung aushandeln

Wie schon dargestellt, ist der Idealzustand bei Verhandlungen, gleich welcher Art, dass beide Seiten das Gefühl haben, gewonnen oder zumindest nicht verloren zu haben. Im Rahmen des Preisverhandlungsprozesses wäre es für die zukünftige Kundenbeziehung sicherlich nicht vorteilhaft, wenn der Einkäufer das Gefühl hätte, dass er der Verlierer ist. Vielleicht bekommen wir den Auftrag zu unseren Bedingungen, aber unser Verhandlungspartner würde bei den nächsten Verhandlungen alles daran setzen, uns den Auftrag nicht zu geben, oder alle Bemühungen, eine langfristige und fruchtbare Kundenbeziehung aufzubauen, würden gnadenlos scheitern.

Aber auch der Fall, dass der Einkäufer als der sichere Sieger und somit der Verkäufer als Verlierer aus dem Prozess hervorgehen würde, wäre für die weitere Zusammenarbeit nicht förderlich. Ein Verkäufer, der das Gefühl hat, übervorteilt worden zu sein, wird immer – und wenn auch nur unbewusst – versuchen, den entstandenen Nachteil irgendwie wieder auszugleichen. Entweder schlägt er bei der nächsten sich bietenden Gelegenheit wieder ein paar Prozentpunkte drauf oder er wird bei den nächsten Verhandlungen versuchen, den entstandenen Nachteil zu einem Vorteil umzukehren. Beides ist also nicht förderlich und so sollte man in der Tat immer den Zustand anstreben, dass beide Seiten als die gefühlten Sieger aus der Verhandlung hervorgehen. Wie kann das aussehen? Vielleicht so?

Kunde: »*Sie sind viel zu teuer. Wenn Sie mit uns ins Geschäft kommen wollen, müssen Sie Ihren Preis noch einmal überdenken.*«
Verkäufer: »*Worauf könnten Sie denn beim Leistungsumfang verzichten oder was können Sie mir denn als Gegenleistung anbieten?*«

Warum sollte der Einkäufer zum Beginn der Preisverhandlung bereit sein, auf irgendetwas zu verzichten? Bisher geht er ja noch davon aus, dass ein vergleichbares Wettbewerbsangebot vorliegt. Wenn ich also als Verkäufer versuche, Gegenleistungen auszuhandeln, ohne vorher den inhaltlichen Vergleich, die Verunsicherung und die qualitative Argumentation durchgezogen zu haben, wird der Einkäufer nicht darauf eingehen. Warum sollte er auch?

Es kommt daher bei der Preisverhandlung ganz besonders auf das Timing an. Wenn ich zu früh und ohne vorher einen eventuellen Bluff und die Vergleichbarkeit getestet zu haben nach den Preisvorstellungen des Kunden frage oder Gegenleistungen aushandeln will, dann kann ich nur scheitern und gehe als Verlierer aus dem Rennen hervor. Welche Möglichkeiten kann es also für Zugeständnisse des Verkäufers geben? Der Verkäufer kann im Rahmen der Verhandlung seinen Preis beibehalten, aber dafür zusätzliche Leistungen anbieten. Zum Beispiel könnte er eine frei Haus Lieferung anbieten, obwohl im Angebot ursprünglich ab Werk angeboten wurde. Die Lieferung ist demzufolge die zusätzliche Leistung, die ich dem Kunden geben kann. Weiterhin wäre es möglich, die erste Wartung oder bei Softwareprodukten das erste Update ohne Berechnung zu gewähren. Auch verlängerte Garantiezeiten oder eine kürzere Lieferzeit wären zusätzliche Leistungen, die ich dem Kunden unter Beibehaltung des angebotenen Preises bieten kann.

Ein gutes Mittel ist auch die Gewährung eines Naturalrabattes. Anstatt auf eine Lieferung einen Nachlass von beispielsweise 3% zu gewähren, biete ich dem Kunden an, dass er anstatt der angebotenen 10 Paletten 11 Paletten bekommt, wir aber nur 10 Paletten berechnen. Das hat für uns als Verkäufer den Vorteil, dass wir von dem Unterschied zwischen Einkaufs- und Verkaufswert profitieren. Besonders sinnvoll ist diese Vorgehensweise deshalb, weil es für Folgeaufträge immer besser ist, den ursprünglichen Preis beizubehalten. Hat man diesen erst einmal reduziert, ist es schwierig, ihn bei zukünftigen Aufträgen wieder nach oben zu bekommen.

Auch die Verlängerung des Zahlungszieles ist sicherlich eine Möglichkeit, dem Kunden entgegenzukommen. Hier muss man aber immer aufpassen, dass man die ohnehin schon langen Zahlungsziele, die durch den Kunden teilweise durch verspätete Zahlung zusätzlich verlängert werden, nicht noch weiter ausdehnt, um nicht in Liquiditätsschwierigkeiten zu kommen. Die Gewährung eines Jahres- oder Mengenbonus ist ebenfalls eine beliebte Methode, um dem Kunden entgegenzukommen, und sollte auf jeden Fall gegenüber der Gewährung eines Rabatts bevorzugt werden. Und auf jeden Fall sollte man eher einen Skonto gegen ein kürzeres Zahlungsziel gewähren, anstatt einfach einen Nachlass von zwei oder drei Prozentpunkten zu gewähren.

> **!** **Wichtig**
>
> **»Quid pro Quo« – Keine Leistung ohne Gegenleistung!**

Welche Gegenleistungen kann hingegen der Kunde bringen, um sich dafür bessere Konditionen zu sichern? Die Erhöhung von Abnahmemengen wäre zum Beispiel eine solche Gegenleistung. Man könnte demnach verhandeln, dass anstatt der ursprünglich angefragten 10 Stück 15 Stück abgenommen werden und dafür ein etwas günstigerer Preis berechnet wird. Hier muss man nur aufpassen, dass der Kunde nicht blufft. Es wäre nicht das erste Mal, dass ein Verkäufer mit der Aussicht auf höhere Stückzahlen einen Rabatt gewährt hat, die dann aber niemals abgerufen wurden.

In die gleiche Richtung geht auch die Verlängerung der Vertragslaufzeit. Wenn zum Beispiel eine Softwarelizenz ursprünglich für 12 Monate erworben werden soll, könnte man die Laufzeit auf 18 Monate verlängern und im Gegenzug eine geringere Lizenzgebühr vereinbaren. So wie auch der

Verkäufer anstelle der Lieferung ab Werk auf Lieferung frei Haus umsteigen kann, so könnte der Kunde ebenfalls anbieten, dass er die Ware selbst abholt und dafür die Lieferkosten gestrichen werden.

Eine beliebte Gegenleistung ist es selbstverständlich, wenn der Kunde gleich bei Bestellung einer Anlage die Verbrauchsmaterialien für das erste Jahr mitbestellt oder einen Service- und Wartungsvertrag abschließt. Auch eine Lockerung der Garantiebedingungen und -fristen wäre ein mögliches Entgegenkommen des Kunden.

Vielleicht kann man auch mit dem Kunden vereinbaren, dass er zukünftig als Referenz genannt werden darf und man Kunden zu ihm schicken kann, die sich für die gleiche Leistung interessieren. Dafür könnte man ihm einen Nachlass gewähren oder in einer anderen Weise entgegenkommen. Für beide Wege gibt es sicherlich für jede Branche und für alle Produkte und Leistungen weitere Möglichkeiten, die man einfach im Vorfeld ausloten sollte, um sie bei Bedarf in den Verhandlungen anwenden zu können. Hier ist Kreativität und Flexibilität gefragt, die sich für beide Seiten auszahlen kann.

Soweit zur Verhandlung von Gegenleistungen, die immer dem reinen Gewähren eines Nachlasses vorzuziehen sind. Kommen wir aber noch einmal zu der harten und unbarmherzigen Verhandlung zurück, bei der es um »Sein oder Nichtsein – Gewinnen oder Verlieren – Auftrag erhalten oder Unternehmen in die Insolvenz führen« gehen kann. Hier muss ich als Verkäufer noch ein Mittel in der Hand haben, um einen Auftrag, der möglicherweise für die Existenz des Unternehmens überlebensnotwendig ist und der mir aus den Händen zu gleiten droht, doch noch zu gewinnen: den Last Call.

9.10 Last Call versprechen

Nehmen wir folgende Situation an. Wir haben mit dem Kunden eine lange und intensive Verhandlung durchgezogen und sind an dem Punkt angekommen, wo der Kunde nur noch Ja oder Nein sagen müsste, und dann passiert Folgendes: Der potenzielle Kunde teilt uns mit, dass er heute noch keine Entscheidung treffen kann oder will. Entweder gibt es noch objektive

Dinge, die geklärt werden müssen, oder er will sich die Sache einfach noch einmal in Ruhe überlegen. Was nun?

Als Verkäufer habe ich jetzt eigentlich nur noch eine Chance: Ich kann mir ein Last-Call-Versprechen einfordern. Auf die Aussage des Kunden, dass er sich jetzt nicht entscheiden kann und bei uns melden wird, kann ich erwidern:

»Herr XY, dann versprechen Sie mir bitte, dass Sie mich vor der Auftragsvergabe anrufen, falls die Entscheidung nicht zu unseren Gunsten fällt. Vielleicht kann ich dann doch noch etwas am Preis machen.«

Der potenzielle Kunde wird daraufhin natürlich fragen, warum er das tun sollte, und ich werde ihm antworten:

»Ich bin mir ganz sicher, dass wir die beste Lösung für Sie bieten und Sie nur mit unserer Leistung wirklich zufrieden sein werden.«

Selbstverständlich können wir auch hier wieder nur eine moralische Verpflichtung des potenziellen Kunden erwarten, aber das ist in diesem Fall der letzte Rettungsanker und somit besser als gar nichts. Möglicherweise sagt uns der Entscheider danach aber auch, dass wir in diesem Fall doch gleich etwas am Preis machen können und nicht erst bis zur endgültigen Entscheidung warten müssen. Daraufhin muss ich hart und standhaft bleiben und kann nur in der folgenden Art und Weise antworten:

»Im Moment kann ich nichts tun. Wenn Sie mir aber die Chance auf ein abschließendes Gespräch geben und wir darin endgültig über die Zu- oder Absage verhandeln, dann werde ich nochmals versuchen, Druck auf unseren Verkaufsleiter (unsere Lieferanten, unseren Betriebsrat etc.) auszuüben, um den bestmöglichen Preis zu erzielen.«

Die Vorgabe ist klar. Ich locke damit, dass ich ihm vielleicht doch noch einen, wenn auch kleinen, Preisnachlass gebe, erwarte dafür aber, dass er mir den Last Call – also das alles entscheidende letzte Gespräch – gewährt. Natürlich gibt uns niemand auf der Welt die Sicherheit, dass das so funktioniert und wie bereits geschrieben werde ich das nur dann tun, wenn es sich wirklich um einen extrem wichtigen Auftrag oder Kunden handelt. Und Sie werden es sich denken, dieses Vorgehen kann ich auch nicht beliebig oft und immer wieder mit einem Kunden durchexerzieren. Es sollte die Ultima Ratio sein und genauso sollte man damit auch umgehen.

Nun kennen Sie die 10 Schritte der Preisverhandlung und ich hoffe, Sie haben die grundlegende Systematik erkannt. Es ist meistens nicht notwendig und auch nicht möglich, alle Schritte der Reihe nach abzuarbeiten. Sehen Sie die einzelnen Schritte eher als Werkzeuge, die Sie je nach Bedarf zum richtigen Zeitpunkt zur Anwendung bringen.

Wichtig ist – und darauf kann man gar nicht genug verweisen –, dass man auf **das richtige Timing** achtet. Also nicht zu früh nach den Nachlassvorstellungen des Kunden fragen, ohne vorher geprüft zu haben, ob es überhaupt vergleichbare Wettbewerbsangebote gibt. Erst dann in die Verhandlung einsteigen, wenn vorher alle Nebenbedingungen geklärt sind und die Nennung eines Nachlasses mit einer abschlussvorbereitenden Frage verbunden ist.

In meinen Trainings und Seminaren kommt immer wieder erneut der Einwand, dass man einen Einkäufer doch gar nicht dazu bringen kann, Angebote offenzulegen oder Preise zu vergleichen. Letztendlich sitze der Einkäufer immer am längeren Hebel. Das mag im einen oder anderen Fall stimmen, ist aber weiß Gott nicht immer so. Man sollte sich stets vor Augen führen, dass auch ein Einkäufer durchaus darauf angewiesen ist, leistungsfähige und gute Lieferanten zu haben. Trotz Globalisierung mit der Möglichkeit, Produkte und Leistungen auf der ganzen Welt einzukaufen, gibt es auch hier Grenzen. Wenn wir als Anbieter gute und preiswürdige Produkte und Leistungen anbieten, dann werden wir immer und überall Kunden finden und sind in der Regel nicht auf den einen angewiesen.

Demzufolge können wir den Einkäufer natürlich zu nichts zwingen. Er kann uns aber genauso wenig dazu zwingen, einen Nachlassvorschlag zu unterbreiten, wenn er uns nicht vorher eine Antwort auf die abschlussvorbereitende Frage gegeben hat. Alleine die Anwendung von einzelnen Werkzeugen aus dem Gesamtprozess zeigt dem Einkäufer, dass er es mit einem Profi zu tun hat, der auf Augenhöhe verhandeln kann. Als Verkäufer von erklärungsbedürftigen Produkten und Dienstleistungen werden Sie mit den gezeigten Werkzeugen Ihre Abschlussquote erhöhen und die Preisnachlässe reduzieren. Natürlich kann man nicht mit jedem Kunden in der vorgeschlagenen Weise bis zum Letzten verhandeln und nicht jede Preisverhandlung wird damit enden, dass wir den Auftrag bekommen oder einen höheren Preis durchgesetzt haben. Der vorgestellte Prozess hilft aber dabei, den einen oder anderen Auftrag mehr zu gewinnen als in der Vergangenheit und dabei bessere Preise zu erzielen.

Einkäufer sind heutzutage in der Regel sehr gut ausgebildete Profis, für die Preisverhandlungen Routine darstellen. Nur wenn auch der Verkäufer zeigt, dass er sein »Handwerk« versteht, kann er auf Dauer erfolgreich in Preisverhandlungen bestehen und somit höhere Umsätze mit besseren Deckungsbeiträgen erzielen. Dazu gehört natürlich viel Training und Übung, was man in Seminaren und Coachings intensivieren sollte. Nur die Übung macht letztendlich den Meister.

10 Kalte Füße – der Abschluss

Man sieht, dass in dem beschriebenen Prozess jeweils ein logischer Schritt dem nächsten folgt und dadurch alles auf das Ziel – dem Abschluss eines Vertrages – hinsteuert. Alle Prozessschritte und besonders natürlich die in den letzten Kapiteln beschriebenen Methoden und Maßnahmen enthalten gezielte Aktionen und Formulierungen, die den Abschluss als logische Folge herbeiführen sollen. Wir fragen bereits da schon ganz konkret nach und lassen uns – zwar noch unverbindliche und nur moralisch verpflichtende – recht konkrete Zusagen hinsichtlich der Auftragserteilung geben nach dem Motto: »*Wenn wir das so machen, kommen wir dann zusammen?*«

Nach der anfänglichen Überlegung, ob ein eigenes Kapitel für den Abschluss überhaupt notwendig ist, zeigen sich durchaus einige Gründe dafür. Leider ist es in der Praxis nämlich nach wie vor so, dass selbst bei bester Vorbereitung und Einhaltung aller vorgegebenen Tipps und Methoden nicht jeder Abschluss automatisch erfolgt. Darüber hinaus ist es auch überhaupt nicht unüblich, dass Geschäfte schon sehr früh oder scheinbar mitten in den laufenden Gesprächen abgeschlossen werden. Nicht jeder Prozess muss sich über Wochen und Monate hinziehen. Im Beratungsgeschäft ist es leider sehr häufig so, dass die Dauer vom ersten Kontakt bis zum Start der Zusammenarbeit teilweise sehr lang sein kann. Da kann es sich dann leicht schon einmal über ein Jahr oder noch länger hinziehen, bis beim Kunden alle Entscheider den Auftrag »abgenickt« haben und alle internen und externen Projekte, die vorher noch dringend erledigt werden müssen, abgeschlossen sind. Umso erfreulicher ist es dann, wenn ein Geschäft auch einmal schnell über die Bühne geht.

> **Aus dem Vertriebsleben** !
>
> Vor kurzem hatte ich das Glück, dass mir ein größerer Beratungsauftrag praktisch schon beim ersten persönlichen Zusammentreffen erteilt wurde. Wir hatten zwar schon zwei längere Telefontermine, in denen wir die Ziele und Bedingungen bereits vordiskutiert hatten, aber trotzdem war für mich auf der Fahrt zum Kunden nicht klar, dass ich mit dem Auftrag nach Hause fahren würde. Eine erste Hoffnung regte sich bei mir, als ich registrierte, dass praktisch alle, die bei einem zukünftigen Projekt involviert sein würden, an

dem Gespräch teilnahmen. Sage und schreibe fünf hochbezahlte Manager waren zugegen und spätestens, als der Vertriebsleiter die Frage stellte, wie denn mein Terminkalender im nächsten halben Jahr aussehen würde, war klar, dass das hier und heute etwas werden kann. Glücklicherweise habe ich die eindeutigen Kaufsignale richtig und rechtzeitig gedeutet und mit der festen Vereinbarung des Kick-off-Termins war der Auftrag in trockenen Tüchern.

Aber glauben Sie mir, gerade dieser Fehler ist mir schon oft unterlaufen und unterläuft mir auch immer wieder: Ich übersehe beziehungsweise überhöre eindeutige Kaufsignale meines Gesprächspartners. Trotz meiner mehr als 20-jährigen Verkäuferkarriere verliere ich mich in Gesprächen mit Kunden manchmal in Details und verliere den Überblick. Wahrscheinlich liegt es daran, dass ich manchmal nicht ganz klar zwischen der Verkäufer- und der Beraterrolle trennen kann, und deshalb dem Kunden manchmal schon zu viel erzähle, anstatt erst einmal den Auftrag fix zu machen. Vielleicht ist das aber einfach nur eine Ausrede und ich muss an dieser Stelle an meiner eigenen Performance arbeiten …

! **Wichtig**

In jeder Phase des Verkaufsprozesses kann der Abschluss festgemacht werden und als guter Verkäufer muss man ständig aufmerksam und wachsam sein, um die oft nur subtil geäußerten Verkaufssignale zu erkennen.

Oft senden die Entscheider die Signale auch wirklich nur sehr beiläufig in einem Nebensatz, manchmal auch ganz offensichtlich und deutlich. Der Verkäufer muss wirklich sehr fokussiert auf mögliche Veränderungen im Verhalten des Entscheiders achten und seine feinen Antennen auf Empfang stellen. Denn manchmal sind es gar keine Äußerungen, die erkennen lassen, dass der Kunde kaufbereit ist, sondern eher eine Verbesserung der Stimmung, eine offenere Körperhaltung oder eine ungewöhnliche Geste.

Achten Sie besonders auf Aussagen der Einkäufer und Entscheider, die darauf schließen lassen, dass der Kunde abschließen will. Nachfolgend finden Sie einige Beispielsätze:

- »Wie ist das Wartungs- und Serviceintervall für diese Anlage?«
- »Bieten Sie dieses Gerät auch in der Variante ‚Premium‘ an?«

- *»In welchen Abständen liefern Sie Updates für dieses Programm?«*
- *»Wie ist die Lieferzeit für dieses Produkt?«*
- *»Wie sieht denn Ihre Terminsituation in den nächsten Monaten aus?«*
- *»Genauso habe ich mir das vorgestellt.«*
- *»Wie machen Sie das genau?«*
- *»Welche Lösung/Variante empfehlen Sie in unserem Fall?«*
- *»Wie schnell können Sie das umsetzen?«*
- *»Bis wann können Sie das reservieren?«*
- *»Ich kann mir vorstellen, dass wir das in folgender Weise machen.«*

Dies sind nur wenige Beispiele, die Sie bestimmt in dieser oder ähnlicher Form schon oft gehört haben. Mal unbewusst und manchmal auch bewusst, sodass Sie darauf reagieren konnten und »den Sack zugemacht haben«. Aber wie reagiert man auf derartige Aussagen, ohne dass der möglicherweise kaufbereite Kunde nicht aus Frust und Langeweile doch noch abspringt oder sich vielleicht sogar bedrängt und überrumpelt fühlt?

Nun, an dieser Stelle ist wieder die Lösung im gesunden Menschenverstand zu suchen. Wenn ich als Verkäufer auf Basis von offenen oder versteckten Signalen die Kaufbereitschaft des Kunden erkenne, dann werde ich natürlich nicht plump und ungelenk nachbohren, sondern zunächst die gestellte Frage beantworten beziehungsweise auf das Gesagte eingehen. Wenn mich ein potenzieller Kunde beispielsweise nach der Lieferzeit fragt, werde ich ihm zunächst eine nach bestem Wissen und Gewissen realistische Lieferzeit nennen. Stellt der Entscheider Fragen zu möglichen Ausrüstungsvarianten, erläutere ich ihm zunächst die Möglichkeiten, ehe ich mich um den Abschluss kümmere. Auch wenn unser möglicherweise zukünftige Kunde schon Traumbilder malt und unsere Produkte und Leistungen schon vor seinem geistigen Auge im Einsatz sieht, werde ich nicht sofort auf den Zug aufspringen, sondern mich erst noch den Vorstellungen meines Gesprächspartners widmen. Demzufolge kann der weitere Dialog so aussehen:

Kunde: *»Wie lange ist denn die Lieferzeit für diese Anlage?«*
Verkäufer: *»Aktuell beträgt die Lieferzeit für diese Ausführung sechs Wochen ab Bestelldatum.«*

Oder:

Kunde: »*Bieten Sie dieses Gerät auch in einer Premium-Ausführung an?*«
Verkäufer: »*Sie können das Gerät in der angebotenen Standard-Ausführung, aber natürlich auch in einer Premium-Variante bekommen.*«

Oder:

Kunde: »*Ich kann mir vorstellen, dass wir das im unteren Teil der Halle platzieren.*«
Verkäufer: »*Das ist eine gute Idee, weil dort ja auch schon alle erforderlichen Anschlüsse vorhanden sind.*«

Ich denke, das leuchtet jedem soweit ein. Ebenso einleuchtend sollte es sein, dass man die Vorlage, die der potenzielle Kunde gegeben hat, elegant aufnimmt und diese zu einem Traumtor verwandelt. Ich muss also in diesem Fall nicht mehr lange herumtaktieren oder wie ein schüchternes junges Mädchen so tun, als ob ich den Hinweis nicht verstanden hätte. Mein Gesprächspartner hat relativ klare Signale gesendet, die darauf schließen lassen, dass er mit uns zusammenarbeiten will. Also kann ich ihn auch direkt und offen darauf ansprechen und mir die Bestätigung holen. Das heißt also, dass ich, nachdem ich mich dem sachlichen Thema zugewandt habe, im Anschluss daran direkt eine Abschlussfrage stellen kann – pardon – stellen muss! Auf Basis der oben aufgeführten Dialoge kann das dann wie folgt aussehen:

Kunde: »*Wie lange ist denn die Lieferzeit für diese Anlage?*«
Verkäufer: »*Aktuell beträgt die Lieferzeit für diese Ausführung sechs Wochen ab Bestelldatum. (kurze Pause) Darf ich den Auftrag dann wie besprochen notieren?*«

Oder:

Kunde: »*Bieten Sie dieses Gerät auch in einer Premium-Ausführung an?*«
Verkäufer: »*Sie können das Gerät in der angebotenen Standard-Ausführung, aber natürlich auch in einer Premium-Variante bekommen. (kurze Pause) Ich*

kann Ihnen die Premium-Ausführung zu einem Aufpreis von EUR 250 liefern.
Welche Ausführung sollen wir Ihnen liefern?«

Oder:

Kunde:»*Ich kann mir vorstellen, dass wir das im hinteren Teil der Halle platzieren.«*
Verkäufer:»*Das ist eine gute Idee, weil dort ja auch schon alle erforderlichen Anschlüsse vorhanden sind. (kurze Pause) Kann ich davon ausgehen, dass wir das Geschäft machen?«*

In manchen Veröffentlichungen wird empfohlen, dass man an dieser Stelle versuchen soll, noch weitere Hinweise auf die Kaufbereitschaft zu bekommen, weil die Gefahr, dass man den kaufwilligen Kunden durch zu forsches Vorgehen doch noch verprellen könnte, sehr groß sei. Ich sehe das nicht so und meine Erfahrungen bestätigen das. Hier reden mindestens zwei erwachsene und gestandene Persönlichkeiten miteinander, die beide in der gleichen Sprache kommunizieren. Sollte man den anderen wirklich einmal falsch verstanden haben, dann kann dieser das auch äußern. Wenn ich tatsächlich eine Aussage missverstanden habe, dann wird mir mein Gesprächspartner das schon sagen.

»*Ganz so weit sind wir noch nicht. Erst müssen wir noch dies und jenes klären«*,

oder

»*Lassen Sie uns erst noch über die Punkte X und Y reden und wenn Sie auch dazu eine vernünftige Lösung haben, dann machen wir das Geschäft.«*

Wie bereits mehrfach erwähnt: Wir verhandeln und kommunizieren auf Augenhöhe, da sollte es in dieser Phase keine sensiblen Überreaktionen mehr geben. Und falls mein Gegenüber zu diesem Zeitpunkt der Verhandlungen noch unfaire oder scheinbar clevere Spiele mit mir spielen will, dann bin ich inzwischen so selbstbewusst, dass ich ihm auch klar sage, was ich davon halte. Sollte es dann nicht zu einer Zusammenarbeit kommen, dann gehe ich davon aus, dass ich mit dieser Art der Zusammenarbeit ohnehin keinen Spaß gehabt hätte und verzichte gerne.

Ich möchte Ihnen aber doch noch einige mögliche Formulierungen für die Abschlussfragen mitgeben, die Sie je nach Produkt- und Zielgruppe anpassen und verwenden können. Mögliche Abschlussfragen können sein:

- *»Kann ich davon ausgehen, dass wir auf dieser Basis zusammenkommen?«*
- *»Machen wir das Geschäft zu diesen Bedingungen?«*
- *»Kommen wir zusammen?«*
- *»Lassen Sie uns die Konditionen für den Rahmenvertrag fixieren.«*
- *»Sollen wir dann so wie besprochen liefern?«*
- *»Darf ich das als Auftragserteilung verstehen?«*
- *»Sollen wir die Variante A oder Variante B liefern?«*

Gerade um den Abschluss wird doch sehr viel Voodoo gemacht, was ich überhaupt nicht nachvollziehen kann. Die Voraussetzungen sind klar. Auf der einen Seite gibt es ein Unternehmen, welches einen Bedarf hat, ein Projekt plant und dafür auch ein Budget eingestellt hat, und auf der anderen Seite gibt es Anbieter, die dieses Geschäft machen wollen. Ab einem bestimmten Zeitpunkt ist doch für alle Beteiligten klar, dass es nur noch um Anbieter A, B oder C beziehungsweise Produkt X, Y oder Z geht und nun eine Entscheidung fallen wird.

Wenn ich kurz vor der Entscheidung noch fürchte, mit einer unbedarften oder zu früh geäußerten Abschlussfrage den sichergeglaubten Auftrag zu gefährden, dann habe ich auf dem Weg bis hierher schon irgendetwas Entscheidendes falsch gemacht. Ich werde zum Ende einer Verhandlung meistens ganz ruhig und relaxt. Wenn ich das Gefühl habe, dass ich mein Möglichstes getan habe, scheue ich mich auch nicht mehr, ganz offen und jetzt gerne auch in einer geschlossenen Frage nach dem Auftrag zu fragen. Mehr als *»Nein«* kann mein Kunde doch jetzt nicht mehr sagen.

! **Den Abschluss herbeiführen**

Als B2B-Verkäufer kennen Sie die Situation. Sie haben ein Angebot abgegeben und stehen mit dem Entscheider des Kunden in Kontakt. Aber anstatt die Auftragsvergabe zu erhalten, werden Sie schier endlos hingehalten. Projekte werden mit dem Verweis auf andere Maßnahmen und Projekte, die vorher noch durchgeführt werden müssen, verschoben und Sie als Verkäufer werden immer wieder vertröstet. Je mehr Zeit ins Land geht, umso größer wird die Gefahr, dass die Projekte nach der Angebotsphase im Sande verlaufen oder

der Wettbewerb den Zuschlag erhält, weil er bei vergleichbarer Leistung etwas günstiger war.

Im B2B-Geschäft ist es wie bereits erwähnt leider gang und gäbe, dass Entscheider nach der Angebotsabgabe die Auftragsvergabe hinauszögern, teilweise aus objektiv nachvollziehbaren Gründen, manchmal aber auch nur, weil sich die Prioritätenlage oder die Entscheidungskriterien verändert haben beziehungsweise die berühmte »Aufschieberitis« zugeschlagen hat. Als Verkäufer habe ich die Aufgabe, den Kunden dazu zu bringen, dass er eine Entscheidung trifft – und zwar in unserem Sinn und zu unseren Gunsten (und natürlich auch nicht zum Schaden des Kunden). Welche Möglichkeiten habe ich als Verkäufer, den Kunden zum Abschluss zu führen?

- Ich weise darauf hin, dass der Angebotspreis zeitlich eingeschränkt ist.

  »Herr XY, bitte beachten Sie, dass der Angebotspreis nur bis zum 30. Juni gültig ist. Wegen der Rohstoffpreiserhöhung gelten ab dem ersten Juli unsere neuen Preise und dann kann ich den Angebotspreis nicht mehr halten.«

- Mit Zusatzangebot ködern (Appell an Hilfsbereitschaft und Unterstützung).

  »Herr XY, das kann ich gut verstehen. Aber passen Sie auf: Wenn wir den Auftrag jetzt fix machen, dann kann ich Ihnen noch (verlängertes Zahlungsziel, Skonto, zusätzliche Leistung, dezenten Nachlass oder dergl.) geben. Die Lieferung (Ausführung, Start) können wir auf den Herbst verschieben.«

- Auf die Tränendrüse drücken.

  »Herr XY, ich kann Sie gut verstehen, aber ich stehe im Moment gerade ein bisschen unter Druck, weil ich bis zum 30. Juni noch meinen Zielauftragseingang bringen muss. Wenn Sie mir den Auftrag in dieser Woche noch erteilen, dann kann ich Ihnen noch etwas entgegenkommen.« (siehe vorheriger Punkt)

Sicherlich werden Ihnen bei der Betrachtung Ihres eigenen Geschäfts noch weitere Möglichkeiten einfallen. Seien Sie kreativ und zeigen Sie, dass Sie den Auftrag haben wollen und zwar jetzt. Und nur jetzt gilt Ihr Angebot und Ihr Entgegenkommen. Bleiben Sie verbindlich! Das ist Ihr Job als Verkäufer und keine unangemessene Aufdringlichkeit. Agieren Sie wie ein Profi und stehen Sie zu Ihren Leistungen und Ihrem Angebot. Die Erfolge werden Ihnen Recht geben.

Es hat sich schon mehrfach bewahrheitet: Wenn ich einen Auftrag nicht bekommen habe, dann gibt und gab es dafür gute Gründe und ich trauere diesem in keinster Weise nach. Der Markt ist groß genug und dank meiner systematischen und kontinuierlichen Maßnahmen zur Neukundengewinnung kommen ständig neue und lukrative Anfragen nach, aus denen neue interessante Chancen für Projekte entstehen. Da Sie das Buch bis hierher gelesen haben, könnten Sie diese Einstellung übernehmen, denn Sie kennen jetzt ein System, mit dem es bei Ihnen genauso funktionieren kann.

11   Für immer Dein – Kundenpflege

Es ist uns also gelungen, einen lukrativen Auftrag an Land zu ziehen. Wir haben den interessanten Neukunden gewonnen und dafür einiges an Aufwand betrieben, viel Zeit und Geld investiert. Nun wollen wir diesen Kunden selbstverständlich auch halten und verhindern, dass der »böse Wettbewerb« uns diesen wieder entreißt. Darüber hinaus gilt es jetzt, die vorhandenen Potenziale, die der Kunde mit Sicherheit birgt, nach und nach zu heben.

- Was können wir zusätzlich verkaufen?
- Welche weiteren Leistungen und Produkte, die wir bieten, kauft der Kunde derzeit noch beim Wettbewerber?
- Wie können wir aus einem einmaligen Projektumsatz dauerhaften wiederkehrenden Umsatz machen?
- Mit welchen Mitteln und Methoden binden wir den Kunden dauerhaft an uns?
- Welchen neuen Projekte und Investitionen plant der Kunde, die für uns ebenfalls interessant sind?

Dies alles sind Fragen, die man sich als erfolgreicher B2B-Verkäufer stellen sollte. Denn eines ist wohl inzwischen jedem klar: Ein treuer und loyaler Bestandskunde ist wertvoller als ein einmaliger Impuls- oder Projektkäufer.

Aus meiner Sicht gibt es einige grundsätzliche Dinge, die man als Verkäufer beherzigen sollte, um eine Beziehung zu seinen Bestandskunden aufzubauen, die über Jahre trägt und die auch den im Geschäftsleben zwangsläufig aufkommenden Stürmen und Turbulenzen trotzt.

- Seien Sie zuverlässig, halten Sie Termine ein und kommunizieren Sie offen, ehrlich und verlässlich.
- Liefern Sie Qualität und gute Leistung.
- Sorgen Sie für pünktliche, ordentliche, schnelle und zuverlässige Lieferung und Betreuung.
- Gehen Sie ordentlich und professionell mit Reklamationen um.
- Informieren Sie Ihre Kunden über Neuigkeiten, Probleme, interessante Themen und Veranstaltungen.

- Überraschen Sie Ihre Kunden von Zeit zu Zeit und kämpfen Sie gegen die üblichen Klischees.

Viele Verkäufer verhalten sich so wie eine Braut, die den Hochzeitstag als den schönsten Tag ihres Lebens bezeichnet. Von da an kann es nur noch bergab gehen. So wie eine gute Ehe nur dann über viele Jahre und turbulente Zeiten bestehen kann, gilt es auch in einer Kunden-Lieferanten-Beziehung immer daran zu arbeiten, dass beide Seiten das Gefühl haben, mit dem richtigen Partner zusammen zu sein. Man muss immer und immer wieder beweisen, dass man es noch ernst meint, um neben den vielen Verlockungen und dem Werben der Wettbewerber zu bestehen.

Den Kunden bieten sich heutzutage durch das Internet und die erweiterten Märkte aufgrund der Globalisierung viel mehr Möglichkeiten und Verlockungen, um auch bei den scheinbar komplexesten Leistungen den Anbieter schnell und unkompliziert zu wechseln. Daher ist es das Mindeste, dass ich die obengenannten Grundlagen beherzige, um eine bestehende Beziehung zu vertiefen und möglichst wenig Anlass für Ärger und Kritik zu bieten. Die gute Nachricht ist, dass trotz oder vielleicht sogar gerade wegen der Verlockungen des World Wide Webs Geschäfte, auch im Business-to-Business-Bereich, immer noch zwischen Menschen gemacht werden. Und genau dort sollte man als guter B2B-Verkäufer ansetzen und Zeit und Energie in seine Bestandskunden investieren.

Wie schon im Verlauf des Vertriebsprozesses gilt es natürlich auch bei der Bestandskundenpflege, so effektiv und effizient wie möglich zu arbeiten, um die knappe Ressource Verkäufer möglichst optimal zu nutzen. Die Gießkannenmethode wird demzufolge an dieser Stelle nicht besonders hilfreich sein. Ich empfehle hier ganz klar eine differenzierte Betreuung der Kunden auf Basis der aktuellen und zu erwartenden Umsätze, Erträge oder Deckungsbeiträge. Meistens reicht die Einteilung nach A-, B- und C-Kunden völlig aus, die dank der modernen IT-Lösungen fast überall und kurzfristig möglich ist. Aber auch ohne elektronische Hilfe sollte es einem Verkäufer in heutiger Zeit möglich sein, eine einfache ABC-Analyse mittels Excel oder vielleicht sogar auf einem Blatt Papier zu erstellen. Die Kriterien sind natürlich individuell zu definieren. In Beratungsprojekten stelle ich immer wieder fest, dass man sich mit der Kriteriendefinition etwas schwertut. Wie bei vielem kann aber auch hier wieder der gute alte Herr Pareto hilfreich sein: Im Zweifel sind für mich all die Kunden (circa 20 Prozent), mit denen das Unternehmen 80 Prozent des Gesamtumsatzes realisiert, A-Kunden, wonach sich die B- und C-Kunden dann relativ leicht einteilen lassen.

Auch hier empfehle ich wieder eine unkomplizierte und pragmatische Herangehensweise. Wir wollen Kunden betreuen und keine wissenschaftlich fundierten Expertisen erstellen. Viel wichtiger ist es, dass ich mir darüber Gedanken mache, wie ich nun die A-, B- und C-Kunden betreue, um zum einen die Beziehungspflege möglichst optimal zu betreiben und gleichzeitig die vorhandenen und zu erwartenden Kundenpotenziale auszuschöpfen. Nachfolgend erneut einige Beispiele, auf dessen Basis sich jeder sein individuelles Betreuungskonzept erstellen kann.

A-Kunden: höchster Umsatz- und Gewinnanteil (ca. 80%)
- Kooperation in Forschung und Entwicklung
- Regelmäßige Besuche der wichtigsten Entscheider (alle 2 bis 3 Monate)
- Individuelle Schulungen in angenehmer Atmosphäre
- Bonusprogramme
- Bevorzugter Service und Behandlung

B-Kunden: höherer Anteil am regulären Tagesgeschäft (ca. 15%)
- Häufig gezielte Rabattaktionen
- Besuche der wichtigsten Entscheider (1-mal pro Jahr oder auf Anforderung)
- Beratung und schriftliche Informationen über Branche und Unternehmen
- Gemeinsame Schulungen
- Bestimmtes Serviceangebot

C-Kunden: Lauf-, Gelegenheits- und Problemkunden (ca. 5%)
- Kaum Bindungsmaßnahmen
- Gelegentliche schriftliche Informationen
- Grundservices
- Reklamationskunden können durchaus Potenzial haben, um gute B- oder sogar A-Kunden zu werden.

Wie gesagt, sind das beispielhafte Einteilungen, die Sie gerne als Vorlage nutzen können, die Sie aber auf Ihre eigene individuelle Situation übertragen sollten, um den größtmöglichen Nutzen daraus zu ziehen.

Neben der Definition der Kriterien und der Festlegung des individuellen Betreuungskonzeptes ist es natürlich auch bei der Bestandskundenpflege erneut wichtig, dass Sie klare und eindeutige Verantwortlichkeiten bestimmen. »Wer macht was« und »Wer trägt wofür die Verantwortung« sind entscheidende Punkte, die geregelt werden müssen. Viele Unternehmen haben ein Key-Account-Management eingeführt, bei dem die Großkunden, sprich die A-Kunden, durch eigene Key Accounts betreut werden. Im Mittelstand ist es häufig so, dass die Geschäftsleitung oder der Vertriebsleiter die Betreuung der A-Kunden übernimmt und die »normalen« Vertriebsmitarbeiter die B- und C-Kundenbetreuung machen. Wie auch immer man dies organisiert, es muss sichergestellt sein, dass die Kunden entsprechend ihrer Wichtigkeit betreut werden. Leider erlebe ich gerade bei kleineren und mittelständischen Unternehmen häufig, dass zwar klare Verantwortlichkeiten definiert worden sind, die Umsetzung aber nicht so funktioniert wie gewünscht.

! **Aus dem Vertriebsleben**

Ein IT-Dienstleister – und das war nicht einmal ein kleines Unternehmen – hatte definiert, dass die drei Hauptkunden von einem der beiden Geschäftsführer betreut werden sollten. Nur leider war dieser Geschäftsführer daneben sehr stark in Entwicklungs- und Organisationsprojekte involviert. So kam es regelmäßig vor, dass der Geschäftsführer wochen- oder monatelang so stark in Projekten steckte, dass in dieser Zeit praktisch keine Key-Account-Betreuung möglich war. In dieser Zeit fand also keine aktive Kundenbetreuung statt, sondern die Kunden mussten sich melden, wenn sie etwas wollten. Das taten sie zwar auch, aber bei den gemeinsamen Besuchen bei den A-Kunden äußerten diese doch starke Kritik an der Kundenbetreuung, da man als einer der wichtigsten Kunden eine proaktivere Betreuung erwartet hatte. B- und C-Kunden wurden nach einer tiefer gehenden Untersuchung besser und intensiver betreut als die A-Kunden.

Wir nahmen den Geschäftsführer aus der Verantwortung und ernannten einen der Vertriebsmitarbeiter zum Key-Account-Manager, der sich fortan nur noch um die drei A-Kunden und zwei weitere Potenzialkunden kümmerte, die zu A-Kunden entwickelt werden sollten. Die Ergebnisse ließen nicht lange auf sich warten und so stiegen die Umsätze durch die intensivere Betreuung und die gezielten Cross- und Up-Selling-Aktivitäten des Key-Account-Managers schon nach relativ kurzer Zeit rapide an.

Das bringt mich direkt zu den für die Bestandskundenbetreuung wichtigen Themen Cross- und Up-Selling. Ich bin immer wieder regelrecht erschrocken, wenn ich in Trainings oder in der Beratung feststelle, dass es Vertriebsmitarbeiter, aber auch Führungskräfte gibt, die mit diesen Begriffen nichts anfangen können. Deshalb zunächst einmal eine kurze Definition:

Cross-Selling

Unter Cross-Selling versteht man den gezielten Verkauf von zusätzlichen Produkten aus dem eigenen Produkt- und Leistungsportfolio an einen Kunden. Dabei kann es sich um Produkte handeln, die mit dem Verkauf des ersten Produkts beziehungsweise des Stammproduktes zusammenhängen, es können aber auch Produkte und Leistungen verkauft werden, die mit den bisherigen Umsatzträgern nichts zu tun haben.

Beispiele für Cross-Selling:
- Beim Autokauf verkauft man dem Kunden zusätzlich einen Satz Winterreifen.
- Ein Maschinenbauer verkauft neben der eigentlichen Verpackungsmaschine auch noch eine Entnahme- und Sortierstation.
- Zu dem neuen ERP-System verkauft der Verkäufer dem Kunden einen Wartungsvertrag.
- Zusätzlich zu der neuen Hard- und Software bietet der Verkäufer dem Kunden ein Trainings- und Schulungskonzept an.
- Der Anlagenbauer verkauft dem Kunden, der gerade eine CNC-gesteuerte Fräsanlage gekauft hat, auch noch eine neue Laserschneid-Anlage.
- Das Ingenieurbüro, welches ursprünglich nur den Auftrag für die Anlagenplanung erteilt bekommen hat, übernimmt auch noch die Bauaufsicht.

Up-Selling

Im Gegensatz zum Cross-Selling bietet man beim Up-Selling dem Kunden keine zusätzlichen Leistungen an, sondern versucht, durch gezielte Verkaufsmaßnahmen den Kunden zum Kauf eines höherwertigen Produktes oder einer wertigeren Leistung zu bewegen.

Beispiele für Up-Selling:

- Der Kunde interessiert sich für ein Mittelklasseauto und der Verkäufer verkauft ein Modell der Oberklasse.
- Der Autokäufer möchte ein Modell in der Grundausstattung und der Verkäufer erhöht den Produktwert durch den Verkauf von Extras, wie zum Beispiel Klimaanlage, Ledersitze, Navigationsanlage oder Panoramadach.
- Der Verkäufer bietet einem Maschinenbauunternehmen eine Kunststoffspritzanlage mit höherer Ausbringung oder der Möglichkeit, auch großvolumige Bauteile zu spritzen.
- Ein Unternehmen möchte einen Dienstleistungsvertrag mit einem IT-Dienstleister abschließen und der Verkäufer verkauft anstelle des Standardtarifs ein 24/7-Rundum-Sorglos-Paket.

Auch hier ist wieder die Kreativität des Anbieters und dessen Vertriebsmitarbeiter gefragt. Überlegen Sie sich, welche zusätzlichen Leistungen Sie Ihren neuen und bestehenden Kunden anbieten können und ob es Möglichkeiten gibt, höherwertige beziehungsweise durch zusätzliche Features aufgewertete Produkte und Leistungen zu verkaufen. Überlassen Sie die Cross- und Up-Selling-Maßnahmen aber nicht den Vorlieben und Launen der Verkäufer, sondern planen Sie gezielte und regelmäßige Maßnahmen im Rahmen einer Bestandskundenpflegestrategie.

Man sollte bedenken, dass der Aufwand für den Verkauf von neuen oder zusätzlichen Produkten und Leistungen an Bestandskunden immer einfacher und kostengünstiger ist als die Gewinnung von Neukunden. Hier gibt es bereits ein Vertrauensverhältnis und man kann sich auf Erfahrungen aus der gemeinsamen Zusammenarbeit beziehen. Nutzen Sie den Vertrauensvorschuss, den Sie aus einer langjährigen und vermutlich weitestgehend erfolgreichen Zusammenarbeit genießen, um daraus zusätzliche und höhere Umsätze und Deckungsbeiträge zu erzielen. Sehen Sie die Bestandskundenpflege als Teil der Vertriebsstrategie und wichtigen Bestandteil des Vertriebsprozesses und investieren Sie gezielt in die Entwicklung und Pflege von erfolgreichen und langjährigen Kundenbeziehungen. Zufriedene Stammkunden sind die besten Empfehlungsgeber und werden Ihnen durch kostenlose Mund-zu-Mund-Propaganda regelmäßig neue Kunden zuführen und das meistens ohne Ihr eigenes Zutun.

Nutzen Sie diesen Kanal aber am besten proaktiv: Bitten Sie Ihre zufriedenen Stammkunden um Empfehlungen oder Weiterempfehlungen und lassen Sie diese am besten sogar daran partizipieren. Es ist nichts Verwerfliches daran, wenn ich einen Kunden, dem ich im Sommer gerade eine neue Klimaanlage eingebaut habe, frage, ob er denn in seinem Umfeld noch weitere mögliche Kunden kennt, die er mir nennen kann. Oder Sie bitten ihn darum, einfach Empfehlungen auszusprechen. Jeder Kunde, egal ob im B2B- oder im B2C-Umfeld, bewegt sich in privaten und geschäftlichen Netzwerken, in denen er uns und unsere Leistung weiterempfehlen kann.

Wenn Sie nicht aktiv nach möglichen Empfehlungen fragen wollen, sagen Sie Ihrem Ansprechpartner nach der Inbetriebnahme der von Ihnen gelieferten Anlage bei der Verabschiedung doch einfach, er solle Sie weiter empfehlen, wenn er mit Ihrer Leistung zufrieden war und ist. Das funktioniert hervorragend und kostet keinen Cent.

> **Tipp** !
>
> Um das Ganze noch wirkungsvoller zu gestalten, kann ich natürlich auch gezielte Programme zum Empfehlungsmarketing auflegen. Softwareanbieter locken mit gezielten Bonus- und Provisionssystemen, in denen für die Empfehlung oder einen Tipp zum Teil nicht uninteressante Beträge gezahlt werden, die meistens noch nicht einmal Geld kosten, sondern es wird mit Upgrades auf bestehende Verträge oder zusätzliche Leistungen vergütet. Der Kreativität sind hier keine Grenzen gesetzt und es lohnt sich auf jeden Fall, in ein gezieltes und zielführendes Empfehlungskonzept zu investieren.

12 Der Prozess im Arbeitsalltag

In jedem Seminar, bei jedem Beratungsprojekt und nach jedem Vortrag kommt einer der Teilnehmer auf mich zu und stellt mir die eine entscheidende Frage:

»Herr Steitz, das, was Sie da erzählen und vorschlagen, macht ja alles durchaus Sinn und ich würde ja auch gerne versuchen. zumindest einen Teil davon umzusetzen. Aber wie soll ich denn bei meinem vollgepackten Terminkalender und den vielen Aufgaben, die ich habe, das alles zeitlich schaffen?«

Meistens wird diese oder eine sinngemäße Frage noch mit dem Verweis auf die ohnehin schon ellenlange Überstundenstatistik, die hohen Anforderungen und Zusatzaufgaben der Chefs und natürlich das »böse, böse Tagesgeschäft« untermauert. In Seminaren ist inzwischen der Baustein »Arbeitsorganisation« fester Bestandteil des Programms und wird eigentlich, wie hier im Buch, am Ende thematisiert. Da es aber meistens schon am ersten Tag zu einer Diskussion darüber kommt, wie man denn als Verkäufer überhaupt zielführend arbeiten kann und soll, ziehe ich das Thema meistens vor.

Als Unternehmer und Verkäufer weiß ich um der Bedeutung dieses Problems. Unzählige Aufgaben sind im Laufe des Tages zu erledigen, geplante und ungeplante. Dazu kommen die Außentermine bei Kunden oder zur Akquise, die Gespräche mit den Mitarbeitern, die Projektbesprechungen, die unzähligen Telefonate, die Angebote und Konzepte, das Pflegen der Online-Portale, das Reporting und und, und … Es hört eigentlich nie auf und an manchen Tagen, an denen man rund um die Uhr beschäftigt war, hat man abends das Gefühl, eigentlich nichts geschafft zu haben. In diesem Hamsterrad stecken viele Verkäufer und Führungskräfte fest und wundern sich, dass sie nicht von der Stelle kommen. Ich selbst habe auch über lange Jahre hier festgesteckt und nicht zuletzt deshalb eine Phase durchlebt, in der ich mit mir und meiner Arbeit extrem unzufrieden und unglücklich war.

Um wieder in die Spur zu kommen, waren zwei Dinge sehr wichtig. Zum einen musste ich mir selbst wieder klarwerden, was mir in meinem Leben eigentlich wichtig ist und was ich persönlich und beruflich erreichen möchte. Das ist mir, nicht zuletzt mit Unterstützung meiner Frau und meiner Familie, sehr gut gelungen. Der zweite wichtige Punkt war aber, dass ich mir für meine berufliche und geschäftliche Entwicklung klare Ziele gesetzt habe. Wo will ich hin? Was will ich erreichen? Als was möchte ich wahrgenommen werden? Was will ich meinen Kunden vermitteln? Und vor allem auch, wozu mache ich das alles?

Als ich diese Dinge für mich klarhatte, steckte ich aber noch in der Problematik fest, dass ich noch nicht wusste, wie ich mich, meine Arbeit und mein Unternehmen so organisieren sollte, dass ich die Ziele erreichen kann und dabei nicht zu viel Energie in Dinge investiere, die mich nicht voranbringen. Ich musste mit meinen Ressourcen haushalten, um nicht auszubrennen. Einige Monate beschäftigte mich dieses Thema, in denen ich vieles ausprobiert, viel gelesen und viel nachgedacht habe. Aber so wirklich schlauer bin ich in dieser Zeit nicht geworden. Wie so oft half dann wieder einmal der Zufall auf die Sprünge. Vor Jahren hatte ich schon einmal einen Vortrag von Professor Lothar Seiwert besucht, fand das damals auch alles ganz interessant und spannend, konnte aber nicht unbedingt brauchbare Impulse daraus ziehen. Nun stieß ich bei meiner Recherche auf YouTube auf einen Vortragsmitschnitt von Lothar Seiwert. Das, was er erzählte, die Metapher mit den vielen verschiedenen Hüten, die wir alle ständig aufziehen müssen, und seine Beispiele fand ich alle ganz nett und verständlich, aber so richtig vom Hocker gehauen hat mich das alles nicht.

Während meine Gedanken schon wieder begannen, abzuschweifen, begann Lothar Seiwert mit einem der Höhepunkte seines Vortrags. Er hatte drei große Steine, einen Beutel Kieselsteine, eine Tüte Sand und einen Krug Wasser. Die Frage, die er stellte, war scheinbar banal: Wie schafft man es, all diese Dinge so in die Glaskaraffe zu füllen, dass alles hineingeht? Während er mit seiner Vorführung fortfuhr, zuerst die großen Steine, dann die Kieselsteine, danach den Sand und schließlich zum Schluss das Wasser in die Karaffe füllte, hatte ich das Gefühl, dass sich ein unsichtbarer Schleier über meinem Bewusstsein zu lüften begann. Die Symbolik hinter dieser Metapher war so klar und einleuchtend, dass es mir die Sprache verschlug und ich plötzlich alles ganz klar und logisch erkennen konnte.

Um tatsächlich voranzukommen, sollte man im Leben und im Job zuerst die großen Steine – also die wirklich wichtigen Dinge – in das Glas respektive in den Lebens- und Arbeitstag füllen. Erst danach sollte man die Kieselsteine einfüllen, also die wichtigen Aufgaben, die wir meistens in Form von To-Do-Listen mit uns herumschleppen. Danach erst kommt der Sand, der für mich das berühmte Tagesgeschäft symbolisiert. Genauso wie sich im Glas der feine Sand zwischen die Freiräume der Steine verteilt, so verteilen sich die vielen ganz normalen und alltäglichen Dinge zwischen alle Freiräume eines Tages. Und schließlich kommt zu allerletzt, wenn man eigentlich meint, dass kein Platz mehr im Glas ist, das Wasser hinzu und verschwindet, wie von Zauberhand, auch noch in der Glaskaraffe. Das Wasser steht nach meiner Überzeugung für all die meistens unvorsehbaren, aber mit absoluter Sicherheit eintreffenden Sonderereignisse, die wir überhaupt nicht beeinflussen können.

Ich habe mir damals die entscheidende Frage gestellt: Was sind die drei Tätigkeiten, die für den Erfolg meiner Arbeit und die Erreichung meiner Ziele am wichtigsten sind? Als ich diese drei erfolgskritischen Tätigkeiten kannte, nahm ich mir vor, diese Tätigkeiten so in meinen Arbeitstag einzuplanen, dass ich diese Dinge an jedem Arbeitstag auf jeden Fall erledigen würde. Erst danach wollte ich mich der To-Do-Liste, dem Tagesgeschäft und dem ganz normalen Arbeitswahnsinn zuwenden.

Dazu gehörte zum einen natürlich ein hohes Maß an Selbstdisziplin und zum anderen eine klare Kommunikation gegenüber meinen Mitarbeitern und Kunden. Es brauchte ein wenig Zeit und Überzeugungsarbeit, aber es hat sich gelohnt. Meine drei erfolgskritischen Tätigkeiten waren und sind übrigens die Kontaktentwicklung und Pflege auf XING und LinkedIn, die Telefonakquise und das tägliche Schreiben. Diese drei Tätigkeiten bestimmen seit einiger Zeit meine Arbeitstage und ich habe für jede dieser Aufgaben pro Tag eine Stunde eingeplant. Drei Mal eine Stunde, die für mich wie ein Turbo gewirkt haben und dies immer noch tun.

Ich könnte hier jetzt natürlich die Erfolge aufzählen, die sich eingestellt haben, seitdem ich auf diese Art und Weise arbeite, aber das würde arrogant und großspurig daherkommen. Deshalb lasse ich es und hoffe darauf, dass Sie mir glauben, wenn ich sage, dass ich deutlich erfolgreicher, zielorientierter und vor allem auch zufriedener und ausgeglichener geworden bin. Und das übrigens, ohne mehr zu arbeiten. Ganz im Gegenteil. Meine To-Dos, das Tagesgeschäft und all die scheinbar wichtigen und dringenden Aufgaben des Tages holen sich ihre Zeit. Dafür bleibt ja auch noch genügend Freiraum, nachdem ich die drei erfolgskritischen Tätigkeiten abgearbeitet habe. Es bleibt nichts liegen und meine Mitarbeiterinnen und Mitarbeiter haben sich relativ schnell daran gewöhnt, dass der Chef eben an drei Stunden des Tages – meistens zwei am Vormittag und eine am Nachmittag – nicht gestört werden will.

Bisher musste noch kein Kunde länger als 90 Minuten auf einen Rückruf warten und mir ist auch noch kein Auftrag oder keine Anfrage durch die Lappen gegangen. Natürlich gibt es auch bei mir Chaostage und an den zwei bis drei Reisetagen pro Woche schaffe ich es auch nicht immer, die drei erfolgskritischen Tätigkeiten irgendwie unterzubringen. Wichtig ist aber, dass ich auch nach turbulenten Tagen oder Wochen wieder in die Spur finde und meine Tage und Wochen wieder so plane, dass ich die »großen Steine« wieder zuerst in das Glas fülle.

Und genau das empfehle ich den Teilnehmern in meinen Seminaren und Vorträgen, all den Verkäufern und Führungskräften, mit denen ich in Beratungsprojekten zu tun habe und – wie zu Beginn des Buches schon erwähnt – natürlich auch Ihnen, liebe Leser. Gehen Sie in sich und definieren Sie Ihre Ziele. Ganz egal, ob Sie angestellter Verkäufer mit einem festen Vertriebsgebiet, Verkaufsleiter in einem Großunternehmen, Geschäftsführer eines mittelständischen Unternehmens oder als Berater, Ingenieur oder Softwareentwickler in einer »OneWoMan«-Show unterwegs sind: Überlegen Sie sich, was Sie kurz-, mittel- und langfristig erreichen wollen oder müssen und definieren Sie die drei Tätigkeiten, die für die Erreichung dieser Ziele erfolgskritisch sind. Fragen Sie sich, welche Aufgaben und Tätigkeiten bringen Sie weiter und machen Sie erfolgreicher?

Als Verkäufer sind das vermutlich ähnliche Tätigkeiten wie die, die für mich erfolgskritisch sind. Vielleicht aber auch ganz andere, das hängt ganz von dem Kontext ab, in dem Sie sich bewegen. Planen Sie diese drei Tätigkeiten mit jeweils mindestens einer Stunde in Ihren Arbeitstag ein und machen Sie daraus Gewohnheiten. Sie werden sehen und spüren, wie Ihre Zufriedenheit wächst und wie sich nach und nach die Erfolge Ihrer Arbeit einstellen und jeden Tag größer werden. Wenn Sie mir nicht glauben, probieren Sie es einfach einmal für drei Monate aus und beobachten Sie, was passiert. Einen Versuch ist es wert, oder? Ich bekomme bisher nur positives Feedback von Teilnehmern, die es gewagt haben, ihre Arbeitsweise in der beschriebenen Weise zu ändern. Geben auch Sie mir bitte eine Rückmeldung. Schreiben Sie mir an votuk@sale-direct.de und berichten Sie mir von Ihren Erfahrungen, Erfolgen und Rückschlägen auf Ihrem Weg zu einem erfolgreichen B2B-Verkäufer.

Ich hoffe, dass ich Ihnen mit diesem Buch einen Weg und viele nützliche Werkzeuge an die Hand geben konnte und wünsche Ihnen viel Spaß und Erfolg bei Ihrer Arbeit.

Ihr

Holger Steitz

Zum Schluss

Wir sind am Ende unserer Reise durch den erfolgreichen Business-to-Business-Vertriebsprozess für erklärungsbedürftige Produkte und Dienstleistungen angekommen und ich hoffe, Sie konnten aus diesem Buch wertvolle Anregungen und Konzepte für Ihre eigene Vertriebsarbeit gewinnen. Meine Mission sehe ich als erfüllt an, wenn Sie erkannt haben, dass Verkaufen und der Vertrieb von erklärungsbedürftigen Produkten und Dienstleistungen ohne Tricks und Kniffe, sondern mit System und gesundem Menschenverstand einfach und erfolgreich funktionieren können.

Meine Brötchen verdiene ich natürlich nicht nur durch das Schreiben von Sachbüchern und Blogbeiträgen, sondern hauptsächlich, indem ich B2B-Verkäufer trainiere und Unternehmen bei der Entwicklung und der erfolgreichen Umsetzung von Vertriebsstrategien und Prozessen unterstütze. Dazu biete ich offene Seminare und Trainings in verschiedenen deutschen Großstädten an, führe bei Unternehmen individuelle Inhouse-Seminare durch und arbeite als Berater und Coach direkt in den Unternehmen mit den verantwortlichen Führungskräften und Managern an der Optimierung der Prozesse und Methoden. Als Businessredner halte ich regelmäßig Vorträge bei Veranstaltungen von Verbänden, Organisationen und Unternehmen. Darüber hinaus übernehme ich mit meinem Unternehmen, der SALE DIRECT GmbH, aktive Aufgaben im Presales im Rahmen von Sales-Outsourcing-Projekten.

Ich würde mich sehr freuen, wenn ich Sie in einem meiner Seminare oder Vorträge persönlich begrüßen oder mit Ihnen gemeinsam an der Optimierung Ihrer Vertriebsprozesse und -Strategien arbeiten kann, um Sie und Ihr Unternehmen nachhaltig erfolgreicher und wertvoller zu machen.

Danke!

Wie die meisten meiner Autorenkollegen möchte auch ich ein paar Zeilen des Dankes formulieren. Da ich ohnehin ein Mensch bin, der sich mit dem Wort »Danke« sehr leichttut, und dieses Wort viel und oft benutze, wäre die schriftliche Form hierfür durchaus entbehrlich gewesen. Trotzdem ist es mir ein Bedürfnis, einige Menschen hier zu erwähnen, die nicht nur für die Entstehung dieses Buches, sondern auch für meine persönliche und berufliche Entwicklung wichtig waren und sind.

An erster Stelle gebührt auf jeden Fall meiner Frau Silke ein ganz, ganz großer Dank. Sie begleitet mich seit nunmehr schon mehr als 25 Jahren, ist mir stets eine gute Zuhörerin, Beraterin und holt mich auch gerne herunter, wenn ich meinem Naturell entsprechend mal wieder drohe überzukochen. Außerdem inspiriert sie mich immer wieder und hält mir weitgehend den Rücken frei, um die teils doch recht zeitaufwendigen und anspruchsvollen Projekte und Aufgaben anzugehen und umzusetzen. Sie ist die beste Frau, die ich haben konnte, und ich bin glücklich und froh, mit ihr durchs Leben gehen zu dürfen.

Danken möchte ich auch meinen beiden Töchtern Janina und Benita. Ich bin sehr, sehr stolz auch auf diese beiden jungen Damen, die mir immer wieder zeigen, wie wichtig Familie und ein liebevolles Umfeld sind, und die mir auch leider oder vielleicht auch zu Glück immer wieder meine eigenen Grenzen aufzeigen.

Danken möchte ich auch zwei Menschen, die – ohne es zu wissen – sehr wichtig für meine persönliche und berufliche Entwicklung waren. Das ist zum einen Bernd Kraft, von dem ich viel über Verkaufen und den Umgang mit Menschen lernen durfte und der mir vor allem auch beigebracht hat, wie wichtig es ist, Menschen etwas zuzutrauen und Verantwortung zu übertragen.
Der zweite Mensch, dem ich rückblickend sehr zu Dank verpflichtet bin, ist Wolfgang Fink. Herr Fink ist leider viel zu früh von uns gegangen und ich hätte mir gewünscht, dass er mich noch länger auf meinem Weg begleitet hätte. Aber auch die drei Jahre, die er mich begleitete, waren sehr wertvoll

und prägend für meine Persönlichkeit und ich denke, dass ich ohne Wolfgang Fink niemals der geworden wäre, der ich heute bin.

Den Traum, ein Buch zu schreiben, hatte ich schon lange und im Verlauf der letzten Jahre kamen während oder nach Beratungsprojekten oder Trainings immer wieder einmal Kunden auf mich zu und sagten, »*Mensch, Herr Steitz, warum schreiben Sie denn Ihre Methodik und Arbeitsweise nicht mal auf und machen daraus ein Buch?*« Irgendwie habe ich mich aber lange Zeit nicht getraut, dieses Thema anzugehen. Erst nachdem ich meine persönlichen und beruflichen Ziele neu justiert hatte und nach Begegnungen und Gesprächen mit Hermann Scherer und Mathias Kolbusa war die Zeit gekommen, dieses Projekt anzugehen. Dass ich es dann tatsächlich umsetzen konnte, verdanke ich nicht zuletzt meinen Mitarbeiterinnen, die mir für einige Monate den Rücken freigehalten haben und mit ihrer Arbeit den Grundumsatz sicherten, um auch wirtschaftlich in der Lage sein zu können, das Vorhaben zu stemmen.

Vom Haufe-Lexware-Verlag danke ich natürlich Herrn Heiner Huß und ganz besonders meiner Lektorin Frau Gabriele Vogt, die mit viel Geduld und konstruktiven Vorschlägen zum Gelingen des Buches beigetragen hat.

Darüber hinaus danke ich all denen, die mich in irgendeiner Weise dazu animiert haben, dieses Buch zu schreiben, egal, ob bewusst oder unbewusst, und hoffe, dass ich noch viele derartige Inspirationen bekomme.

Zum Autor

Holger Steitz erwarb nach seiner Ausbildung zum Bürokaufmann und seiner Dienstzeit als Zeitsoldat im Sanitätsdienst der Bundeswehr die Hochschulreife und studierte parallel Betriebswirtschaft. Anschließend begann er seine berufliche Laufbahn in der Wirtschaft und stieg in den Verkauf und Vertrieb ein, wo er eine rasante Karriere vom Vertriebsinnendienstmitarbeiter über den Außendienst und der Leitung einer Vertriebssparte zum Gesamtvertriebsleiter bis hin zum Geschäftsführer eines mittelständischen, produzierenden Unternehmens aus der Elektrotechnik-Branche machte.

Nach erfolgreicher Führung des Unternehmens durch die schwierige Phase der Liberalisierung des europäischen Energiemarktes und anschließendem Verkauf an einen neuen Investor nutzte Holger Steitz die Zäsur zum Einstieg in die Selbstständigkeit als Berater und Trainer für Verkauf und Vertrieb. Seit 2005 berät und unterstützt er Unternehmen, vorwiegend mit erklärungsbedürftigen Produkten und Dienstleistungen, in allen Fragen des Verkaufs und Vertriebs. Themenschwerpunkte seiner Berater- und Trainertätigkeit sind die Entwicklung von nachhaltigen Vertriebsstrategien und wirksamen Vertriebsprozessen, die Steigerung von Effektivität und Effizienz der Vertriebsorganisation sowie die Implementierung von Verkaufsmethodenkompetenz. Dabei steht immer die schnelle und hundertprozentige Erreichung der angepeilten Ziele und Meilensteine – nicht jedoch die Abarbeitung von Projektplänen – im Vordergrund.

Holger Steitz trainiert und coacht die im Vertrieb tätigen Vorstände und Geschäftsführer, Innen- und Außendienstmitarbeiter, Vertriebsingenieure und Key-Account-Manager. Seine Erfahrung aus mehr als 170 erfolgreich durchgeführten Beratungsprojekten in unterschiedlichen Branchen und sein weit gefächertes Know-how in Fragen des Verkaufs präsentiert Holger

Steitz in mitreißenden und unterhaltsamen Vorträgen bei Unternehmen, Banken, Wirtschaftsverbänden sowie Organisationen und Vereinen.